建校百年·哈工大人系列丛书

电气之光

哈工大北京校友会电气分会 编

哈尔滨工业大学出版社

图书在版编目(CIP)数据

电气之光/哈工大北京校友会电气分会编. —哈尔滨：哈尔滨工业大学出版社，2020.12

ISBN 978-7-5603-9103-8

Ⅰ. ①电… Ⅱ. ①哈… Ⅲ. ①哈尔滨工业大学–校友–生平事迹 Ⅳ. ①K820.7

中国版本图书馆CIP数据核字(2020)第193539号

电气之光

DIANQI ZHI GUANG

策划编辑 李艳文 范业婷

责任编辑 付中英 苗金英

装帧设计 屈 佳

出版发行 哈尔滨工业大学出版社

社 址 哈尔滨市南岗区复华四道街10号 邮编150006

传 真 0451-86414749

网 址 http://hitpress.hit.edu.cn

印 刷 辽宁新华印务有限公司

开 本 787mm×1092mm 1/16 印张22.25 字数306千字

版 次 2020年12月第1版 2020年12月第1次印刷

书 号 ISBN 978-7-5603-9103-8

定 价 100.00元

编 委 会

　　值此哈工大百年校庆之际，为集中展示哈工大电气学院杰出校友的突出成就，进一步发扬哈工大传统和办学特色，激励哈工大学子积极投身国家建设，哈尔滨工业大学出版社策划出版了《电气之光》。为了开展图书编写工作，特成立编委会，具体设置如下：

顾　　问　　杨士勤　强金龙　周长源　徐殿国

　　　　　　姜　波　王淑娟　姜　华

主　　任　　朱　彤

委　　员　　于　明　唐降龙　白秋晨　孙　丽

　　　　　　宋彦哲　李永清　李海鹰　王昕竑

　　　　　　王辉军　赵华鸿　刘壮志　路　明

　　　　　　李　勇　张玉涛

总 统 筹　　姜　华　朱　彤　路　明

总　序

时光荏苒，风雨沧桑，不知不觉间哈工大即将走过百年岁月。回首学校的发展历程，她的每一轮进步跨越、每一次腾飞奋进，无不与祖国的命运紧紧连在一起。特别是中华人民共和国成立后，从全国学习苏联高等教育办学模式的两所大学之一，到首批进入国家"211 工程"和"985 工程"，再到入选国家"双一流"建设 A 类高校名单，哈工大一直得到国家的重点建设，并形成了现在哈尔滨、威海、深圳"一校三区"的办学格局。

当然，哈工大也没有辜负国家的支持与厚望。一直以来，学校秉承"规格严格，功夫到家"的校训，大力弘扬"铭记责任，竭诚奉献的爱国精神；求真务实，崇尚科学的求是精神；海纳百川，协作攻关的团结精神；自强不息，开拓创新的奋进精神"和"铭记国家重托，肩负艰巨使命，扎根东北，艰苦创业，拼搏奉献，把毕生都献给了共和国的工业化事业"的哈工大"八百壮士"精神，主动适应国家需要、积极服务国家建设，以朴实严谨的学风培养了大批优秀人才，以追求卓越的创新精神创造了丰硕的科研成果，成为享誉国内外的理工强校、航天名校。

我始终认为，学生的培养质量是衡量一所大学是否是"双一流"最重要的考核指标，而质量主要是从学生离校走向社会在工作中体现出来的，包括思想品德、工作能力和社会贡献等。经过百年沉淀的哈工大，从 1920 年建校至今，已经培养了几十万名学子。我在这所学校工作了几十年，也见证了一部分同学的成长。他们在学校掌握知识、锤炼品格，然后投身社会，成为各行各业的中坚力量，其中既有党和国家领导人，也有共和国的将军；

既有学术界的泰斗，也有科技领域的骨干……当然，还有许多行业里的领跑者——杰出的企业家。

很幸运，我们身处一个崇尚创新、追求创新、激励创新的时代。不管是传统行业，还是新兴科技行业，都活跃着哈工大人的身影。这些实干力行的国家栋梁在兢兢业业工作的同时，积累了无数的方法和经验，也有道不尽的经历与感受。无论是对母校生活的追忆，还是对当下工作的总结，这些不可多得的人生财富，都非常值得大家借鉴和学习。

恰逢学校百年华诞，哈工大出版社特意编撰了"建校百年·哈工大人系列丛书"，天南海北、各行各业的哈工大人以此为平台，把自己走过的人生之路，真诚又无私地以文字的形式分享出来，为后来者和社会公众提供参考。我认为，这十分有意义，也十分有价值。我向他们致敬，同时也为学校培养出这样的学子感到自豪！而对于广大校友和在校生来说，阅读这些书籍，仿佛有人为你打开了一扇门，特别是身为哈工大人的你会发现，寻找理想、追梦前行的人，不只有你自己，还有许许多多的哈工大人和你一路同行、共同奋斗。

希望广大读者能从本系列丛书中获得启迪，踏上自己人生道路的"英雄之旅"，抒发豪情壮志，成就伟大事业。

序 一

值此哈工大百年校庆到来之际，欣闻《电气之光》一书正在策划出版，同时，我接到了该书编委会主任朱彤校友的电话，邀请我为该书写序言，我欣然接受了这个任务，因为我也是哈工大电气人。我认真地阅读了《电气之光》一书，该书记录了改革开放以来，哈工大电气学院校友以哈工大校训"规格严格，功夫到家"为座右铭，秉承哈工大人的精神与使命，在祖国各地做出了突出的成绩，为母校争了光、添了彩。这本书凝结了哈工大电气人的智慧与勇气，向母校汇报了他们为祖国的强大和民族的复兴而奋斗的杰出事迹，为纪念哈工大百年校庆献上了一份厚礼。

我1951年入哈工大电机专业学习，1957年6月毕业留校工作，1998年退休，至今在哈工大度过了69个春秋，已步入耄耋之年。抚今追昔，哈工大走过一百年征程。在回归新中国的70年中，在党的直接领导下，原本只有24名中国教师、教学设备简陋的旧哈工大已经发展成为拥有哈尔滨、威海、深圳三个校区的新哈工大。将"规格严格，功夫到家"校训作为办学的传家宝和培养学子的座右铭，使哈工大成为我国培养工程师的摇篮和新中国杰出人才的基地。为不忘初心，牢记使命，我从下列三个方面追忆哈工大校训的提出和形成，以对校训的一些肤浅认知，和校友共同探讨与互勉，以资祝贺学校百年校庆。

一、认真贯彻党的"育人为本，立德树人"的办学理念

1953年6月，在全国第二届团代会上做团章修改报告的团中央书记处书

记李昌同志受党中央和毛主席的亲自委派到哈工大来当校长，担负起创建全国学习苏联先进教学制度的重点社会主义工科大学的重任。李校长1953年10月初到校，适逢不久前高教部、一机部党组等成立调查组，刚检查过哈工大扩建以后的工作。调查组认为学校三年来学习苏联先进教学制度，已基本改造成为一所新型的高等工业学校，成绩是肯定的，指出学校在1952年由于培养人才心切，招收学生指标超标，存在师资力量和后勤建设不能适应教学需要的基本矛盾，并提出了改进意见。李校长到校后为实现《哈尔滨工业大学五年发展计划（1953年—1957年）》，立即一天三个单元看资料、搞调查研究，以做到心中有数。他一方面向高教部和一机部做了学校情况汇报，另一方面为全校师生做了两次报告。1953年11月中旬，李校长第一次为全校师生做"过渡时期总路线"的报告。他首先分析了国内外形势，认为我们必须争取时间加紧建设。要将中长铁路遗留下来的简陋的旧哈工大改造成为社会主义工科大学的新哈工大，起步艰难，困难很多。但比起当年延安的抗日军政大学，眼前的困难简直算不了什么。延安抗大办得好，培养出许多杰出人才，为什么？因为抗大师生拥有"团结、紧张、严肃、活泼"的精神，我们哈工大师生为什么不能树立哈工大精神呢？有了革命的精神，我们还有什么克服不了的困难吗？为秉承延安老革命根据地的优良传统，认真贯彻党的教育方针，坚持"育人为本，立德树人"的办学理念，李校长提出了三点想法。第一，在培养目标方面，哈工大要培养德才兼备的干部，既能掌握现代科学技术，又要忠于祖国，这是工作标准，有了伟大的目的，才能有伟大的力量。第二，在办学路线方面，我们要向苏联学习，要学习苏联的先进教学制度和经验。但是，我们还不能完全依赖苏联，主要是依靠自己。我们要勤俭办学，要依据哈工大的实情来办好学校。第三，在办学的指导思想方面，我们是工业大学，国家工业化需要干部，要求进一步提高他们的马列主义水平。因此，应该以马列主义思想武装我们的头脑，办好学校。紧接着在12月9日，李校长又为全校学生做了纪念"一二·九"运动的报告。他以自己的亲身经历介绍了当时参加学生运动、进行抗日救国的事迹，对我们进行了爱国奋斗教育。他总结"一二·九"运动的光荣革命传统有三条：一是革命青年只有自觉地跟着党走，才能真正地代表全国广大人民的利益；二是青年学生要与工农结合，要为工农服务；三是"一二·九"运动的积极分子组织起来，就能成为一支强大的力量。要求同学们努力使自己成为总路线的忠实执行者，爱护公共财产，尊师重道，锻炼身体。李校长在报告中特别强调，学习技术和科学就是为了为人民服务，我们就是为了这个目的来学习的。同学们每天要看报，要加强政治学习。要成为一个好学生、一个好团员，就要在社会主义建设事业和日常学习生活中锻炼自己，斗争就是锻炼。李校长的报告，生动而富有感染力，使我们听得入了神，以后李校长的报告就成为我们的精神大餐。为了学习苏联先进教育制度，改造旧的教育制度，学校坚持社会主义"教书育人，立德树人"的办学理念，在培养人才规格上将德育放在首位，作为政治规格。以后学校采取系统学习马列主义基础理论，深入实际参加一系列的社会政治运动，听李昌校长等校领导关于"五四"和"一二·九"运动、政治时事形势、党的方针政策的报告和重视在学生中发展党员等各种形式，开展思想政治教育，进行热爱党、热爱国家、社会主义和集体主义的教育，继承和弘扬爱国奋斗精神，使我们的政治观点、学习观点、劳动纪律观点都有很大的转变和提高，从而使我们的世界观和人生观发生了深刻的变化，让我们终身难忘。1998年李校长回校视察时，谈到当年提出"规格严格，功夫到家"的校训，再次强调：规格严格，包括政治上也要严格。李校长的话使我深深地领悟到，李校长在当年这两次报告中提出的"要贯彻社会主义'教书育人，立德树人'的办学理念和坚持培养德智体全面发展的社会主义建设人才的教育方针"的内容，正为以后在学习苏联先进教育制度、创建社会主义新哈工大的实践中，拉开了孕育哈工大校训的序幕。

二、在教学中提出"规格严格，功夫到家"口号

新中国成立之初，哈工大回归新中国时，仅有本科学生641人（其中苏侨510人），有预科学生938人，共1 579人，有教师144人，其中苏侨120人，中国教师仅24人。接管后，大部分苏侨教师和学生遣返。哈工大的改扩建实

际上是重建，要重建首先要建设师资队伍，特别是要解决招生指标超标、师资缺乏的问题。当时师资队伍的来源是：聘请苏联教授和国内老教授，从国内大学理工科院校抽调青年讲师、助教和毕业生参加苏联教授授课的师资研究班学习后选留，选留本校优秀毕业生和破格抽调优秀本科生送北京大学、清华大学、吉林大学等高校培训当教师。到1957年哈工大的师资队伍已经发展到了平均年龄为27.5岁的800多人，年轻教师执教成为我校办学的主力军，被李昌校长誉为哈工大的"八百壮士"。李校长以谢晋元率领的国民革命军八十八师524团第一营英勇抗击日寇的"八百壮士"来比喻哈工大年轻教师，是李校长对哈工大的年轻师资队伍寄以"八百壮士"的爱国奋斗精神来创建新哈工大的殷切期望。如何使这一批年轻的"八百壮士"在五六年的时间内担当起培养具有共产主义觉悟的工程师的重任，校训的提出就和"八百壮士"紧密联系在一起。1954年3月17日，李校长和苏联专家克雷洛夫一起去高教部研究讨论解决师资力量与教学需要矛盾的办法，形成经高教部马叙伦部长和一机部黄敬部长批准的《关于哈尔滨工业大学几项问题的决议》（简称《决议》）。《决议》中明确规定我校今后三项任务：培养水平较高的工程师，培养高等工业学校师资，学习和介绍苏联高等工业学校的经验。李校长认真贯彻两部的《决议》。1954年4月20日，李校长在学校行政扩大会议上，做了关于1953—1954学年工作情况的报告，他在报告中分析八个月来学校工作有相当发展、很多方面开始呈现新气象和新面貌的同时，指出学校某些方面的变化还很少，有些令人不能容忍的现象还继续存在，如劳动纪律比较松弛，有些学生旷课，迟到，不尊敬老师，不重视政治、俄文、体育课程，有些工作人员不遵守工作时间和制度，学校的政治空气还不够浓厚。于是，李校长将巩固自觉的劳动纪律、开好教学研究会议、做好暑期招生工作与学生升级工作和暑期中认真进行学年工作总结等作为今后四个月的中心工作，并将巩固自觉的劳动纪律列于首位，要大张旗鼓地进行一次关于巩固自觉的劳动纪律教育，提出"对各年级学生的升级，应该规定标准，严格要求，以保证教学质量。同时在教学过程中应循循善诱，功夫到家。高年级学生应该帮助低年级学生了解本年级的学习特点，以提高学习效率"。这是李校长在教学工作中第一次提出"规格严格，功夫到家"的要求。会后，校工会、团委会、学生总会发出关于巩固自觉的劳动纪律的通知，校党委给各个总支、支部发通知，要求全体党员积极响应号召，模范地执行这个通知，并制定了学生守则、学生纪律与奖励办法和处理学生学籍暂行办法。1954年5月19日，李昌校长在校第四届教学研究会上，做了"深入学习苏联经验，更好地完成学校的任务"的报告，他在报告中强调："为办好本科，在苏联专家帮助下，争取在三年内使所有教师独立掌握整个教学过程，不断提高教学质量，培养质量较高的工程师，逐步使本科毕业生接近苏联高等学校毕业生水平。学生的俄文程度应达到能看、能听、能讲。对学生有必要的严格要求，使学生培养出来后符合国家所要求的规格。"1954年9月3日，校学术委员会1954—1955学年首次会议通过了李校长的《哈工大1953—1954学年度工作总结》，李校长在总结中，针对当年暑期考试结果，一、二年级学生成绩差，留级（包括必须退学）竟达137人等极不正常的情况，结合中国情况学习苏联教学思想，进一步提出"面向生产，面向学生""规格严格，功夫到家"的要求。他在总结中分析造成学生考试成绩差的原因：一方面由于一年级学生（1952年招收的）基础差；另一方面年轻教师多是刚毕业的研究生，缺乏生产教学经验，还没有很好地掌握教学过程。为使他们在教学过程中能做到循循善诱、功夫到家，李校长下专业和教研室进行调查研究，总结校内很多在教学中倡导和实践"规格严格，功夫到家"的老师，例如电机系电工教研室俞大光（"铁将军把关"）、理论力学教研室黄文虎（"启发式教学"）、物理教研室洪晶（"讲课中应用辩证法"）等老师对教学严谨、负责又功夫到家的经验的基础上，提出"规格严格，功夫到家"。李校长还提出：应在苏联专家帮助下，争取在三年内，使所有教师（新设专业除外）能独立掌握整个教学过程；进行专题科学研究，在支援工业建设和高等学校建设的科研实践中提高教师的业务水平。李校长对年轻教师提出要过好教学关、科研关和水平关（"三关"）的要求，不断提高教学质量，培养质量较高的工程师，逐步使本科毕业生接近苏联高等学校毕业生水平。高铁副校长在教学工作中，对年轻教师提出要过好教学关、科研关和水平关（"三关"），把教的功夫做到家的具体要求，同时，强调学生一定要在掌握基础理论、基本概念和基本技能（"三基"）上狠下功夫。教务部为提高学生的学习质量，在1954年3月21—28日，举办了一、二年级学生家庭作业展览会，展览会上陈列了一、二年级优秀学生的理论力学、高等数学、物理、化学、材料力学、电工等课程的课堂学习笔记本、习题作业和实验报告百余份，介绍他们的学习方法；在1954年4月16日校刊创刊号1期二版，登载黄文虎老师《提高课堂讲课质量与提高同学自学质量的关系》和优秀学生《我是怎样记笔记的》的文章。按照李校长关于"高一年级学生应该帮助低年级学生了解本年级的学习特点，以提高学习效率"的要求，系领导经常安排高一年级学生给新生介绍学习经验。李校长和高副校长都强调年轻教师首先要过教学关，然后是科研关和水平关，在教学中既要"规格严格"，又要"功夫到家"，从而提倡和树立了哈工大"规格严格，功夫到家"的教学风气。

三、"规格严格，功夫到家"成为哈工大的校训

我校是如何将从教学中提出的"规格严格，功夫到家"的要求，逐步发展成为哈工大的校训的。首先，是贯彻"育人为本，立德树人"办学理念和坚持培养德智体全面发展的社会主义建设人才的教育方针。1953年6月李校长参加中国新民主主义青年团第二届团代会时，聆听了毛主席指示。李校长到哈工大后就认真贯彻毛主席关于"三好"的指示，对哈工大青年学生提出要"思想好、学习好、身体好"的要求，注重青年学生德智体全面发展。李校长在到校后的调查研究中，发现在学习苏联教学制度的过程中，存在忽视政治的倾向，为加强学校的政治思想领导，在当年11月中旬和12月9日的两次报告中，就强调要认真贯彻党的教育方政，坚持以"育人为本，立德树人"的办学理念，培养学生德智体全面发展。后来在教学中提出"规格严格，功夫到家"的同时，李校长在《哈工大1953—1954学年度工作总结》中进一步提出"学校、教师、工作人员和学生的工作及学习均应以政治的和业务的两项标准来衡量"，以"保证培养德才兼备的忠于社会主义建设的人才"。李

校长在办学过程中，针对政治空气不够浓厚，低年级学生学习纪律和学习成绩较差，在认真开展思想政治教育，进行爱国主义、社会主义和共产主义道德品质教育和严谨规范抓好教学质量的同时，积极开展体育、文艺等校园文化活动，培养学生真正成为忠于社会主义建设的、热爱祖国的、热爱劳动的、掌握现代科学技术的、身体健康的人民工程师。李校长在1954年4月7日实行劳卫制锻炼动员大会上指出："苏联的劳动卫国制有高度的思想性和政治性，它是社会主义制度的组成部分，是与苏联人民建设中的劳动和他们的爱国主义思想结合着的。我们的祖国正在向社会主义制度过渡，毛主席向我们青年提出'三好'的号召。我们为了更好地参加社会主义建设，并随时准备保卫我们的祖国，与帝国主义做斗争，就必须具有强健的体魄。这就是实行劳卫制锻炼和广泛开展体育运动的重大政治意义。党委、工会组织都应对体育工作给予极大的关心和支持。希望青年团组织同样地在我校体育运动中发挥重要作用。"除开展劳卫制锻炼外，从1956年起每年召开一次全校运动会，一直坚持到现在。由于李校长、高副校长等领导正确贯彻党的"德智体全面发展"的教育方针，我们在50年代的紧张学习生活和艰苦建设环境中，坚持开展内容丰富多彩的文体活动，真正体验到"团结、紧张、严肃、活泼"的抗大精神。其次，是大力改进教学过程，保证学生德智体全面发展。为贯彻高教部1955年3月4日发出的《关于研究和解决高等工业学校学生学习负担过重问题的指示》，1955年3月9日，学校召开全体教师、职工和学生干部大会，李校长做了"大力改进教学过程，切实保证全面发展"的报告，指出："我校几年来学习苏联、建设学校方面取得了很大成绩，但同时也存在缺点。也就是我校的实际教学过程还不够正常，学生的健康和政治教育工作做得很差，科学技术教育也存在很多问题。这就说明了党的全面发展的教育方针的贯彻和国家对培养合格人才的规格要求，在我校还不能得到应有的保证。改进一、二年级的教学工作是我校严重的、首要的任务。"1955年4月2日，学术委员会扩大会议进一步讨论了如何减轻学生学习负担过重问题。全体教师、行政干部、教学辅助人员一千余人参加，高副校长做报告。他在报告中，首先分析存在超学时的原因是：1.教学领导思想上对全面发展的教育方针认识不足，有片面性。在1954年5月已发现学生学习总时数超标，提出从教学工作上解决学生学习过分紧张的问题，但仍片面地重视学生的业务学习，并未认识到其后果会影响到全面发展教育方针的贯彻。2.过去提出加强教学方法有成绩，学习负担有减轻，但对讲课内容过多、有重复；习题课效率不高；实验课环节薄弱；对学生计算、制图作业要求高与对课程设计指导不够等引起学生负担过重的问题解决得不够。接着，为如何贯彻高教部指示，提出七个方面的解决办法。1955年10月21日，李校长在学校举行该学年第一次学术会议的讲话中提出："进一步贯彻执行全面发展的教育方针。我们培养的干部必须在政治上是可靠的，业务上是能够掌握现代科学技术的，身体是健康的。要保证学生质量不断提高，就要不断地改善教学过程，绝不能把教学仅仅看作是技术科学的教育，应该把教学过程看成为政治教育、技术科学教育、社会主义劳动观念的培养、身体锻炼和文化修养相统一的互相联系的教育过程。而学校的教育如果不随时随地注意同祖国的伟大社会主义建设密切联系，不贯彻理论联系实际的原则，就会招致根本的失败。因此，今后这一学年中贯彻执行全面发展的教育方针，要求全面改进教学过程，加强理论和实际联系两个方面，真正地前进一大步。"（《哈尔滨工大》1955年11月1日，35期一版）李校长第一次明确地将教学中提出的"规格严格，功夫到家"和党的培养学生成为德智体全面发展的社会主义建设人才的教育方针紧密地联系在一起，要求对学生的培养在德智体三个方面都要"规格严格，功夫到家"，从而使"规格严格，功夫到家"成为哈工大的校训。在这里我想起李昌校长2000年回校参加80周年校庆纪念活动时，在他书写的《回忆哈工大》一文中说的一段话："哈工大受1953年毛泽东主席提出的青年人要三好的感召，坚持减轻学习负担和'规格严格，功夫到家'。这和旧社会旧大学以淘汰学生比率高、保持毕业生高质量和学校高声誉是不同的教学路线。这是运用教育规律指导实践的突破，是哈工大的传家宝。"当时我没有很好地理解李校长说话的涵义，经过再学习毛主席1953年提出的"三好"和1964年春节座谈会关于教学要改革（"现在学校课程太多，对学生压力太大，讲授又不甚得法。考试方法以学生为敌人，举行突然袭击。这三项都是不利于培养青年们在德智体诸方面生动活泼地主动地得到发展的。"）的指示，来重温李校长的讲话，使我深深地感悟到，坚持减轻学生学习负担和"规格严格，功夫到家"，就是为了培养德智体诸方面全面发展的社会主义事业建设者和接班人。

李校长和高副校长及党委吕学坡、彭云等领导同志一起，在20世纪50年代初到60年代的艰苦建校的历程中传承和发扬了爱国奋斗精神，培植了"把用心培养和大胆使用青年教师作为学校的首要任务，增强学校的生命力和竞争力""继承党的革命传统，抓紧政治思想教育，激励师生团结奋进，搞好教学科研和参加社会实践""教学实行'规格严格，功夫到家'和坚持减轻学习负担的教学路线，是运用教育规律指导实践的突破，成为哈工大的传家宝""实行学校和工厂密切合作，坚持教学、科学研究和生产劳动三结合，坚持为社会主义建设服务""学习苏联先进经验，根据国家社会主义经济建设的需要，瞄准世界科技发展的趋势，建立新专业和新系，推动学校不断发展""注重学习自然辩证法，运用科学方法指导教学和科学研究，使哈工大学习与研究自然辩证法蔚然成风"等具有哈工大特色的优良传统，形成了哈工大校风和校园文化，沉淀为独树一帜的哈工大校训"规格严格，功夫到家"，铸就了哈工大精神（牢记使命，报效祖国的爱国精神；严谨治学，精益求精的科学精神；埋头苦干，无私奉献的敬业精神；海纳百川，包容开放的协作精神；自强不息，勇攀高峰的创新精神），并逐步渗透到政治思想、教学、科研、体育与校园文化和行政后勤管理等各个方面工作中，形成全方位进行传道授业解惑的育人过程，校训"规格严格，功夫到家"成为全校师生员工共同遵守的行为准则和道德规范，成为培养哈工大"八百壮士"和工程师的传家宝和座右铭。

我校重建70年来，在党的领导下坚持社会主义育人为本的办学方向，建设和发展成为一所具有中国特色社会主义的国防工业大学。重视"规格严格，功夫到家"校训的传承与发展，培养出了党和国家领导人、将军、两院院士和教育、科技、国防、经济等各条战线的管理及专门技术人才。他们为祖国四化建设做出了重要贡献，为母校哈工大争得了荣誉，使哈工大成为"工程师的摇篮",培养新中国杰出人才的基地。电机系是哈工大老三系(机械、电机、土木)之一,从电机系走出了党和国家领导人2位、将军2位、中国科学院院士8位、中国工程院院士9位、校长13位,拥有一大批杰出校友。杰出校友代表有:50年代的宋健、杨应群、耿昭杰、刘永坦,60年代的李长春、刘庆贵、董庆福、刘淑芝、吴铭望,80年代的尚志、怀进鹏等,他们都是我们学习的榜样。

在本书中列出的在改革开放和新时代的杰出校友,70年代有陈超英、徐雷、李永东,80年代有朱彤、李硕,90年代有王文昌、陆晓琳,以及在书中列出的很多电气学院的年轻校友。他们从老校友手中接过接力棒,一代接一代地传承"规格严格,功夫到家"的哈工大校训,弘扬爱国、科学、敬业、协作、创新的哈工大精神,奋斗在全国各行各业,他们是我们老一辈哈工大人的骄傲,更是国家的未来,民族的希望。

最后,我衷心祝愿本书的成功发行能激励年轻一代校友们见贤思齐,将哈工大电气人的传统与精神传承下去;祝愿广大校友身体健康、生活愉快、事业顺利,在实现中华民族伟大复兴的中国梦的生动实践中放飞青春梦想,镌刻下更多动人心弦、催人奋进的美丽丰碑;祝愿母校在"中国特色、世界一流、哈工大规格"的百年强校之路上阔步前行,在新时代为国家强大和民族复兴做出更多更大的贡献!

2020年4月于哈工大

序 二

历史的车轮滚滚向前，到2020年，哈工大已走过了一百年的光阴。诞生于1920年的哈工大，历经沧桑，栉风沐雨，从建校的那一天起，便与国家同呼吸、共命运。从新中国"工程师的摇篮"，到今天享誉国内外的理工强校、航天名校，在伴随共和国成长的70余年峥嵘岁月里，哈工大不曾缺席国家每一次重点建设高校名单，始终以国家重托为己任，立足航天、服务国防、面向国民经济主战场，铸就辉煌无数。这些成就的取得，离不开一代代哈工大人实干苦干的精神气魄和薪火相传的家国情怀。

电气学院的前身源于1920年建校初期的电气工程学科及20世纪50年代由苏联专家援助建设的电机系，是哈工大建校时的初创专业之一，也是哈工大回归新中国后重组时的三个系之一。百年来，电气学院与哈工大一起风雨兼程、勇往直前。一世纪的历史悠久，赋予了电气学院厚重的底色；一百年的岁月更迭，不变的是电气人的传统与精神。在这种优良的传统和精神传承下，学院在电气工程领域不断取得丰硕成果，为国家培养了大量的各技术领域优秀人才，涌现出了一大批杰出校友，赢得了社会的广泛赞誉。

在百年校庆筹备工作开展之际，听闻哈尔滨工业大学出版社在哈工大校友总会的支持下，正在策划出版《电气之光》一书，集中展示电气学院杰出校友的突出成就，作为一名电气人，着实感到欣喜与激动。本书中的他们是许许多多电气人的代表，也是30万哈工大校友的缩影。

回忆往昔，40年弹指一挥间。我于1982年到哈工大电气工程系攻读硕士学位，学校学风严谨，点蜡烛赶论文、熬夜做实验等事情都是常态。犹

记赵昌颖、王宗培等大师指导实验时的"规格严格"，在课堂上传授知识时的"功夫到家"，正是他们潜移默化的影响，让我对教学科研有了更深的认识。而后我于1984年硕士毕业留校任教，历任电气工程系主任、电气学院院长、学校校长助理和副校长等职，在这个过程中我也始终将"规格严格，功夫到家"的作风贯彻到日常教学科研和管理工作中，专心学术，潜心育人，为学院和学校的发展建设添砖加瓦。

无论在求学阶段，还是在工作时期，我都能明显感觉到身边哈工大人的精神特质，这种特质源自"规格严格，功夫到家"校训的沉淀，源自"八百壮士"精神的传承，源自建设"中国特色、世界一流、哈工大规格"的百年强校的激励，更源自30万校友风雨兼程、夜以继日的接力。毫无疑问，书籍是纪念传承这种精神特质最好的方式。一百年光阴流转，一世纪岁月如歌，一代代哈工大人想国家之所想，急国家之所急，勠力同心、砥砺前行，在祖国最需要的地方描绘着壮美雄浑的哈工大画卷，镌刻着不可磨灭的哈工大印记。阅读本书，许多熟悉的面孔浮现在眼前，朱彤、吕恒……他们从学生时代的稚嫩少年，已成长为某一领域杰出的专家，为国家和社会的发展做出了卓越的贡献，许多人鬓间已生华发，那不是衰老的痕迹，而是一枚枚初心不改、使命必达的军功章！

在此，我谨代表学校向本书的编委会成员表示真诚的感谢，是你们的辛勤工作，才使得许许多多电气人的故事得以纪念传播，成为电气人精神传承的宝藏。我真诚地祝福奋斗在各个领域的校友们，不忘初心，牢记使命，在新的一年里实现自己的梦想，在新时代的征程中谱写下属于哈工大人的华美乐章。我期待与大家重逢松花江畔，共话电气人的传统与精神，共庆母校百年华诞。最后，我衷心祝愿各位师长、校友、朋友身体健康、阖家幸福、工作顺利，祝愿《电气之光》圆满发行！

2020年3月10日

目　录

吉光凤羽

政界和科研界的电气之光

电气之光

陈超英（7763）

HARBIN
INSTITUTE
OF TECHNOLOGY

　　陈超英，汉族，1958年11月生，河北蠡县人，1975年11月参加工作，中共党员，本科毕业于哈尔滨工业大学电气工程系电器专业，硕士毕业于比利时布鲁塞尔自由大学计算机科学系，研究生学历，工学硕士学位，研究员。历任中国船舶工业总公司第七研究院第七〇七研究所副所长、所长，天津市科委主任，中国船舶重工集团公司第七研究院第七〇七研究所所长，天津市委科技工委书记、市科委主任，天津市委常委、教育卫生工委书记、科技工委书记，辽宁省副省长，辽宁省委常委、秘书长，河北省委常委、省纪委书记，中央国家机关工委副书记、纪工委书记。现任中央纪委国家监委驻国资委纪检监察组组长，国务院国资委党委委员。中共第十九届中央纪委委员、常委，国家监察委员会委员。

从研发大国重器的栋梁之材到主政各方的最年轻省部级干部

陈超英出生于 1958 年的"大跃进"时代，他的名字就来自于当时提出的"超英赶美"。今天，陈超英无论是在科研领域还是在从政方面都为国家的发展做出了突出的贡献。

陈超英高中毕业后，作为知青插队两年多，什么农活都干过。1977 年恢复高考，他以优异的成绩被哈工大录取，进入 7763 班（专业：电器，后更名为信息处理与模式识别）学习。

陈超英珍惜来之不易的学习机会，决心学好本领，将来做一名优秀的工程师。与陈超英完成同一毕业论文课题（论文题目为《东北局部电力网潮流与稳定计算》，指导老师为徐慧明教授）的姚社奎同学，对陈超英在校学习期间所表现出的认真、自律、刻苦、勤奋、钻研精神印象深刻。晚上他总是坚持到离学生二宿舍很远的教学主楼去自习。完成课题过程中，曾需用东北电力设计研究院的计算机进行运算。20 世纪 80 年代的计算机还是用纸带穿孔输入的台式机，因初次使用，且不说编程难题，单就程序输入就困难重重。穿孔纸带查错难，修补难，但陈超英面对难题，认真对待，加班加点，不厌其烦，且总能思路灵活地找到解决办法。因勤奋努力，学习有方，他的学习成绩在班上名列前茅。他在谈到母校时说，哈工大确实在学习能力、动手能力、创新能力培养方面为学生日后成为优秀的工程师打下了坚实基础。

1982年大学毕业后，陈超英被分配到中国船舶工业总公司第七研究院第七○七研究所（以下简称七○七所）。七○七所地处天津，成立于1961年，以攀登导航和操艇技术高峰为目标，以提供先进设备装备部队为己任。

进入七○七所后，陈超英以助理工程师的身份从基层工作做起，很快他在工作中所表现出的学习能力强以及勤奋、专注、肯钻研、善思考的工作作风，被所领导发现。所领导认为他是个可重点培养的苗子。于是，1986年所里给了他考取公派出国留学的机会。他在比利时布鲁塞尔自由大学计算机科学系深造两年，取得硕士学位。出国深造不仅使他开阔了眼界，增长了专业知识，也培养了他自主学习和研究的能力，以及开放性的思维方法。

20世纪80年代，中国在外留学人员很少，他们是国内所需的宝贵人才。陈超英完成留学学业后，没有选择留在欧洲，而是听从组织召唤，立即回国。

自1988年9月回所到2002年2月，是陈超英不断取得科研成果、从而为我国实现国防现代化、为军队在导航方面提供大国重器做出重大贡献的黄金时期。陈超英在1995年被评为研究员，1998年9月升任七○七研究所所长。

陈超英在导航专业领域的权威学术期刊和论坛上发表科研论文十多篇，有数篇收录在SCI/EI/ISTP。他还获得多项国家发明专利。此外，他还曾兼任中国惯性技术学会副理事长，中国造船工程学会可靠性学组组长，中国人民解放军总装备部通信、导航与测绘专业组成员，天津市专家协会副会长，《导航》杂志主编。他积极开展研究所与大学的合作，在天津大学创建机器人实验室，并任博导。

与学术成就相比，陈超英所从事的科研工作本身及所取得的科研成果则更有价值。我们从眼睛对一个人有多重要就不难理解导航系统对于武器装备起到怎样的关键作用，对国防建设与现代化能起到怎样的促进作用。

他曾参与、负责国家同步轨道卫星发射重点工程项目综合测量船惯导系统研制和实验任务，作为年轻的试验队长，多次远征太平洋执行这一国家重点工程项目的测控任务，为我国第一颗到第七颗同步轨道卫星的成功发射做出了应有的贡献。

陈超英在七〇七所时负责主持、参与研发的导航设备至今还服役在我军的某些武器装备上，这也足以说明其技术的先进性和设备的可靠性。这些科研成果的重大意义和贡献在于有效地提高了我国海军走向深蓝、突破第一岛链的作战能力，也使我国陆军的武器装备由视觉瞄准上升到自动导航，极大地提升了陆军的作战范围与精度。

由于陈超英在七〇七所工作成绩突出，1991年他被国家教委授予"有突出贡献的归国留学生"称号，1992年被评为天津市十大科技青年先锋之首，1996年被授予"天津市十大杰出青年"称号，成为国家"百千万人才"工程第一层人选，1997年享受政府特殊津贴，1998年被中国船舶工业总公司评为有突出贡献的中青年专家。

在众多科技成果奖中，陈超英获得的最高奖项是国家科学技术进步二等奖，为第一获奖人。笔者从七〇七所相关人员处了解到，近年来该所有一项科研成果获得了国防科学技术进步特等奖，而陈超英就是当时项目的主要参与人之一，为鼓励仍在科研一线的科研人员，他主动放弃了项目的评奖申报。

陈超英于2002年正式进入政界，开启了为国家效力的新篇章。

陈超英2002年12月被组织上提拔为天津市委常委、科技工委书记、市科委主任，成为当时全国最年轻的省部级干部之一。2009年5月他被调到辽宁省政府工作，作为副省长分管金融、财政、国土、工业等重要工作，三年后任辽宁省委常委、秘书长。由于工作经验丰富、作风过硬、原则性强等因素，组织上在 2014 年 8 月调任陈超英出任河北省委常委、省纪委书记。在党的十九大上，他当选为中央纪委常委，后又在全国人大上当选为国家监察委员会委员，同时出任中央纪委国家监委驻国资委纪检监察组组长，肩负着央企的反腐和廉政建设重任。

对于政绩，陈超英本人不让讲，说需要做的工作还很多；对于科研成就，他也谦虚地说这没什么。本文的素材更多的是来源于公开资料和对他人的采访。但不管怎样，陈超英在从政上有三方面的突出表现值得一提。

一、严于律己，廉洁奉公。陈超英的父母是县级干部，对子女教育的基本要求是要走正路，要为国家做贡献。陈超英在工作中也正是这样做的。他常对妻子讲，我是搞自控的，如果我连自己都控制不了，怎么要求他人？无论在哪里工作，他都做到了清正廉洁。他组织原则性强，从不去搞什么圈子，也从不攀附关系。

二、精通业务，专注工作。陈超英不论分管什么工作，都能很快进入角色，胜任岗位。这得益于他善于学习、不断学习的能力以及在科研工作基础上所建立的科学思维与工作方法。在辽宁，他曾请辽宁大学教授给他一对一地上了 60 课时的金融课程；与此同时，他积极调研，很快就入行。从事纪检工作后，他积极研究党建，并在《求是》杂志上发表有关党建的署名文章。陈超英把自己的时间和精力都用在了工作上。

三、品行过硬，口碑良好。陈超英在思想作风、工作作风、生活作风上都经受得住这个时代的考验，在他工作的每个岗位都留下良好的口碑。

大器之成，必有其道。一个人的成功与机遇和自身条件是分不开的。除了我们所处这个伟大时代的机遇因素外，陈超英的成功还在于他学习、专注、勤奋、毅力等方面的个人良好素养。就条件而言，必须提到的是他背后那位默默付出的贤内助对他的成功起到的辅助作用。他的妻子周艳芬是一名医务工作者，在做好本职工作的同时，她在打理家务和关照他的健

康等方面可谓保障有力，从而使他能一心扑在工作上。同时，她知足常乐，从不攀比。正是这些促进成功的综合因素的正向合力作用，为陈超英的成功起到了"叠加、共振、临界效应"或如查理·芒格所说的"Lollapalooza效应"。

哈工大的校训"规格严格，功夫到家"正是陈超英成功的法宝。陈超英在工作中总是根据外部条件和自身能力制定一个有成效、有挑战、高标准的阶段目标（规格严格），然后保持专注，把应做的正确事情扎扎实实地做好，做到极致（功夫到家）。现在，他给自己确立的目标是，用三年时间，在央企建立起不想腐、不敢腐、风清气正的政治生态。

哈工大对学子的培养是要求德、智、体全面发展。陈超英爱好打网球，曾在国家机关网球协会的比赛中获奖。

陈超英有一个和睦幸福的家庭。他和妻子育有一子，儿子是牛津大学博士，同样学成后回国效力。

（姚社奎供稿）

电气之先 徐雷(7763)

　　徐雷，上海交通大学致远讲席教授、人工智能研究院首席科学家、张江国家实验室脑智院神经网络计算研究中心主任、香港中文大学荣休教授。IEEE Fellow（2001，从神经网络学会当选之首位中国学者），2002年当选国际模式识别学会会士（首位中国籍）和欧洲科学院院士。哈工大1977级本科学生，1982年到清华大学读博士，1987年做北京大学博士后，次年任副教授。其后4年在芬兰Oja、哈佛Yuille、MIT Jordan等团队做博士后；1993年任香港中文大学高级讲师，1996年任教授，2002年任讲席教授。2016下半年全职加入上海交通大学。从事智能领域研究逾38年，发表论文４００多篇，有RHT、组合分类器、RPCL、LMSER、BYY学习理论等被广为引用的先驱成果。1994年起先后担任9个国际学术期刊编委，曾在IEEE、国际和亚太相关领域的学会中担任多种职务，是最早进入智能领域顶层学术圈和领导层的几个中国学者之一。1992年他在NIPS会议上发表论文，代表来自中国的学术专家首次打入这个人工智能全世界最顶级会议。获数个国内外主要奖项，如1993年国家自然科学奖，1995年国际神经网络学会Leadership奖、2006年亚太神经网络学会杰出成就奖（首位华人获奖）。

我国人工智能科研领域的
先驱人物之一

当今人类社会正处在由信息时代向智能时代的转变阶段，智能时代将革命性地提高社会生产力并改变人类的生活方式。人工智能是其核心科技基础，作为这一领域科学家的徐雷，正是在推动人工智能科技发展方面做出了重大贡献。他不仅在人工智能基础理论研究方面成果显著，而且在把人工智能技术运用于金融、健康等方面成就非凡。下面将记述他勇攀科技高峰的奋斗历程。

（一）求学之路，顶尖学府

1977年恢复高考的春风吹到地处云贵边界大山里的盘江矿务局的时候，作为一名矿工的徐雷的复习备考时间只有一个来月。尽管时间仓促，但他还是经过努力，成功地抓住这次改变人生命运的重大机遇，有幸被哈尔滨工业大学录取。

徐雷考取的是哈工大的电气工程系电器专业。哈工大之所以在工科上名列前茅，是与有一支优秀的教师队伍分不开的。他们终生学习，与时俱进。当时电器专业以徐近霈、李汾、舒文豪等为代表的老师及时洞察出信息科技前沿的发展动态，对传统的电器专业的教学内容做出跨越式调整，引入了信息处理与模式识别的专业知识。事实证明这对 7763 班同学们毕业后的事业发展起到了巨大的助推作用，7763 班同学的突出成就大多是在信息科技领域取得的。

徐雷是班上的学习委员。他在学习中表现出的刻苦钻研、从严要求的精神令人印象深刻。他平时背的书包是班上最大最重的。当年受著名数学家陈景润事迹的影响，他特别注重数学学习，那时一般同学做数学题用的都是工科用的樊映川习题集，他却选用适合数学专业的吉米多维奇习题集。人工智能是以数学为基础的，他扎实的数学功底为他未来在人工智能领域取得非凡成就起到了十分重要的作用。

徐雷以优异成绩从哈工大毕业后，给自己设定了更高的求学目标——报考清华大学教授常迥的研究生。他在短时间内自学了两门从未学过的专业课程，如愿考取了清华大学自动化系的研究生。常迥院士（当时称学部委员）是当时我国模式识别乃至信息科学的旗手，他创建了中国模式识别学会和信号处理学会并担任会长。如今中国智能学界的多位两院院士都与这两个学会有关。常教授把邀请美国、欧洲很多学术大师（A.Rosenfeld、B.Widrow 等）来华进行学术访问作为培养研究生的重要手段。著名华裔科学家傅京孙先生（国际模式识别领域最高奖——K.S.Fu 奖就以他的名字命名）就来过两次。常教授每次会选两三个博士生"放到火上来烤"，就是让每人用不到 10 分钟时间做汇报，请大师点评。徐雷在读研期间，就曾多次得到这样的锻炼机会。

徐雷在清华大学经过五年苦读，获得了博士学位。他的博士学位论文长达 22 万余字，是常先生的也是清华大学的第一批答辩的博士，11 位答辩委员会成员中学部委员过半，可见规格之高。他的毕业论文获得清华大学优秀博士论文奖。读研期间，徐雷不仅在《中国科学》《计算机学报》

等一级期刊上发表论文十多篇，还在模式识别、人工智能、图像处理等主要国际会议上发表论文 8 篇。

1987 年 7 月，他成为北京大学第一批博士后，在著名数学家程民德院士和信息科学家石青云院士的指导下工作，并在这两年开始事业上的第一次起飞，相继获得 1988 年中国自动化学会年会青年优秀论文奖、1988 年北京青年科技奖、1988 年第一届国家教委霍英东青年教师奖。1988 年秋季，北京大学破格提拔徐雷为副教授，当时学界只有少数年轻人获此殊荣。

（二）走向国际，大师为伍

徐雷在北京大学事业发展得顺风顺水的时候，做出了出国深造的决定。毕竟欧美当时在人工智能科技方面大幅领先中国，他要以中国自己培养的第一批博士的身份，走进其学术领域的世界前沿。

1989 年 2 月—1990 年 5 月，徐雷进入芬兰 Lappeenranta University of Technology（拉彭兰塔工业大学）信息工程系，在 E.Oja 教授（后任芬兰科学和文学艺术学院院士并任其科学技术学部主任）的团队做高级研究员，其间以第一作者身份发表论文多篇，其中最为重要的是 RHT（随机 Hough 变换）的发明。用 Hough 变换识别形状是模式识别研究的一个重要方向，经历了三个发展阶段。第三阶段就是以 RHT 为标志，是基本机制和性能上一次突破性发展。时至今日，这仍然是人工智能领域进行形状模式识别的方法之一，被广泛应用于自动驾驶、雷达、医学图像等领域。这些论文被多次引用，并受到同行好评，例如 "a general method" "The earliest and most classical" "one of fast and most widely used" 等。

1990 年 5 月—1991 年 8 月，徐雷转到加拿大 Concordia University

（康考迪亚大学）计算机科学系继续从事研究工作，并发表论文多篇，最为重要的是以第一作者身份发表的关于分类器组合的论文。组合多个分类器是模式识别研究的另一重要方向，这篇论文提出了分类器集成的三级框架并给出若干组合方法，是如今广为研究的集成学习和信息融合的先驱成果之一。另一个重要工作是单独提出的多层 LMSER 自组织学习，不仅最先揭示了 Hebb 学习辅以 S 非线性实现独立化学习，而且提出的自组织多层神经网络和双向修正算法酷似现今神经网络深度学习的典型方法之一。

1991 年 9 月—1993 年 8 月间，1991 年加入哈佛大学机器人实验室 A.Yuille 教授（他在 2003 年获计算机视觉 Marr 奖）的团队做访问学者。1993 年加入麻省理工学院脑和感知科学系 M.Jordan 教授（当选美国科学院院士和美国工程院院士、机器学习领域的旗手）的团队做博士后。不仅以第一作者身份继续发表论文多篇，并且又在三个方向上做了有影响力的工作。其一，发明对手惩罚竞争学习，开了无监督学习中模型自动选择之先河，至今仍有许多应用和发展。其二，他和 Jordan 对 EM 收敛性的研究，厘清了 EM 的优缺点，触发了新一轮波及多个领域的 EM 研究热潮。他还与 Jordan 和 Hinton 合作，提出一个改进多专家混合模型。还与 Yuille 合作，研究 RBF 网，尤其是误差收敛率与基数目关系。其三，对主子空间、MCA–对偶空间、ICA 的研究，做出了多个领军性贡献，引发大量后续研究。

徐雷是一个具有民族自信心的科学家，他坚信"土博士"同样能有大作为。出国后，他没有选择长期留居国外，也不愿搞个什么洋学位，而是全身心投入到科研上。他在欧美合作研究所取得了极具影响力的学术成就，让欧美同行对中国本土培养的人才所表现出的卓越科研能力刮目相看，也为中国学术界赢得了荣誉。1996 年在成都召开的全国神经网络学术大会上，大会主持人宣布中国神经网络委员会的一个决议——向徐雷致敬以表彰他为中国学者在国际神经网络学术界赢得的荣誉。

（三）声誉满满，继续向前

1993 年 8 月，徐雷来到香港中文大学计算机科学与工程系工作，1996 年升任教授、2002 年再升任讲席教授并一直任职到 2019 年 8 月成为荣休教授。

在香港中文大学工作的二十多年中，他不断在科研领域取得新的成就。不仅对前期的各项研究进一步深化、发展、应用，而且在时序子空间、多流行学习、启发搜索、因果发现、计算金融以及离散组合优化等方面展开研究。根据资料检索，徐雷的多个研究成果已被国内和欧美日等许多研究单位广泛应用于雷达、遥感、材料、机器人、无人驾驶、软件工程、网络发掘、精密制造、医学图像、生物信息等领域。

特别值得一提的是，徐雷将中国古典哲学思想与统计数学理论相结合，创建了贝叶斯阴阳和谐学习体系，不仅为多个现有的统计学习模型建立了一个统一框架，而且参数学习和模型选择都由同一最大和谐理论确定。在有限样本下，模型选择在参数学习中自动完成，不同于经典两阶段法，大大节省了计算成本。20 世纪末，麻省理工学院整理 20 世纪的重要贡献，于 2002 年由著名脑与认知科学家、控制论鼻祖维纳的学生 Arbib 教授主编出版经典汇编《脑理论和神经网络方法》时，贝叶斯阴阳和谐学习体系也被专文纳入。

徐雷教授还在众多著名期刊、学会和学术会议担任要职。例如在三个神经网络的主要期刊，他都任编委，即：*Neural Networks* (1994—2016，是担任该期刊编委的最早的中国学者)；*IEEE Trans. on Neural Networks*

(1994—1998，是担任该期刊编委的最早的三位中国学者之一，另外两位是曾任北京邮电大学副校长的钟义信教授和华南理工大学副校长的徐秉铮教授)；*Neurocomputing* (1995—2017，是担任该期刊编委的最早的两位中国学者之一，另一位是清华大学教授吴佑寿院士)。他曾担任国际神经网络学会 Governing Board 成员 (2001—2003，是中国学者最早当选此任的二人之一，另一位是北大当时的常务副校长迟惠生)、IEEE 计算智能学会 Fellow Committee 委员会委员 (2006, 2008，是最早当选此任的中国学者)、亚太地区神经网络学会主席 (1996.9—1997) 等。他还在欧美、亚太举办的许多高水平学术会议上任大会主席，名誉或顾问委员会主席等职。他还应邀在欧美、亚太、国内举办的高水平学术会议上做大会报告近百次。

徐雷教授在 2007 年至 2016 年，兼任教育部北京大学长江讲座教授；还曾兼任南开大学、华南理工大学的客座教授；从 2009 年起至今，仍兼任中科院生物物理所客座研究员；2009 年他被授予西安电子科技大学名誉教授。

徐雷教授所取得的突出成就，使他获得许多重要奖励与荣誉。

1988 年，他是国家第一批 40 名"霍英东奖"获奖者之一，也是智能相关学科仅有的一位。同年，他还是第二届北京市青年科技奖的 10 位获奖者之一，并代表获奖者在由北京市长主持的颁奖式上发言。

徐雷 1993 年获国家自然科学奖，1995 年获国际神经网络学会的 Leadership 奖。获得这个荣誉的另一位中国学者是东南大学的何振亚教授 (1922—2010)，他也是最早的中国籍 IEEE Fellow 之一。

早在 2001 年，徐雷就当选美国电气和电子工程师学会（IEEE）会士，是 IEEE 神经网络学会（后改称 IEEE 计算智能学会）推举当选的首位中国籍 Fellow，也是 IEEE 所有领域史上最早的十多位中国籍 Fellow 之一。

2002 年他获选国际模式识别学会会士。该学会成立 20 年后在 1994 年开始设立会士，头十年间共当选 110 人，只有 6 位是华人（包括徐雷）。其后至今近 20 年来，已增至 46 位华人。次年，他当选欧洲科学院院士，并曾在 2014—2017 年期间任科学委员会（计算与信息科学部）委员。

中国神经网络学会由中国的电子学会、自动化学会、计算机学会、人工智能学会等九个一级学会在 1990 年联合创立。2005 年，对成立以来为推动中国神经网络研究发展的重要贡献者，由时任学会主席王守觉 (1925—2016) 院士颁发了三个奖：一是给国内学者的贡献奖，罗沛林 (1913—2011) 和吴佑寿 (1925—2015) 两位院士获奖；二是给一位外国学者颁发友谊奖，由日本神经网络领域头号学术领袖 S. Amari 教授 (1936—) 获得；三是给一位境外华人的报效奖，奖励他长期在促进中国网络领域学术交流与发展中做出的杰出贡献，由徐雷教授获得。

亚太神经网络学会从第 14 届起开始设立其最高奖项——杰出成就奖。头两年分别是日本神经网络领域的学术一、二号之信息几何之父 Amari 和卷积神经网络的先驱之一 Fukushima 获奖。在 2006 年第 16 届年会上，徐雷成为第三位获奖者，也是第一位获此殊荣的中国人。

值得一提的是，鉴于徐雷教授所取得的科研成果，相关领域中的学术前辈和同行普遍认为他非常有机会成为中国科学院院士。其实，他在 2007 年曾与此擦肩而过。当年秋天，他获知在通信投票中入选中国科学院院士的初步候选人。那年信息学部可补选 7 名院士，在最后一轮投票中，虽然他的名次稳入这个名单中，但很遗憾他得票数未过三分之二，那年刚好规则由之前的过半改为过三分之二。事实上，那年信息学部只有一人成功当选。可惜的是，这年之后他没有考虑过再参选。

多年来，徐雷从未停下求索的脚步。《科技精英》杂志采访徐雷时，他说道："一个学者无论多么出色，其实都是站在属于他的一座山上，那就是国家。我将与我们团队一起努力，把中国人工智能这座山垫得再高一些。那时候，任何一个人站上去，都是一座高峰！"

八年前，徐雷开始计划由香港返回内地直接做贡献。2012年他当选第九批国家创新人才"千人计划"专家。2016年5月，他全职加盟上海交通大学，任致远讲席教授和人工智能研究院首席科学家、交大电院认知机器和计算健康研究中心主任、上海交大－商汤清源研究院首席科学家、上海交大脑科学和技术研究中心首席科学家，张江国家实验室脑与智能科技研究院神经网络计算研究中心主任、上海脑科学与类脑研究中心专家组成员。

这几年，徐雷教授多次参与国家科技创新2030"新一代人工智能"重大项目和"脑科学与类脑研究"重大项目的研讨策划和指南起草、参与张江实验室脑与智能科技研究院和上海脑科学与类脑研究中心的筹建，还以评审专家组长、主审专家、评审专家的身份参与上海市经信委举办的人工智能创新发展专项和应用场景建设的论证和评审会议20多次。他也是上海政府举办的世界人工智能大会WAIC上颁发最高荣誉SAIL奖的评审。该奖举办两年来，徐雷教授每年都担任SAIL奖的终评会审专家。

徐雷教授在上海交通大学组建的研究团队，致力于双向对偶深度智能系统的研究，是当年贝叶斯阴阳和谐学习体系与近年深度学习相结合后的进一步发展。特别是聚焦于双向对偶深度学习支撑的模式认知、类AlphaGo问题求解、双向对偶推理和双域因果发现三个主要研究方向，以及在智能创意、智能医疗、智能金融方面的应用。作为项目负责人，

徐雷教授牵头上海交通大学、清华大学、浙江大学、北京大学等8家单位，于2018年申报成功2030"新一代人工智能"重大项目首批中的一个项目，今后他仍将继续奋战在科研第一线。

作为我国人工智能领域的先驱人物，徐雷说，他不愿走捷径，只喜欢走别人没走过的路！

参考文献

[1] 微信公众号 AI 报道 .2019-10-11.上海交通大学 AI 研究院首席科学家徐雷：中国人工智能研究真的世界领先了吗？

[2] 吴跃伟 . 山高人为峰——访人工智能领军人徐雷，科技精英 2. 杨建荣主编 . 上海科学普及出版社，2018，第 15-21 页。

[3] 欧洲科学院的院士资料 . https://www.eurasc.org/user/416/lei-xu.

（潘政刚、姚社奎供稿）

电气之光

李永东（7865）

HARBIN
INSTITUTE
OF TECHNOLOGY

　　李永东，现任清华大学电机工程系教授，博士生导师，电气化交通团队负责人，新概念汽车研究院副院长；曾任新疆大学电气工程学院院长；兼任中国电工技术学会高级会员，电力电子学会副理事长，中国电工技术学会电控装置及系统专委会副主任委员，中国自动化学会电气自动化专委会副主任委员。1982年毕业于哈尔滨工业大学电气工程系工业电气自动化专业，1987年在法国图卢兹国家理工学院电气工程及自动化系获博士学位，1988年初回国，并在清华大学电机工程系从事博士后研究。

　　1990年留清华大学任教至今，1991、1996年分别破格聘任为副教授和教授，1999年聘为博士生导师，2002年兼任法国图卢兹国家理工学院客座教授。长期从事大容量、高性能、全数字化交流电机控制系统的理论和应用研究，尤其是在高压大容量异步电机变频调速，交流电机矢量控制和转矩直接控制及其数字化实现和无速度传感器运行等方面提出自己的控制方法和理论，受到国内外同行的高度评价。著有《交流电机数字控制系统》。

访中国速度的幕后英雄

中国高铁的成功发展是中国现代化和强国化的标志之一，其通车里程2016年底已超过2.2万公里，并成功与印度尼西亚、俄罗斯、泰国、老挝等国达成合作。在哈尔滨工业大学百年校庆之际，我们专程采访了哈工大7865校友、清华大学电机工程系教授李永东，聆听他与高铁的种种机缘和故事。

（一）青葱年代，法国接触高铁

李永东于1962年出生在张家口市万全区，这里是著名的京张铁路的终点站张家口站往西延伸的第一个火车站。那时候，虽然父母是当地主要领导，但对子弟的要求却非常严格。当时建设和盖房用的木材都是从东北运来的松木，堆在火车站像小山一样。很多家庭就让孩子们去剥树皮，以备冬天生炉子烤火使用，李永东家也不例外。

那时每次坐在小山似的原木顶上看着火车轰隆而过，一个念头总闪现在他的脑海。听说国外为了防止污染都不用蒸汽火车头了，他就在想是用什么驱动这么庞大的一列火车呢？那时根本没有任何电力机车的概念，更不可能想到后来改革开放没多久，丰沙线铁路就实现了电气化，从大同到秦皇岛修了电气化铁路运煤，正好路过张家口，当然也包括他家乡的火车站。

这时李永东也没想到，自己和电力机车以及高铁有什么关系！1977年恢复高考后他参加了两次考试，因化学成绩较好，他填报的全是高分子化工等专业。当时中国科技大学招少年班学生在全国引起轰动，他第一志愿也就报了中国科技大学，没想到其录取分数比清华大学还高，自然落榜。但赶上1978年扩招，他阴差阳错地被哈尔滨工业大学录取到工业电气自动化专业，从此就和高铁的核心技术——电机控制技术结下了不解之缘。

1982年大学毕业前，李永东和大部分同学一样参加了研究生全国统考，他以全系第二名的优异成绩被国家选派去法国攻读硕士和博士学位。虽然去之前对法国的人文、历史、科技和经济情况已做了全面了解，但实际差距之大还是让他震惊，只有5 000多万人口的法国，经济总量竟然是十亿人口中国的好几倍！也就是说人均是中国的几十倍，其核心竞争力就是高铁(TGV)、核电站(供应80%的电力)、航空(协和飞机、幻影战斗机)和航天(亚利安娜火箭、卫星)等高技术。从此，李永东暗下决心，将来一定要在祖国的土地上发展这样的科技和教育，让科技为自己还不富足的祖国和同胞造福。

李永东第一次看到真正的TGV是在巴黎的Gare de Lyon(开往里昂的火车站)，确实非常先进。20世纪90年代李永东在日本工作期间对新干线的认识就更直观了。高速列车(法国TGV、德国ICE和日本的新干线)的核心技术是电力电子变换器和交流电机控制，也就是我们通常所说的电机的变压变频控制技术。李永东第一次听说变压变频控制是在1980年，当时在哈尔滨工业大学电气工程系上大三电机学课，授课老师讲完之后说，这只是个稳态控制规律，谁要是能在动态把磁通控制住就好了。当时刚有概念，但不知如何去做，没想到这个动态控制规律后来被李永东找到了。李永东留学法国所在的实验室是位于图卢兹的国家理工学院电工与电力电子(LEEI)实验室，在当时是法国最先进、规模最大的电力电子与电机控制实验室，在整个欧洲都处于领先地位。在这里，他接触到了当时最先进的技术和设备，如 DSP(数字信号处理器)、IPM(智能电力电子模块)、CPLD(可编程逻辑器件) 等。那时，他在对交流电机高阶动态派克方程进行了深入研究后，终于消除所有微分项，推出一个数学公式，不论稳态还是动态均可把磁通控制住。

法国从巴黎到里昂的高铁 TGV

该成果在 1985 年的首届欧洲电力电子及应用国际会议上被评为十佳论文，又于 1989 年在第一届中国交流电机调速传动会议上获评优秀论文。在此基础上，他后来又完成了转矩闭环控制、无速度传感器运行等研究。

（二）学成归来，立志报效祖国

1987 年 12 月，李永东在法国图卢兹国家理工学院通过博士答辩获得博士学位，并于 1988 年初回到祖国。回国后不久，他就应铁道部科学研究院车辆所邀请去他们那里参观学习。此时他们已完成了可控硅型交直交逆变器供电的交流电机控制系统，希望用于机车的电力牵引系统中，只是由于体积庞大不能上车，因此也在大力宣传采用 GTO(可关断可控硅) 实现交直交逆变器供电的交流电机控制系统。

回国后，李永东进入清华大学电机工程系，师从高景德院士做博士后研究工作，一边带着学生们开始清华大学第一台晶体三极管 VVVF 变频器的研制工作，一边始终关注着电力机车的国产化进展。经过不懈的努力，该变频器成功在北京和平宾馆中央空调上连续运行了 24 小时，并通过鉴定，当时《中国青年报》头版头条报道了他们的工作成绩。在此基础上，他们实验室先后与台湾普传公司、山东惠丰公司、北京时代公司、深圳华为公司、曲阜电机厂、希望森兰公司、浙江海利普公司和上海格立特公司建立了广泛的合作关系。目前国内生产通用变频器的厂家已经超过 300 家，其中大部分都是从上述合作伙伴中衍生出来的。

从 1996 年开始，李永东团队开始了高压变频器的研发工作。以他带领的研究生倚鹏、刘军为主力的研发团队，是目前中国国产高压大容量变频器研发的主力。通过自主研发，很快申请了自己的高压变频技术专利，并于 1998 年通过技术鉴定，投入试运行。当在北京重型电机厂看到自己亲手研制的几百千瓦高压变频器首次带动着电机平滑运转，并实现正弦供电、连续调速时，他当时的心情是何等的激动！从此，一个高压变频器国产化时代在他们手中拉开帷幕，为国人在高压大容量变频器领域 (包括高铁和舰船电力驱动领域) 突破外国大公司的垄断树立了信心。该产品广泛应用于风机、水泵、压缩机、水泥制造、矿井提升、风洞和船舰等需要高压变频器的工业和军工领域，打破了国外电气大公司在该领域的垄断地位，目前在国内市场占有 60% 以上的份额。

20 世纪 90 年代中后期，李永东经常去铁道部株洲电力机车研究所讲课。那时的学员连交流电机的无速度传感器控制都不知道，现在他们已经成为我国高铁电力牵引自主研发和制造的主力，并推出了中国标准动车组和永磁电机电力牵引动车组。当年的所长奚国华先生后来成为中车公司总经理 (至2017 年 7 月)，现任所长丁荣军先生于 2013 年被评为中国工程院院士，现任副所长兼总工冯江华先生也于 2020 年申报了中国工程院院士。

实际上国内从 20 世纪 80 年代就开始了交流电机控制系统电力机车牵引系统的研究，但进展一直较为缓慢。李永东领导的实验室从 2000 年开始进行地铁、电力机车牵引系统的专题研究，和中国北车股份有限公司多家企业签署了合作协议，并于 2008 年开展清华自主项目的研发工作。2011 年 8 月，清华电机系又和中国南车株洲时代集团 (中国生产和谐型高铁、动车组牵引系统的主力公司，现在都属于中车集团) 签订了长期战略合作协议。希望在下一代高铁牵引系统的轻量化和高效化方面使用完全自主知识产权的产品，申报的项目已获科技部重点研发计划支持。

在回国的近 30 年里，李永东在高压大容量异步电机变频调速、交流电机矢量控制，直接转矩控制及其数字化实现和产业化等方面提出了自己的理论，对中国交流调速产业化起到较大的推动作用，这是他最感欣慰的事情。此外，李永东于 2001 年出版了国内第一本关于交流电机数字控制的专著，成为从事交流电机控制及其在高铁电力牵引、船舶电力推进、机床 / 机器人中应用技术人员必看的经典理论书籍，再版多次仍供不应求。目前，几乎所有高铁的电力牵引都采用了交流电机矢量控制技术。

（三）风云突变高铁强势崛起

应该说，中国高铁真正的弯道超车开始于 2003 年。2003 年新年过后，新一届国务院机构组成并开始工作，新的铁道部强势登场。一改过去发展高铁的思路，立志引进世界最先进的技术，实现中国高铁发展质的飞跃。

在不到 8 年的时间里，中国在高铁领域进步神速。今天，中国的高铁制造企业已经开始与日本、法国、德国的高铁企业一较高低，在全球角逐订单。当年制定的 2020 年"四纵四横"铁路网规划早已提前实现，并开始向"八纵八横"迈进，从连云港到乌鲁木齐的高铁全线贯通也指日可待。此外，令人振奋的是，2017 年 2 月 25 日 10 时 33 分，G65 次列车驶出北京西站，标志着我国自行设计研制、拥有全面自主知识产权的中国标准动车组样车上线运营。两列标准动车组分别为中车四方机车车辆股份有限公司生产的"蓝海豚"和中车长春轨道客车股份有限公司生产的"金凤凰"，

2017 年 2 月 25 日 10 时 33 分，中国标准动车组开始运营

时速高达 350 公里。

1840 年之前的中国是世界最大的经济体，因鸦片战争的失败从此衰落而退出世界经济舞台，其根本原因是工业革命以后的强大英国彻底打败了没有发生工业革命的中国。百年的战争和动乱使中国在 20 世纪 70 年代中期成了世界上最穷的国家之一。

改革开放是一条正确的道路，中国在过去 40 年中保持了持续的高速发展，2010 年已成为世界第二大经济体。到 2020 年，中国有望超过美国成为第一大经济体，中国已经或正在掌握的如高铁等重大关键领域的科技，成为中国崛起的标志之一。在这个过程中，以李永东教授为代表的一批科技精英为祖国的崛起做出了突出的贡献，成为实际上的幕后英雄。

2019 年 4 月 2 日，2018 年度中国自动化领域年度团队正式揭晓，中科

院、大学、公司和国防科研院所众多科研团队申报该项荣誉。经过前期推荐、专家严格评审并公示，共有 4 个团队获奖，其中就有李永东教授所带领的先进能源变换和电气化交通团队。该团队长期从事高性能大容量交流电机控制领域的国际前沿研究，并致力于成果的产业化，为我国的节能减排、工业自动化和交通电气化事业做出了突出贡献，取得了巨大的经济效益和良好的社会效益。

电气之光　　王　勇（7865）

　　王勇，1974年11月参军，1977任侦察班长，1978年3月退伍，1978年考入哈尔滨工业大学电机工程系，1982年毕业分配到中国航天部第七设计研究院（中国航天建筑设计研究院）历任工程师、高级工程师、研究员，电气室主任，所长，中国航天建设集团电气总工。获得国家工程设计金奖、银奖、铜奖，中国航天工程设计一等奖、二等奖。国务院特殊津贴专家。社会兼职：北京土木建筑学会电气分会会长、北京电气情报网主任、中国勘察设计协会电气分会副会长、中国建筑学会电气分会常委、雷电防护专家委员会常委、全国电气情报网常委、沈阳建筑大学兼职研究生导师。

难忘的岁月

1977年国家恢复高考，一时间全国掀起了读书热潮。新华书店数理化辅导教学类书籍一度脱销，积压10年的考生同时在1977—1978年参加高考，犹如千军万马过独木桥。77级考生570万录取27万，录取率4.8%，1977年11月各省统考，1978年3月入学。78级考生610万录取40万，录取率6.6%，1978年7月全国统一考试，10月入学。两届学生同一年入学，也是中国高考史上一大奇观。考上重点大学更是凤毛麟角，录取率不足2%。

我1978年3月退伍，7月参加高考。只有3个多月复习时间，因为是在职人员没有辅导班可以上，一头雾水，无从下手。好在我的高中班主任宿县一中的数学老师裴铁吾，积极鼓励我参加高考，经常把在校生的数学考试卷给我一份在家练习。三个月要复习五门课时间实在有点紧张，只能做点取舍。我的语文作文成绩一直很差，短时间也很难补上去，准备放弃。政治全靠背，每天留两小时看报纸背中央有关文件，英语是参考分直接放弃。1978年是全国统一出高考试题，相对比较公平，难度也比较大。我放下包袱轻装上阵，高考的成绩还算不错，总分392.5分：物理98分、化学98分、数学71分、政治69分、语文56.5分，在地直机关排第一名。更神奇的是以往高考都有作文题，这次居然没有作文，只有一篇缩写，真是太幸运了。当年安徽理科总分320分就可以录取上大学。我的想法是第一志愿报浙江大学，但家里父母、哥哥坚决反对。中国科技大学在安徽合肥，名气也不小，所以就填报了中国科技大学。至于专业更是不懂，当时自动控制、自动化名字高大上挺热门，于是填报自动控制专业，不幸的是第一志愿落空了。今年春节回家过年和相关朋友们聊天才知道，其实我当时的高考分数已经达到中国科技大学录取分数线并且档案已被调走，但是由于其他原因未能录取，可能也是命中注定与哈工大有缘吧。

第一志愿落空后，填报其他各学校就乱抓了，幸运的是我被哈尔滨工业大学录取。后来哈工大招生代表王九鼎老师找我谈话我才得知，各校按照分数高低开始抢人，根本就不按照报考志愿走，谁抓到就是谁的，各校招生代表也有任务，一定要把好学生抢到手。我的简历是当过兵、当过老师以后考的大学，但是体检报告体重不到50公斤，他有点不放心，所以通过各种办法联系我见一面，见面后给我介绍了哈尔滨工业大学有着悠久的历史，隶属于第七机械工业部，是全国重点大学，在学术领域有非常大的影响力，很多专业在国内排名第一，电机工程系也是名列前茅，我是按照自己的志愿被录取到工业电气自动化专业的。

接到录取通知书，全家人欣喜若狂，亲朋好友奔走相告。高兴之余父母有点担心，一是东北在我们当地人的心目中冬天是冰天雪地，零下二三十摄氏度，不小心就会冻掉鼻子耳朵，南方人不适应。二是父母本来工资不高，家里有九口人要养活。我虽然当过兵参加了工作，但还不够带工资上大学的资格，学费国家管，饭费、日杂费还需要父母给，钱很吃紧。三是去东北的行李需要置办，于是我把退伍时的那套行李直接搬到大学宿舍去了。父母想尽办法省吃俭用每月给我邮寄15元钱。后来发现在班里我还算是富裕户，刚参加工作的工人月工资才18元。当年物质匮乏，记得和我同年入学的一位女同学，当时已经30岁左右，已是孩子的妈妈，十月入学时哈尔滨已经开始下雪，她爱人送她上火车时，依依不舍地把自己穿的毛衣脱下来给她穿上，此情此景至今难忘。

到哈工大，满眼惊奇目不暇接。以前初中高中都是一个小操场，几排教室。这所大学高楼耸立，实验室、教学楼、图书馆、体育场、体育馆、游泳池、实习工厂、学生宿舍、教工宿舍和食堂应有尽有，学校占地千亩，好不气派！同学们来自山西、陕西、安徽、上海、河南、江苏、辽宁、吉林、黑龙江，甚至还有湖南、福建、四川的，天南地北，我这种情况那根本就不算是个事儿。新到的同学们满脸兴奋，热情洋溢，多数人说着一口标准的普通话；我相形见绌，普通话在学校就没学过，根本不敢张口。更没想到的是一开课，班主任辅导老师就宣布，大家刚到一起互相还不了解，暂由我当第一届班长，等大家熟悉以后再选举。或许是我在部队当过侦察班长那段历史起了作用。当时那个尴尬，心中惶恐不安，班里同学个个气度非凡，都是当地的高才生、人尖子，我哪里能拿得住，但事已至此也只好操着标准的皖北口音，郑重表态"俺一定为大家做好服务"。后来事实证明，我班同学在大学 4 年的共同生活和学习过程中，始终给予了我大力支持。7865 虽不显山不露水，在学校也出了不少名人，系学生会主席崔庆辛、文艺部长王本忠等干部也出自我们班。

哈尔滨虽然地处东北，冬天最低气温达零下二三十摄氏度，但对于我们来说却有着极佳的学习环境，室内温度一般可达 20 摄氏度，比南方各地好得多；我们考到安徽大学、蚌埠医学院、山东建材学院甚至厦门大学的高中同学春节回来，有些人手上生了冻疮，而我却没有遭那份罪。至今我还鼓励年轻的孩子们，求学就去哈工大，那里松花江穿城而过，环境优美，远离喧嚣浮躁，一年四季室温适宜，绝对是静下心来做学问的好场所。

我们班最小的 15 岁，最大的 31 岁，老大哥是带着孩子上大学。也许人们经历过苦难，才更加珍惜来之不易的好时光。在那个历史条件下能考上大学，国家和社会给予了极大的期望，同学们格外努力，几乎每天 6:00 之前起床，晚上 12:00 以后回寝室。自习教室、图书馆满满当当，学校老师不是督促学习，而是每到晚上 12:00 大教室、图书阅览室关灯，老师巡查劝学生早点回去睡觉。

那年月大学生成了知识和人才的代名词，人们普遍尊重知识、尊重人才。从宿县到哈尔滨每天只有一趟上海到三棵树的火车 58 次，全程需要两天两夜。我们宿县是中间小站，买不到坐票，只能站着。尤其是春节过后返校，车上人满为患，到站车门打不开，从窗户爬进去，车上的人往下推，但看到胸前别哈工大校徽的大学生，车上的人就往上拉，估计是觉得跑这么远去上学的大学生不容易，别让他们耽误了学业。漫长的旅程中车上不少旅客主动让座轮流休息，有些学生模样的人怕你不好意思，说是要去上厕所让你先坐着，结果一去3小时不回来，就是为了让你多休息一会，那时的感觉真是人间处处充满爱。

大学4年早出晚归也只学到皮毛，掌握一些基本知识。更重要的是初悟到学习的方法，知道了相关专业知识在哪里可以获取。哈工大在工科院校处于顶端位置，学校教课老师都参与不少在国家有影响的重大工程，实践与理论相结合，引领业内前沿技术发展方向。所以人的一生平台很重要，站在巨人的肩膀上离那颗闪烁星星就会更近些。当年的哈工大群星璀璨，我们的老师夏德钫、李友善、卢怡、周长源、强文义、王宗培、胡慎敏、王炎等教授们在业内颇有影响。高考刚刚恢复，大学没有统一教材，我们的教科书是老师们亲手钢板刻写，油印出来的。师傅领进门修行在个人，通过个人努力，大部分77、78级学生在国家改革开放、推动科学技术发展的过程中发挥了巨大作用。

我毕业后被分配到七机部七院，也就是航天工业部第七设计研究院（中国航天建设集团），一直干到退休。到单位工作才是职业生涯真正的起点。十年以来各单位几乎没有系统性地招过人，人才短缺出现断层。1982年院里第一次分来正规大学毕业生，共分来9位，各所抢着要，我被分到电气所做建筑电气设计。我学的是工业自动化，主要是做电力拖动、电机控制及调速，建筑电气不是我学的专业。当年民用建筑主要电气负荷就是照明，弱电高级住宅考虑电话电视，所以民用建筑电气设计并不复杂，专业不对口也没兴趣。1984年我被调到七院工艺所从事航天工艺电气设计，1989年因其他原因调回电气所。经过几年的工艺设计，才发现航天工业里的电气设计名堂非常多，工艺条件极其复杂。中国航天建筑设计院主要承担航天工业基础设施建设，根据要求工艺设备之间、工序之间各种连锁关系实现，超高低温试验、超强离心试验、大功率振动试验的电力设备选择、供配电方案确定全是电气专业的事。有许多知识是全新的，甚至是突破性的。需要与各专业、电网电力公司密切配合才能完成。经过近40年的磨炼，在老同志们带领下，我从助理工程师到研究员，从电气设计师到电气总工，一路走来虽然艰苦，但不后悔。中国航天重大工程：921载人航天工程、天宫1—3号、神舟项目、嫦娥项目、全物理仿真试验、北斗导航卫星、长征系列新一代运载火箭、东风3—5系列导弹、巨浪2—3潜射系列、鹰击反舰系列导弹、红旗反导系列导弹等等项目的研发保障条件都有我们的贡献。我还获得国家工程建设金银铜奖，多项航天工程建设一、二等优秀设计奖。我主编了《低压电气装置　第5-56部分：电气设备的选择和安装　安全设施》（GB/T 16895.33—2017）；参加了《通用用电设备配电设计规范》（GB 50055—2014）、《建筑电气制图标准》（GB/T 50786—2012）、《电磁屏蔽室设计规范》等国家规范的编写，以及《中国电气工程大典》《工业与民用配电设计手册》等著作的编写。

　　40多年前突如其来的高考改变了许多人的命运，固定可循的人生轨迹就此发生巨大变化。恢复高考，一个正确决策可以让国家前进几十年。恢复高考时，各行各业百废待兴，十年断层急需人才，77、78级学生大学毕业恰好弥补了这一不足。本来这批学生大都是穷孩子出身，加之多年生活磨炼，懂得珍惜来之不易的学习机会，自身努力与社会需求在时间和空间上完美契合，使得个人可以充分展现才华。客观地说大学生这块金字招牌给了我机会，做梦也没想到未来会进入航天领域，会在北京工作。人要懂得感恩，我是单位最忠诚的老员工，36年来尽职尽责工作，也是78级分配来仅存的一个。我们的成就是在那个时代无数人的艰辛奋斗基础上换来的，我许多的高中同学，上山下乡经过多年挣扎，终于熬到返城，因为没有学到知识找不到合适的工作，不少人被分配做了保安、商店营业员。和同龄人相比我是时代的幸运儿。现在虽然已退休，但老骥伏枥，志在千里，我作为专业技术人员仍然工作在基层，为航天建设尽一份心力，愿我们国家早日实现民族复兴梦想。

电气之光　李立晓（8067）

HARBIN
INSTITUTE
OF TECHNOLOGY

　　李立晓，1963年8月生，1984年7月毕业于哈尔滨建筑工程学院（1994年更名为哈尔滨建筑大学，2000年与哈尔滨工业大学合并）建筑工业电气自动化专业，同年进入中国建筑标准设计研究院（现隶属于中国建设科技集团）工作至2018年9月退休。2001年评为教授级高级工程师，2004年取得注册电气工程师（供配电）执业资格，2014年取得人防一级防护工程师内部设备（电气）执业资格。多年来主要从事建筑电气设计工作，曾任中国建筑标准设计研究院副总工程师。2008年被评为北京市奥运工程规划勘察设计与测绘行业突出贡献顾问，2013年入选当代中国杰出工程师，2000年度集团先进工作者，2004—2005、2011—2012年度集团优秀共产党员，2011—2017年度标准院优秀共产党员示范岗。先后获全国优秀工程勘察设计银奖，全国优秀工程建设标准设计金奖、铜奖以及省部级奖二十余项。

　　兼任中国建筑学会建筑电气分会常务理事，中国勘察设计协会建筑电气工程设计分会常务理事，住房和城乡建设部建筑电气标准化技术委员会委员，全国建筑物电气装置标准化技术委员会委员，中国建筑节能协会绿色医院专业委员会高级专家，中国建筑节能协会专家委员会专家等。参编国家、行业标准规范十余项，参审三项；参编国家建筑标准设计十余项。参编《全国民用建筑工程设计技术措施》（电气分册）、《中国建筑电气与智能化节能2014》等，参译《战略管理》，发表论文十余篇。

因热爱而坚守

"40 年来取得的成就不是天上掉下来的，更不是别人恩赐施舍的，而是全党全国各族人民用勤劳、智慧、勇气干出来的！"习近平总书记在 2018 年 12 月 18 日庆祝改革开放 40 周年大会上这句铿锵有力的话，让亲历改革大潮的李立晓深有感触。

2018 年 8 月刚从中国建筑标准设计研究院（以下简称"标准院"）副总工程师岗位退休，但仍坚持工作的李立晓，是标准院电气设计专业的优秀代表，也是标准院蜕变、求索、多元化的参与者和践行者，更是我国改革开放 40 年来千千万万个实干者的缩影。

1984 年大学毕业，即将 21 岁的李立晓被分配到标准院的前身中国建筑标准设计研究所（简称"标准所"）工作。一个刚出校门的学生，满怀激情、带着梦想和追求，成为一名"标准人"，开始了与建筑设计 30 多年的缘分，也成了改革大潮中的一员。

一个人，从大学毕业到退休，30 多年在同一个单位从事同样的工作，这是何等的热爱，才能如此坚守？

2018 年 12 月 24 日的午后，李立晓在办公室向笔者回忆她工作中的一幕幕时，设计这份工作给她的那种充实和自信，也深深地感染着笔者，"工作这么多年，最难忘的还是完成设计出图后的喜悦和成就感"。

（一）拼搏奠定基础

1984年李立晓入职标准所时，正是改革开放的初期，也是标准院经历1956年诞生、成长、积基树本的阶段后，开启以建筑设计助力国家跨越发展、以技术进步成就建筑梦想的转型节点。

此后，标准院先后完成了北京龙泉宾馆、凯旋大厦、中国海洋石油总公司办公楼等一批重要设计项目，并主持了我国第一批城市住宅小区的试点工作，成功开辟出标准院一个重要业务板块。

这期间，让李立晓感受最深的一个设计项目是2001年承接的四川省人民医院项目。这个项目是当时标准院承接的最为复杂的项目，但也是可以让标准院工程设计板块上台阶的项目。

北京龙泉宾馆

当时标准院里没有人做过医院项目，也没有图集、图纸可参考，是真正的从零开始。

四川省人民医院，位于四川省成都市，总建筑面积约8.1万平方米，床位864张，建筑高度90.35米，地上23层，地下2层，获2007年北京市第十三届优秀工程设计二等奖。

李立晓回忆当时到四川省人民医院老楼参观时，"真像刘姥姥进了大观园，睁大眼睛仔细看，就怕漏掉任何有用的信息，看到设备铭牌就拍照，也不管有用没用。那么多设备：直线加速器、后装机、钴60、模拟定位、核磁共振等等，听都没听说过"。

后来，李立晓看到一篇关于医院设计的文章，如获至宝，反复阅读与推

四川省人民医院

敲。功夫不负有心人，最后竟然联系到了文章作者，她别提有多高兴了。就是在跟笔者讲述这段经历时，都还是难掩兴奋之情。"我认真准备了很多问题，连文章的作者都没想到我会有这么多问题，有的问题连作者自己都没注意到。"

面对当时的情况，标准院这个项目的整个设计团队都很拼，没有人退缩，都憋着一股劲，只有一个共同的目标，就是要把医院这个项目做好！

标准院的另一位副总工林琳回忆这个项目时也非常感慨，当时熬夜画图，争论甚至是争吵，为了技术问题专业之间吵得很凶……

正是因为有了这样深入的研讨、较真的磨合，当这个项目交给甲方时，远远超出了甲方的预期，深得甲方乃至竞争对手的好评。这个项目的圆满完成也为标准院开拓市场、后续承接医院项目奠定了良好基础。

（二）勠力打造精品

另一个让李立晓感受深刻、对标准院也具有标杆意义的设计项目是 2005 年承接的数字北京大厦项目。

神秘而低调的数字北京大厦项目是国家级重要通信建筑，同时作为 2008 奥运通信和指挥中心，肩负着重要的政治使命，其重要程度不亚于奥运比赛场馆。通信机房本身就复杂，要求高，加上项目又是多用户，包括五家运营商、奥组委和北京市信息化工作办公室，因此综合协调的难度很大。

数字北京大厦位于北京市奥运中心区内，建筑面积约 10.5 万平方米，建筑高度 56.35 米，地上 11 层，地下 2 层；获得了 2008 年全国优秀工程勘察设计奖银质奖等诸多奖项。

首先，由于是通信机房，又有大空间，消防系统比常规系统多。机房无吊顶要考虑梁的影响，且风口密集，按规范的间距要求已没有位置布设感温探测器。面对看似无法解决的难题，李立晓和团队一起冥思苦想，细致分析，最后采用吸气式烟雾探测器，在实现早期报警后，迅速切断空调电源，使点式感温探测器不再受送风口的影响，可实现正常探测。该方案最后得到了消防部门的认可并实施。

其次，由于是奥运项目，因此对大厦内纵向及水平交通都有严格的控制

数字北京大厦

要求，安防系统尤其多。好多系统又要按7个用户分成各自独立的系统，权限交叉，逻辑关系、联动功能异常复杂。

再次，由于是多用户，综合布线也有7个系统。用户之间还要求物理隔离，每个用户必须单独设置机房和竖井，加上用户房间并非整齐划一，以及大厦的桥结构、清水墙等，这些都为设计及施工带来很多困难。

空间复杂，系统繁多，设备也多，加上时间紧，工作量成倍增加。回想起那段设计经历，李立晓说："就一个字——累！既费心又耗体力，几乎天天加班，还是有画不完的图，解决不完的问题，最后颈椎病都犯了。但由于是奥运工程，更是责任心使然，不能有丝毫懈怠。"

有付出才会有收获，当设计成果交出时，甲方代表非常认可标准院的设计，说没想到竟然能做得这么好！这是大家齐心协力、精益求精、精心设计的结果。凭借着设计严谨和创新，该项目获得了全

数字北京大厦夜景

国优秀工程勘察设计银奖、北京市奥运工程优秀勘察设计奖、北京市奥运工程规划勘察设计与测绘行业科技创新奖、全国优秀工程勘察设计行业人防工程一等奖等多个奖项，应该是标准院获得奖项最多的一个项目。

（三）实力赢得尊重

"还有一个项目比较特殊，是海外项目，海外工程的执行难度和现场交流成本远高于国内工程，它对标准院，甚至对整个集团来讲，都具有可借鉴意义。"李立晓告诉笔者。

它就是2009年标准院中标的阿尔及利亚奥兰体育场项目，这是标准院通

过招投标中标的第一个海外项目，也是集团第一个这样的项目。方案由法方设计，中方总承包，标准院承接总承包中的施工图设计。设计须依据阿尔及利亚、法国和欧洲现行标准，设计文件要求采用中、法两种文字表达。

阿尔及利亚奥兰体育场项目，位于非洲西北部阿尔及利亚的奥兰省，总建筑面积约 5.9 万平方米。

首先是语言和沟通障碍，例如设计条款中要求所有配电柜内要考虑 30% 预留，究竟是 30% 配电设备预留还是 30% 空间预留，两者之间造价相差很大，必须要搞清楚。为了这个问题，整个团队花费了很多时间反复对比、分析法文条款和翻译条款，没有电气专业翻译，就聚集大家的智慧和力量。当最终确认是 30% 空间预留时，大家都长舒了一口气，为没有让总承包单位多投资而感到由衷地高兴。

由于中、法双方设计理念、设计标准以及图纸表达等均存在差异，加上法方设计团队由于种种原因并不配合，仅图纸目录就提交了十几版，不满足要求还不告知怎么改，那么多计算书，有些还是国内项目不要求计算的，都不敢想象最后项目该如何完成。作为这个项目电气专业的负责人，李立晓两次专程去阿尔及利亚，但都没能见到法方的电气设计人员，而阿尔及利亚业主又对法方设计高度信赖，因此想要完成设计任务难度极大。"不光设计难，

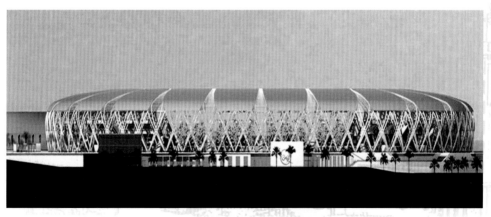

阿尔及利亚奥兰体育场

不配合更是难上加难！"

没有机会与法方沟通，只能潜心一遍遍地研究法方的方案、设计任务书以及相关的设计标准。在深入分析研究后发现，法方的供电方案并不合理。问题提出后，法方不认可。在经过多轮艰难的交流和据理力争后，面对设计任务书、设计标准和相关的计算数据，法方才不得不承认方案中的错误，而标准院的结论也得到了阿尔及利亚供电公司的支持。这时法方的态度也从开始的不配合、不信任有了很大转变，最后更是提出想请标准院帮助修改设计。

最终该项目的设计图纸在团队的共同努力下，虽历时三载艰辛却一次性顺利地通过了法方、阿尔及利亚的审核，既为中方赢得了尊重，也为标准院赢得了信誉。

（四）责任高于一切

随着这些年的发展，标准院的业务板块不断拓展，李立晓的工作也逐渐由设计工作转为审图工作。

审图工作不同于设计工作，没有明确的工作计划时间表，多数是在图纸来了才知道，所以工作节奏常常不是审图人员能掌控的。任务多时，为了保证能按时出图，加班加点是常有的事。

"做设计时，曾认为图纸校审工作会轻松很多。没想到的是，现在每个专业都有不止一位总工在审图，还是需要经常加班加点，从这一侧面也能感受到标准院的快速发展。"李立晓说。

中海油办公楼

审图工作的重点应该是抓大放小。但在尽可能的情况下，审图的总工们还是兼顾了细节，尤其是在设计、校对或工种环节执行较弱的情况下。"当问题太多不知该如何下笔写校审意见时，是责任心让我克制自己保持冷静；当一份图纸反复多遍审查仍达不到要求时，是责任心让我继续坚持不能放松。努力追求高质量的设计产品是设计师的责任，同时也是在用实际行动践行标准院'一切高标准'的核心理念。"

一个好的工程设计，不仅要考虑到甲方的需求和用户的使用，同时还必须满足设计规范。建筑工程是百年大计，关系到人身财产安全，社会责任重大，不能因投资造价、施工安装等理由去违反规范，降低要求，尤其在安全问题上，这也是设计师应有的职业道德和操守底线。

（五）服务回馈社会

一个人的能力和精力有限，所能亲历的项目也是有限的。能把大家的经验和共识体现在标准规范和国标图集中，它所带来的影响和发挥的作用是巨大的。

因此，在从事设计工作的同时，李立晓积极参加了《住宅建筑电气设计规范》《医疗建筑电气设计规范》《监狱建筑设计标准》等十余本标准规范的编写，以及《建筑电气常用数据》《防空地下室电气设计示例》《民用建筑电气设计与施工》等十余项国标图集的编制。"我很珍惜能有向同行专家们学习和研讨的机会，只有不断学习，才能不断提高。"

李立晓记忆最深的是 2008 年，汶川地震后不久，住建部组织编制《地震灾区过渡安置房建筑技术导则》《地震灾区过渡安置房管理导则》和《地震灾区过渡安置房使用导则》。导则是为指导灾区安置房的建设而编制的，时间紧迫。那些天李立晓经常从早讨论到晚，一遍遍地过条文，一遍遍地修改、补充、调整，非常辛苦。但能有机会为灾区出一分力、做一点事，让她感到

2017 年 5 月李立晓副总工给标准院成都分院做培训

非常欣慰和荣幸，这也是一名共产党员在关键时刻应尽的责任和义务。

李立晓感慨：她入职标准院 30 多年，参加工作时，标准院的工程设计正在起步阶段，找不到可以借鉴的图纸，甚至本专业的审定人还要由其他专业的老总代签。如今，经过一代代"标准人"多年的不懈努力、拼搏和传承，标准院从仅有建筑标准设计和工程设计两个业务板块发展成为集多元业务于一体的国家级高新技术企业，取得了丰硕的成果，奠定了标准院在行业中的引领地位，她为自己是一名"标准人"而自豪。

（六）结语

其实，在标准院与李立晓有着类似经历的人不在少数。以敢拼、实干、责任、担当精神为代表的"李立晓们"，浓缩着标准院的发展轨迹；而标准院的发展轨迹，又完全契合着共和国的建设、改革、转型的节拍。

40 年春风化雨、春华秋实，改革开放极大地改变了中国的面貌，中国人民迎来了从温饱不足到小康富裕的伟大飞跃！而标准院历经几十年传承，淬炼了标准院鲜明的企业精神——"一切高标准"。一代代"标准人"用不懈的努力与探索，在服务国家、回馈社会、造福人民的道路上阔步前行，以理想与坚守、技术与革新、拼搏与奋进，打造城乡建设领域高端技术集成服务商，追寻卓越百年企业的光辉愿景，进而实现中华民族复兴的伟大梦想！

注：该文 2018 年 12 月 27 日刊登于中国建筑标准设计研究院公众号，2018 年 12 月 28 日刊登于中国建设科技集团公众号。

電气之光　李　硕（8865）

　　李硕，1988 年在哈尔滨工业大学电气工程系工业电气自动化专业学习，1992 年毕业到中科院沈阳自动化研究所工作至今。现任沈阳自动化研究所副所长，研究员，博士生导师。长期从事水下机器人研发与应用，致力于推动我国水下机器人谱系化发展。

做幸福的"水下机器人"

2020年母校迎来百年华诞。想一想，时光飞逝，我离开母校已经28年了。母校70年校庆的场景依然历历在目，当年的一个大二的学生，从一个懵懂青年，如今已经步入知天命的中年。想想未来，或许依然漫长，很遥远，但回想过去，一切还都那样匆匆，以至于当年在宿舍门前打包托运行李准备离校的情景依然清晰浮现在眼前。

我1988年入学，1992年毕业离开学校，在学校时，是一个十足的社会活动分子，热衷学生会活动，组织体育比赛，策划文艺演出，毕业前还打破了学校的铁饼纪录。当时所有的同学和老师，包括我自己，也不曾想到我会走上科研之路，而且一做就是一辈子，一辈子只用心坚持做了一件事——从事水下机器人的研发与应用。感叹自己生活在一个幸运的时代，有幸成为我国水下机器人发展的参与者、亲历者和贡献者。

作为电气工程系65专业一名本科生，从母校顺利毕业，我被分配到中国科学院沈阳自动化所工作。这也许要感谢我从未谋面的哈工大师兄，可能是因为他离开的缘故，我才有机会继续从事水下机器人工作。到所里报到的第一天，便与水下机器人结下了不解之缘，我有幸见到了后来的封锡盛院士和徐芑南院士。从此，我有幸参与了我国第一台潜深1 000米"探索者"无缆水下机器人研制工作；参与了我国第一台潜深6 000米"CR-01"自主水下机器人研制工作；有幸主持研制两型自主遥控水下机器人，成果被成功带到了北极和马里亚纳海沟，我才有机会带着"北极ARV"参加了两次北极科考，与团队一起研制"海斗"号，它至今保持着我国水下机器人下潜的最深纪录。在前辈工作的基础上，经过了40年的努力，才有幸在我们这代人手上实现了我国水下机器人的谱系化发展，并在深海科学研究和深海资源勘探等领域发挥了重要的作用。

大家耳熟能详的"潜龙""海翼""探索""海星""海斗"等名字，都是我们水下机器人家族的成员。我们沈阳自动化所水下机器人团队从我入所时不足30人，到目前已经有了近300人，已经成为国内乃至国际上最大的一支专业从事水下机器人的研发力量，我由衷地为我自己成为其中的一员感到骄傲和自豪。

从媒体上，大家经常能看到我们水下机器人的新闻，我们成功研制自主水下机器人（AUV）、遥控水下机器人（ROV）、水下滑翔机（Glider）等不同类型的水下机器人，在黄海、东海、南海，在太平洋、大西洋、印度洋、北冰洋和南大洋都留下了它们矫健的身影。我们的水下机器人从下潜百米到万米，航程从几百米到几千公里，航时从几小时到半年，这些成绩的取得都离不开沈阳自动化所水下机器人团队不懈的努力。就在我写这篇文章的时候，我们还有三支团队分别奋战在南极、印度洋和太平洋，我为自己能成为其中的一员感到光荣。

回想匆匆过去的28年，我从水下机器人团队中最年轻的一位，已经变成了团队中的长者。我和团队的每个人都一样，无不在经历一次次失败的痛苦、一次次海试的煎熬、一次次成功的喜悦后成长。我们体会着苦到极点之后，那份瞬间迸发出来的快乐，这就是我坚持追逐做水下机器人的缘由，我想做一个幸福的水下机器人。

1995年，当我第一次参加太平洋海试时，我首次体验了晕船时寸步难行和想跳海的感觉。为了工作，我得在身边放一只水桶，一边吐一边干活，我满脑子想的都是这应该是我最后一次出海了。看着我们的机器人一次次成功地下潜，晕船的事情也被我抛在了脑后。

当我们的水下机器人顺利完成下潜任务返航时，由于抛载装置出现了故障，机器人只能靠着它仅有的一点正浮力努力上浮。在现场的每一位同事都知道，如果压载不能抛掉，由于海水密度逐渐变小，我们的机器人肯定无法浮出水面，它会悬浮在大洋中，即使有一天浮出水面，基于当时的技术我们也应该无法找到它。在那凝重的气氛中，虽然我无法亲身体会现场总师们的压力，我也几乎是喘不上气来了。当从监控屏幕上看到，压载成功抛掉了，机器人开始正常上浮后，大家的喜悦充满了狭窄的控制间。

由于机器人上浮时间被耽搁了，当它返回水面时，天色已经变黑了，海况也变差了。如果我们不在天黑前发现机器人，在当时的海况下，即使它漂浮在水面上，我们也无法找到它。当然之后有了更先进的卫星定位技术，机器人在返回水面时能很快确定其准确位置，但在当时，在水面上我们还主要是通过肉眼去寻找。当时，我们动员船上所有的人和我们一同四处寻找，因为谁也不知道它会在哪个方向上出现，它会在哪个浪涌的波峰里出现。当时，机器人使用低频的无线电定位仪没能正常工作，但其天线是一根长长的细杆，下水前，我们在杆上缝制了一个三角形的小红旗。正是这在水中摇晃的小红旗被一位眼尖的水手发现了，我们的水下机器人才得以安全回收到甲板上。当时，大家普遍认为，再晚10分钟，天黑了，机器人肯定也就无法回收了。

我经历了人生中第一次从极致痛苦到极度幸福的感觉。人生没有如果，所以我们也无法想象一旦丢失了水下机器人，结果会是什么。当航次结束靠港时，我记得好像有点晕了。

之后，我在沈阳自动化所又获得了硕士和博士学位。2010年，我参加了我国第四次北极科考，这也是我第二次踏进北冰洋，在第三次北极科考的基础上，我们承担了一项更为艰巨的任务。我们要在长期冰站上，在"雪龙"船边上开凿一个冰洞，机器人从冰洞入水，在冰下开展海冰厚度以及太阳光经过海冰的光学参数的测量。为此，我们对载体进行了适应性改造，去完成这项有挑战性的任务。

在这次科考工作中，给我留下深刻印象的不是我的机器人有什么出色的表现，而是我在"雪龙"船边上开凿冰洞的经历。为了开凿这个冰洞，在出发前，我和我的同事制订了详细的工作计划，带上了多种作业工具，因为我们清楚地知道，没有这个冰洞，我们的机器人就无法下水，更无从开展科考作业了。当我们开始挖掘的时候，我们才意识到湖冰和海冰是完全不同的物质，我们刚刚挖了30厘米，海水就把这个冰洞覆盖了，这意味着，我们将在充满海水的环境中完成这个冰洞的开凿。虽然极昼的北极可以给我们带来更多的作业时间，但由于担心北极熊的侵扰，我们又不得不按照科考队的要求去工作。我们用了船上能使用的所有工具，在大家的帮助下，花了整整两天的时间才开凿出一个适合机器人布放的冰洞。

在北极开凿冰洞的经历，成为我一生中最宝贵的财富，让我懂得了在绝望下永不放弃的内涵。此时，尽管我再也无法体会当初的真实感受，但这段经历一直激励我永远向前。没有科考

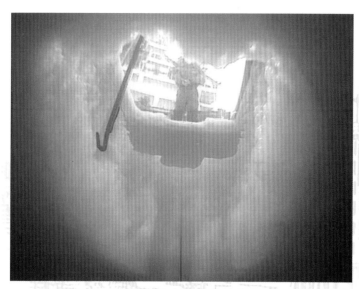

从开凿的冰洞里看世界

队员的无私帮助，没有"雪龙"船员的鼎力支持，我们无法顺利完成科考任务，也无法品尝胜利的滋味，让我更加深刻地懂得了感恩的意义。

2017 年，我从事水下机器人工作已经 25 年了。我们通过水下机器人的航行数据可以分析它水下的姿态，通过声学数据感知其周边的地形地貌，通过光学照片了解海底或冰底的形态，但是我们始终无法亲眼看到它在海底工作的身影。这一年，在南海综合航次中，让大家亲眼看一下我们水下机器人在海底工作的情景的梦想终于实现了。

我和现场的同事们在"科学"船上一起策划了"发现"遥控水下机器人和"探索"两种不同类型的水下机器人在 1 100 米海底近距离相遇的场景，并要用"发现"搭载一台高清摄像机水下机器人清晰地记录"探索"在海底工作的"倩影"。看似简单的海底交互，由于背后台风的临近，作业窗口期的减少，实际过程要惊心动魄得多。这次下潜也是我国真正意义上的首次两型水下机器人协同探测与作业，也充分展示了人 – 机 – 船三方精准操控的能力。

7 月 26 日凌晨 2:00，"探索"完成下潜作业安全回收。下载数据和换装电池，检查完毕后，6:45，再次布放入水，2 小时后到达海底，开始进行近底光学拍照。

随后，"科学"船开始开往另一个作业水域。9:30，"发现"布放入水，到达海底后，利用自身搭载的拉曼光谱探测系统对海底天然气水合物等进行现场采集和原位定量分析。

14:30，"探索"完成调查任务，自主航行至"发现"工作水域。

15:30，随着"探索"距离"发现"作业区域越来越近，"发现"的声呐系统和摄像机捕捉到了"探索"的身影，大家密切注视着实时回传的画面。经过两次测试，两台机器人在海底如约"相遇"，"发现"跟踪并拍摄了"探索"海底工作的情景。

"探索"水下机器人在"科学"船上准备布放的场景

18:40，"探索"在距离母船 200 米的位置浮出水面，20 分钟后，回收至甲板。19:30，"发现"安全回收至甲板上。

完美的一天，令现场的每一位科考队员欢欣鼓舞，令我永生难忘。

如今，我经历了很多海上的风雨，也看见了很多美丽的彩虹，我已经爱上我选择的这个职业，还会继续体味其中的酸甜苦辣。虽然出海的机会越来越少了，但肩上的任务却越来越重了，有机会和团队一起分享成功的喜悦，一直是我不断追求新目标的动力。我们水下机器人技术在进步的同时，我们的团队也在进步和壮大，我们还将为做"幸福"的水下机器人而努力。

今年，我们的水下机器人刚刚完成了印度洋的大洋航次和南极罗斯海的试验性应用。不久，我们的机器人还将挑战马里亚纳万米海沟，还有可能再次去挑战北极。由于疫情的原因，我们的工作受到了一些影响，但我和我们的团队还将鼓足勇气去挑战一个个未知的海域，去迎接一个个崭新

"探索"水下机器人在海底工作的场景

的海底世界。

未来，我还将和我们团队一起致力于继续引领我国水下机器人的发展，致力于推进技术与应用更加紧密地结合，致力于推动我国水下机器人的产业化，为我国海洋强国建设做出贡献。

最后，还是要由衷感谢母校4年的培养，为我人生的发展奠定了坚实的基础。看到母校百年变迁和巨大发展，我为我是一名哈工大人感到欣慰和自豪，我也希望能为母校的发展贡献自己更多的力量。

电气之光

王士涛（99级威海）

HARBIN
INSTITUTE
OF TECHNOLOGY

　　王士涛，哈尔滨工业大学（威海）1999级校友，就读于信息与电气工程学院自动化专业，2016年获得哈工大在职研究生机械工程硕士学位，目前为哈工大航天学院在读博士。哈工大（威海）电气学会创始人。现就职于江苏中信博新能源股份有限公司，任首席技术官，研究员，国际电工委员会（IEC）TC82 WG7召集人，曾获第29届国际光伏科学与工程会议（PVSEC-29）青年科学家奖，中国可再生能源学会光伏专委会委员，哈尔滨工业大学（威海）校外硕士研究生导师，兼职研究员。

追逐阳光 光伏发电的哈工大人

　　王士涛于 1999 年来到美丽的海滨城市——威海，加入哈工大这个大家庭。1999 年的哈工大（威海）正处于发展壮大的起步时期，硬件条件还不是很好，但是老师给予同学们的帮助和谆谆教导一直铭记于每一位哈工大学生的内心。王士涛谈起对哈工大（威海）最深刻的印象就是他在这里学习时期的老师，他如数家珍般报出了很多老师的名字，提起老师的教诲他心怀感激。同时在大学期间，他创办了电气学会，这个以电子技术为主要方向的社团给他后期的工作奠定了基础。大学期间他还有很多小"发明"，对讲机、抢答器、玻耳兹曼常数发生器、可移动语音教室等。这些简单的小"发明"锻炼了他的动手能力，也激发了他钻研技术的兴趣，并一发不可收拾，目前他作为发明人申请授权的发明专利有 10 多项。在学校期间他也参加了很多社会活动，大一就开始负责学校的音响、广播系统维护工作，学校很多大型活动的灯光、音响都由他负责。特别是校区建校 20 年庆典活动中，当时条件艰苦，为了保障设备正常运行，活动前一天他只睡了 4 个小时，虽然辛苦但是这种工作历练对他来说也是非常重要的。各个院系的晚会活动他也经常给予设备支持，这期间既锻炼了技术能力，也提升了与人交流的能力。

　　谈到毕业后的工作生活，王士涛更是感恩哈工大。第一份工作是杭州的 UTStarcom，工作 4 年期间他从一名硬件工程师成长为带领四五十名研发团队成员的产品经理，成员中有好几位都是哈工大（威海）的校友，目前还有优秀校友在这家公司工作，并且工作非常出色。

后来他辞职创业，开始他追逐太阳的梦想。他辞职创业的初衷原本很简单，就是希望可以自己做些事情，同时太阳能事业的清洁能源特性也十分吸引他。2007 年，他开启了聚光太阳能研究，拥有多项专利和一项国际 PCT 专利，成功研发 576、1 300 倍聚光产品，并通过中科院电工所相关检测。王士涛还承担多项省市科技创新项目课题，他主导设计的高倍聚光组件通过了 IEC 62108（聚光光伏组件设计与定型）的认证，该认证标志着国内首个聚光组件通过 IEC 62108 认证，同时也是在国际上前 5 家通过该测试认证的产品。

2014 年 12 月至今，他担任江苏中信博新能源科技股份有限公司首席技术官，全面负责中信博研发。他研发的平单轴跟踪系统在国际上率先引入了备份设计、人工智能概念，通过在控制、传动、结构等多方面的创新技术，拥有 10 多项发明专利，在大幅降低成本的同时极大地提升了跟踪系统的可靠性，为太阳能电站建设带来更高的投资回报率。同时，多工作模式的控制技术，使智能太阳能电站成为现实。

作为国际电工组织（IEC）等国际标准机构的成员，王士涛代表国家权威机构主持并参与了多个国际及中国跟踪器相关标准的起草工作，其中有 IEC 62187、IEC 63104 等标准。他于 2018 年成为光伏领域第七工作组召集人，拥有多项太阳能发明专利，先后在光伏专业期刊上发表多篇论文并主持承担了科技部中小型创新企业创新基金、上海市科技项目等。

他同时担任 Task9、12 工作组组长，代表中国参与光伏质量评价工作组（PVQAT），重点研究太阳能光伏技术的长期稳定性。他还参编《太阳能光伏发电应用技术》《太阳能光伏技术与应用》，并多次在国际会

议及太阳能专业期刊发表论文。

王士涛从太阳能系统集成开始，到今天把太阳能光伏跟踪系统销售到全世界，特别是代表中国参与制定多项国际标准，2015 年还受 IEC 委托制定太阳能跟踪系统安全标准。这期间他还一直兼任哈工大太阳能研究所所长，推动产学研合作，并在 2019 年获得 IEC1906 大奖，成为太阳能光伏发电领域第一位获得此奖的专家。他特别认可英语这一工具语言，十分看重英语交流，在第一份 UTStarcom 工作期间大量的国际技术交流，给他提供了平台，交流能力有了很大提高。他建议学校高度重视英语实际交流能力的培养，语言是用于交流的工具，工具就要多用，未来世界是开放的，更加需要交流，我们只有具备了国际交流能力，才能够相互学习，取长补短。王士涛从 2017 年开始组织国际光伏性能建模与监测研讨会，此会议连续 3 年在中国召开，他作为会议联席主席成功引进了国际专家来中国交流访问。

2009 年在德国考察

工作期间，他深刻感受到自己的基本功还需要提升，理论知识也需要进一步提高，所以他后来又报考了哈工大在职研究生。虽然是在职研究生，他也十分重视理论结合实际，他的研究生论文就是关于太阳能跟踪系统的，使得本职工作内容在理论方面得以进一步提升。他还在 2018 年攻读了哈工大航天学院博士，让自己不断进步。

2017、2019 两次在哈工大（威海）组织光伏国际会议

王士涛一直心系母校，积极搭建母校科研与产业及地方政府的合作平台。特别是在威海校区汽车工程学院和江苏昆山政府的对接合作，新能源学院与上海交大、弗朗霍夫太阳能研究所的合作中起到了重要作用。

不忘初心，回归本源。王士涛在校期间努力学习，毕业后在工作岗位依然心系母校，将哈工大精神运用在工作中。在他身上我们看到了校友与母校的深厚感情。不间断地与母校合作共赢，体现了他作为一名哈工大（威海）人的特质。

昆山市陆家镇政府和哈工大（威海）签署合作协议

　　2019、2020年新春，他拜访了哈工大原校长杨士勤教授，老校长的谆谆教导时刻鞭策着他作为一名哈工大人要志存高远，为国家、为民族做出应有的贡献。

2019、2020年新春拜访杨士勤老校长

　　毕业17年的他给在校师弟师妹的中肯建议是："脚踏实地，追逐梦想。"任何伟大的梦想都要从一件件小事做起，坚持努力，一定可以迎来自己美好的明天。

流光溢彩

企业界的电气之光

电气之光

航空航天领域的
哈工大电气人

HARBIN
INSTITUTE
OF TECHNOLOGY

　　2019 年 9 月 19 日 14 时 42 分，酒泉卫星发射中心，哈工大师生联合设计研制的欧比特公司"珠海一号" 03 组 5 颗卫星，由长征十一号运载火箭以"一箭五星"的方式成功发射升空。这一闪耀成果，彰显了哈工大立足航天、服务国防、面向国民经济主战场的办学定位。（图片来源：哈工大 邓德宽 摄）

十年一剑问长天

人们常说，透过一所大学的校训，可以看出一所大学的精神、文化和气质。"规格严格，功夫到家"，哈尔滨工业大学的校训在朴实无华的表达中告诉人们，这是一所有着优良校风、教风、学风的大学。而自1956年至今，这种校风、教风、学风与特别能吃苦、特别能战斗、特别能攻关、特别能奉献的载人航天精神紧紧相连，半个多世纪的征程中，中国航空航天从无到有，从弱到强，一批又一批的哈工大校友为此做出了不可磨灭的贡献。

从歼-5初览蓝天，到歼-10、运-20翱翔苍穹；从"东方红一号"首巡太空，到"嫦娥三号"登陆月球，一大批哈工大杰出校友或担任总师、总指挥，或成为各系统、各岗位的中坚和骨干。作为哈工大历史最悠久的专业之一，电气学院在电力系统、控制系统、仪器工程等重要方面为航天工程输送源源不断的血液。历经岁月流转春华秋实，他们为母校写下几许骄傲、几许辉煌。

黄江川（7860）

黄江川，中国空间技术研究院研究员，1986年毕业于哈尔滨工业大学。长期从事卫星总体设计、导航与控制技术研究；历任嫦娥一号卫星副总设计师、嫦娥二号卫星总设计师，现任中国空间技术研究院小天体探测项目技术负责人、中

国空间科学学会副理事长，在我国首次传输式遥感卫星自主控制、首次月球环绕高可靠控制、小行星飞越高精度控制方面做出系统性贡献。获得国家科技进步特等奖2项、一等奖2项，获何梁何利科技进步奖。

少年教师

1961年8月，黄江川出生在黑龙江省。父母响应祖国号召，奔赴北大荒，支援边疆建设。学农干农的父亲遗传给了儿子聪慧的头脑，少年时的黄江川虽然好玩、好动，但学习成绩始终名列前茅。正是由于出色的学习成绩，1977年7月，还不满16岁的他就当起了初中教师，教授数学。几天前的"孩子王"成了小老师，黄江川就是这么与众不同。

黄江川与哈工大

1978年，当了半年多教书匠的黄江川考入哈尔滨工业大学电工电子师资班，学习自动控制。师资班由哈工大特殊选拔的考试分数较高的学生组成，

目的是培养一批高素质的高校教师。哈工大"规格严格，功夫到家"的校训及浓厚的钻研氛围培养了他深入思考问题的能力和广泛的兴趣爱好。1983年，在工作一年后，黄江川怀着对新知识的渴求，回到母校攻读微特电机及控制专业研究生。从给别人"传道、授业、解惑"的小老师转变为7年"学海泛舟"的好学生，黄江川收获的不仅是知识，还有对未来工作的执着信念。

航空技术的传承者

1986年，黄江川被分配到中国空间技术研究院原502所（控制与推进系统事业部前身）九室工作，从事惯性姿态敏感器研制工作，这一干就是8年。勤奋好学的黄江川深得控制与推进系统事业部老专家的赏识，控制系统专家严拱添、阮光复、邵久豪给予悉心指导，席敦义更是把他收为弟子，传其"衣钵"。与老专家多年工作、共事，黄江川不仅学习到了过硬的技术，更深刻体会到了他们献身航天的炽热情怀，并将"忠于自己的职业"作为人生座右铭。历经资源卫星及"东三"平台多颗卫星的磨炼，他一步步成长起来。15年间，在型号上从主管设计师做到副主任设计师、主任设计师，在行政职务上从工程组副组长、组长提升到副主任、主任。

1997年，黄江川因为工作踏实肯干，技术能力丰厚得到控制与推进系统事业部的肯定，作为总师重点培养对象被推荐到中国空间技术研究院首个总师培训班；1998年年底被选派到法国培训，学习项目管理和质量保证体系。2004年，在绕月探测工程立项后，43岁的黄江川厚积薄发，因其具有丰富的行政、型号管理经验被任命为嫦娥一号卫星副总设计师和指挥，成为型号"两总"系统少有的"一肩挑"。

负重前行的领路人

有人说："道路越泥泞，留下的脚印越清晰；负载越重，留下的脚印越深刻。"身为航天科技工作者，繁重的型号任务以及对待事业的责任感、使命感使得黄江川多年来始终负重前行。

素有"南南合作典范"之称的中巴资源一号01星在发射后在轨出现问题，黄江川作为该卫星控制系统主任设计师临危受命，负责卫星的抢救工作。他经过仔细分析，及时提出抢救方案并组织实施，圆满解决了"AOCC软复位"等在轨问题。第一颗星在轨安全运行超过寿命近一倍，FM2星也超期服役。由此，他获得国家科学技术进步奖一等奖。

"嫦娥一号"卫星作为中国航天史上的第三个里程碑，举世瞩目。作为该卫星副总师，黄江川分管GNC（制导、导航与控制）和推进两个重要分系统的技术攻关、设计和研制以及整星软件研制工作。

卫星研制初期是非常艰难的，可谓是"步履维艰"。首先，要与各级领导、各级部门进行沟通，了解各方要求、想法和工作能力，理顺工作关系。这种组织协调工作不仅工作量非常大，而且会伴随很大的压力。不仅如此，技术攻关也是一波三折，用他自己的话说是"三天两头出问题"。卫星总体通过计算给出了轨道设计方案，但如何实现卫星进入预定轨道并能够稳定运行，则是横亘在GNC和推进分系统研制人员面前的一座高山。以往发射的卫星距地球的距离最远为5万公里，而"嫦娥一号"卫星要到达38万多公里。距地球这么远的地方，中国的卫星从未到达过，该怎么办？黄江川与GNC系统方案总体的同志一道刻苦攻关，研究方案，最终将GNC系统的任务按飞行轨迹分成四个阶段，分别为：主动段（从火箭起飞至星箭分离前）、调相轨道段（星箭分离至第三次近地点变轨结束）、地月转移轨道段（第三次近地点变轨结束至第一次近月制动前）、环月轨道段（第一次近月制动点火至进入环月工作轨道），共涉及太阳定向模式、恒星定向模式、紫外环月模式等10个极为复杂的工作模式。

紫外月球敏感器和双轴天线驱动机构是"嫦娥一号"卫星两大重要攻关项目，都是国内首次研制并应用于型号。技术创新总要付出点儿"代价"。紫外月球敏感器是一种用于测量卫星对月姿态的光学姿态敏感器，这种敏感器国内从没有搞过，国外也没有成熟的技术可以借鉴。在2004年5月以前，技术攻关工作一直处于被动局面：在光学系统材料的选择上，蓝宝石是国外较为推崇的一种材料，但价格非常昂贵，如果选用，那么仅是原材料采购就是一笔天文数字；在紫外月球敏感器初样投产后，发现成像器件CCD不能正常传输图像。同年年底，还没有拿出对敏感器标定测试的方法。问题纷纷扰扰，前进的道路上困难重重，但黄江川"要强、较真"的性格使他迎难而上。他带领紫外月球敏感器研制团队，全力以赴力克难关，先后解决了大视场及组合式紫外光学系统、月球敏感器数据处理算法、高速大容量数据处理、CCD电路设计、敏感器标定与测试等一系列技术难题。双轴天线驱动也解决了线束管理、综合试验验证的攻关问题。

"嫦娥一号"卫星"新、难、险、重"的特点决定了GNC分系统正样研制过程也不是一帆风顺，在星敏感器等产品的研制过程中均发生过意想不到的情况。在"嫦娥一号"卫星研制的关键时刻，星敏感器CCD却突然出现问题，保证不了产品交付进度。在叶培建总师的大力支持与亲自督办下，黄江川和技术人员与厂商前后举行了四五次电话会议，反复沟通、交涉，最终取回CCD，完成了星敏感器的研制。同时，在老专家的帮助下，解决了陀螺LTU、动量轮线路等问题。

嫦娥一号卫星GNC分系统软件共9类18项，单套软件共40 000余行代码，其中GNC分系统应用软件、紫外月球敏感器应用软件等5类软件配置项基本为新研制。黄江川带领着年轻的研制人员经常为一个时序的调整，一个技术细节带来的影响，一个测试用例的设计，一条语句的更改进行深入细致的讨论。扎实的工作、严谨的管理使得软件产品高质量通过验收。

一道道坎，一层层关，每场硬仗黄江川都打得很漂亮，嫦娥一号卫星也成为自主创新的典范，GNC分系统具有高可靠、高精度的变轨控制；具有自主性更强的姿态控制，能够在国内第一次按地面指令时序自主完成复杂的490N发动机变轨控制；GNC测试系统首次实现奔月轨道及其控制的高精度仿真。

独特魅力带队伍

黄江川个子不高，长相也不够帅气，但是凡是和他打过交道的人都说："黄总这个人有魅力。"魅力来自于哪里？来自于他孜孜不倦的学习精神，来自于他谦虚谨慎的一贯作风，来源于他团结协作、同甘共苦的管理理念。

黄江川在基层工作多年，"善于学习"不仅让他建立起了工程、产品概念，掌握了软件、方案、测试等有关技术知识，更重要的是结交了很多志同道合的朋友，与老专家成为忘年之交，这使得他在嫦娥一号卫星转正样后，通过所内支持，建立了"嫦娥一号"卫星专家组和型号顾问体系，聘请了很多在各个技术层面有专业特长的专家指导工作，为型号研制工作保驾护航。他在担任一室主任阶段，不仅在专业发展、技术交流、人才培养等方面开展了大量工作，同时还组织、规划了中低轨道卫星试验平台研制，其总体设计及多项关键或主要技术已应用于"嫦娥一号"卫星GNC等多个型号控制分系统研制。从整星电测到正样阶段，黄江川立下规矩，要求控制与推进系统事业部"嫦娥一号"卫星全体人员"学习先进"，向飞船队伍学习，向尼日利亚通信卫星队伍学习。作为副总师，他了解每一个部件的研制情况，元器件选择、接口电路设计、软件模块功能，甚至关键电阻电容参数匹配都了然于心。在他的带领下，大家一步一个脚印，踏踏实实地渡过一个又一个难关，做到了吃透技术，对产品放心。

黄江川讲求"团结协作、分工不分家"，虽然平时有分工，但是在关键时刻就要发挥其特长，解决更多的问题。由于"嫦娥一号"卫星系统复杂、难度大且时间紧迫，研制过程中遇到了很多困难。每当遇到困难时，他都身先士卒，在一线与研制人员一起共渡难关。2005年进行初样系统试验时，计算机偶然发生复位，黄江川带领一室、八室和软件中心的研制人员，在系统试验室采用逻辑分析仪，实时跟踪计算机运行情况，捕捉复位现象。几个小时过去了，复位现象没有发生，他鼓励研制人员耐心等待，终于在第二天凌晨捕捉到了一次复位，研制人员再接再厉，彻夜未眠，又发现计算机复位一次，大家的努力没有白费，根据这点蛛丝马迹完成了故障定位，彻底解决了问题。

由于任务周期短，时间紧张，他每天就像一部开足马力的机器，风风火火地工作，放弃了所有的节假日休息，五一、十一、春节期间都能在办公室、试验室看到他忙碌的身影。2005年的五一长假，他"强迫"自己，一定要好好地休息四天，不想任何有关"嫦娥一号"卫星的事情，结果他的心始终扑在型号上，每时每刻如同惦念自己的孩子一样记挂着卫星。俗话说"伤筋动骨一百天"，但黄江川在小腿腓骨骨折后，只休息了四五天就架着双拐到单位上了班。在初样产品交付分系统后，相对计划节点、系统试验时间非常紧张。为了在有限的测试时间内保证系统产品测试的覆盖性和充分性，他和设计师并肩作战，连续十余天每天工作到凌晨两三点钟。正是这种认真细致的工作方法和团结协作的工作作风，使他带出了一支不怕困难、善打硬仗、士气高涨的"嫦娥队伍"。

在研制的计划调度和质量管理方面，黄江川也积极合理调配资源，紧密结合程序文件规定，细化流程节点，把流程再造的思想落到了实处。时间紧、任务急是"嫦娥一号"卫星的特点，因此计划调度更是尤为重要。黄江川和调度人员一起深入研制、测试第一线，了解每件产品的实际情况和遇到的实际问题，结合院、所计划安排，合理设置节点并严格考核，同时协调落实各项保障措施，有效推动研制工作顺利进行。

黄江川常说的一句话就是"态度决定一切"，没有良好的态度做任何事情都很难成功。他注重细节与方法，善于发现、挖掘员工的潜质，提高他们的素质。"嫦娥一号"卫星GNC副主任设计师袁利虽然初期参与研制工作不多，但技术非常全面，也有多年型号工作的经验，黄江川就让他来负责飞控仿真与支持系统的组织实施工作。飞控仿真与支持系统是"嫦娥一号"卫星所特有的支持系统，目的就是要降低风险。这对于袁利来讲，无疑是最大的信任。黄江川对待袁利不仅"扶上马"，还要"送一程"，帮助他组建了机构，主持参与了若干次飞控仿真与支持系统方案的评审会。

　　和许多航天人一样，多年的辛苦工作令他很少顾及家庭、孩子。有一次，他掰着手指算了算，每天早出晚归，竟然15天没有机会和儿子说上一句话。闲暇之余或出差途中，黄江川喜欢翻看《参考消息》，喜欢读易中天和李敖的书，也许是和他们有相似之处，那就是自信、理性、真诚、坦率。心扎根航天，梦圆在航天，这就是黄江川最值得欣慰的事了。

尚志（8265）

尚志，1986年毕业于哈尔滨工业大学工业电气自动化专业，历任中国航天科技集团公司五院科研部三处副处长、处长，五院项目管理部副部长兼载人航天工程载人飞船系统副总指挥，任五院副院长，现任航天科技集团宇航部部长。主持实施了"神舟六号""神舟七号""神舟八号"飞船及"天宫一号"目标飞行器研制任务，主持完成了载人航天飞船系统发展的第二步任务规划。曾获国家科技进步奖特等奖、

曾宪梓载人航天基金奖等多项奖励，荣获全国五一劳动奖章、中国首届国际十佳项目经理、集团公司"载人航天功臣"等荣誉称号，享受国务院特殊津贴。

2008年5月4日，208名奥运火炬手齐聚三亚，开始了奥运火炬的境内传递。作为航天火炬手中的"第一棒"，神舟七号飞船总指挥尚志经历了"激情燃烧的200米"。当他手持祥云火炬，奔跑在美丽的凤凰岛时，听见三亚学院的学子摇旗呐喊"尚志加油，'神七'加油"，素来内敛的尚志也忍不住心头一热。自己和同事从事的本职工作，承载着华夏儿女的梦想与希望。这样的期待与责任，正是他们不懈前行的动力。

少年立志——大学时代与航天结缘

尚志毕业于素有"工程师摇篮"之称的哈尔滨工业大学，哈工大的校训"规格严格，功夫到家"至今仍然是他职业生涯的座右铭。

提起与航天结缘的初衷，尚志的思绪飞到了20多年前的一个晚上，哈工大礼堂里座无虚席，银幕上正放映描述苏联航天专家科罗廖夫的电影《驯火记》。剧场的一角，这个来自黑龙江省安达市的小伙子被深深震撼。"我喜欢探索、好奇心强，与航天结缘，能够充分展现我的个性。"当时的愿望影响了他的未来。

1986年，尚志毕业分配到中国空间技术研究院工作，正式成为一名航天人。彼时，条件分外艰苦。尚志刚刚开始从事航天科研工作时，使用的仍然是20世纪50年代的老设备；每个月仅42元的工资，为了买一辆自行车，尚志不得不向老家的父母亲戚借钱；为了结婚，经过院里讨论，尚志作为业务骨干才被特批分配了一个房间——在一套三居室内，三家合住，共用一个煤气炉、一个卫生间。虽然条件艰苦，但尚志仍然秉持着"规格严格，功夫到家"的校训，"对待技术必须要严肃严谨，谈技术问题必须拿着技术报告、结合数据来说；确认问题要实事求是、眼见为实，必须到现场实地查看后再进行确定……"这是尚志给自己和队伍定的"钢铁军规"。

浸淫廿载——开辟航天管理"捷径"

1993年，在神舟飞船研制试验阶段，尚志被调到了指挥调度部门，神舟飞船系统工程庞大复杂，协作单位数以百计，工作中的新情况更是千头万绪，如何形成有效的调度成为燃眉之急。很快，尚志拿出了一份《型号调度职责》，这份管理文件直到现在还在使用。那一年，尚志刚满30岁。他冷静细致、擅长统筹的特点在工作中初露锋芒。

随后，在1995年至1998年的飞船研制初样时期，面对更为庞杂艰巨的任务，尚志带领团队拿出了一份又一份行之有效的管理条例，保证了飞船研制试验及生产任务的完成。这些集合了前人众多经验的章法，也给后来者提供了一个迅速进入角色的"捷径"。

1999年，尚志担任"神舟一号"总调度长。飞船第一次发射，没有任何可借鉴的经验，产品新、队伍新、协作单位多、飞船系统和其他大系统接口关系不明确，协调量非常大。他立即带领调度组连夜编制出""神舟一号"发射场—8小时工作程序"，使各级指挥及工作人员对飞船试验队每个人、每辆车、每项工作内容和保障条件，以及在每个时间剖面里的位置、要求都一目了然，从而确保了发射场各项工作井然有序，为发射成功奠定了基础。这份—8小时工作流程也成为此后卫星、飞船发射现场组织的基础和范本。

2000年7月，已在管理岗位上历练多年的尚志，担当起飞船副总指挥的重任。"我把飞船当成我的儿子，既要帮他改掉毛病，总结缺点，又不能对他着急，面对困难，还要反省自己的教育方法是否得当。"尚志这样形容飞船管理工作。

尚志作为公众人物被大家知晓，还是通过"神舟六号"飞船的成功发射。2004年1月，尚志被任命为"神舟六号"飞船总指挥。与"神五"相比，"神六"的系统更复杂、难度更大、质量要求更高。上任伊始，尚志和"神六"的研制队伍就遇上了一系列难题。

比如一种用在飞船舱段上的插头，按要求应具有密封性强、耐高温的特点。筛选中却发现，温度一高，插头上的焊锡就会融化。为了飞船按时正常起飞，他们短短数日内紧急调集人马奔赴各地，找了中外十几个牌子的产品，反复筛选比较，终于找到符合标准的焊锡。

"神六"发射成功，作为幕后英雄的尚志得到了前所未有的关注度。当听说自己被《南方人物周刊》评为"2005年影响中国100人"时，尚志显得有点诧异："在我的身后，有很多航天人一辈子默默奉献，不为人知，他们才是真正有影响力的人。"

李明锁（8763）

李明锁，博士，教授级高工，国防科技重点实验室主任，政府津贴专家，现任中国航空工业集团公司洛阳电光设备研究所所长兼党委副书记。先后主持和参与军民品领域多个型号飞机技术研究和产品研制工作。曾获国家科技进步奖、国防科技进步奖、航空科技进步奖等多项奖励；被中国航空工业集团公司授予"航空报国金奖""航空报国优秀贡献奖"等荣誉。

松花江畔，孕育报国理想

1987年，李明锁来到松花江畔的哈尔滨工业大学，开始了对他人生产生深远影响的大学生涯。他跟随老师的引领钻研学业，成绩优异，荣获多项奖学金；他追随先贤的脚步，探寻理想，感时局之变，萌生献身国防的信念。毕业时，老师写下了"愿你为祖国的国防建设事业贡献更多力量"的寄语。

1991年，李明锁怀揣报国理想，从松花江畔的"工程师摇篮"来到航空航天部第六一三研究所（现中国航空工业集团公司洛阳电光设备研究所），开启了航空报国的新篇章。此时的六一三所刚经历了艰苦的初创时期和拼搏奋进的建设时期，正是需要青年人才充实队伍的时候。一身朴实又透着精干，专业知识过硬又有担当，李明锁初到单位便给同事们留下了深刻的印象。

20世纪90年代初期，国际局势复杂，国防工业亟待奋发图强。六一三所承接了在新中国航空工业历史上具有重要意义的某重点工程。1996年，该工程引进了多条国外生产线，但因国外技术封锁，我国尚不具备部分非标设备的研制生产能力，只能高价进口定制产品，否则引进的生产线将无法发挥作用。因此，要想实现机载产品的自主研制和生产能力，必须首先解决非标设备的自主研制问题。面对时间紧、难度大、任务重的困难，时任系统主任设计师的李明锁率先动员团队成员，带领7名技术骨干主动承担4项非标设备的研制任务。没有现成资料就自己分析翻译，没有适用软件就自己编制，整整十个月，他们加班加点、攻坚克难，提前完成交付任务，解决了工程中的"卡脖子"问题，为该重点工程的顺利进行提供了巨大的技术支撑，有力推动了工程建设进度，为国家节省了巨额外汇，充分展现了"铭记责任，竭诚奉献"的报国精神。

在日复一日的钻研中，李明锁始终牢记"规格严格，功夫到家"的校训，凭借踏实肯干的奉献精神和突出的科研能力，迅速成长为优秀的科研团队带头人和技术专家。2003年，光电所的红外热像仪研发工作刚刚起步，对于其中的关键成像组件尚不具备自主研发能力，只能完全依靠高价外购。时任电子研发部副部长的李明锁，组织专项技术团队，从零开始进行红外热像仪自主研发工作。期间不断遇到各种问题，团队成员也曾出现退缩和犹豫，但他始终信念坚定，以极强的责任感稳定军心，鼓励大家不怕困难、用行动践行航空报国初心。在他的坚持下，历时半年，该团队最终突破了红外热像仪的技术难关，研制出原理样机，打破了国外技术封锁，填补了红外探测领域的技术空白，为提升我军夜间精确打击能力、实现昼夜型全天候打击做出了巨大贡献。此后，该技术广泛应用于军用、民用领域全系列产品，为红外技术发展奠定了重要基础。

20世纪初，我国与巴铁联合研制枭龙战机，按照当时世界上最先进的作战任务系统指标，李明锁带领项目团队，按照巴方招标要求，提出当时最先进的SMART机制平视显示器方案，一举击败世界各路平视显示器厂家，获得研制任务。并亲任项目主任设计师，带领项目团队，突破高速计算、文件化显示、高速通信集成技术等多项SMART机制技术，顺利完成项目研制，确保了枭龙战机以优异的性能走出中国，走向世界。

中原大地，领航企业发展

2006年，李明锁由科研部门调入经营管理部门，结合多年科研工作经验，他在经营管理领域深入钻研、开拓进取，充分展现出卓越的领导能力，2009年提升为主管经营和科研副所长，并于2013年被任命为光电所所长兼党委副书记。

作为心系蓝天的航空事业建设者，李明锁始终牢记"报国强军"的初心，强调核心在手，以强烈的使命感和担当精神推动光电所创新发展，他常说："国防建设的迫切需要，提升军队装备水平，是我们发展的强大推动力。"

在他的带领下，光电所铭记强军首责，坚定履行党和国家赋予的神圣使命，坚定不移地完成武器装备科研、生产、服务保障任务，推动航空武器装备快速发展，构筑起专业领先、功能配套、设施完善的火控、光电、瞄显三大航空专业技术体系，掌握了一大批具有自主知识产权的核心技术，在我国航空工业领域、高新科技领域占据了不可或缺的一席之地。作战任务系统产品装备了歼击机、轰炸机、运输机、教练机、直升机、无人机等各类现役机型，运-20、歼-20等重点型号研制取得重大突破，圆满完成国庆70周年大阅兵等重大保障任务。

作为高科技企业的领航者，李明锁始终坚持技术领先，人才为本，每年从哈工大等"985"院校招收上百名优秀双重点研究生，充实科研一线，加大科研投入，上下求索、拓域创新，大量先进军民用装备服务于经济社会发展和国防现代化建设。

在他的指引下，光电所持续保持平稳快速发展的良好势头，至2019年经营规模已突破50亿元，年复合增长率达12%，人均产值近两百万；坚持管理提升，大力"瘦身健体"、提质增效，实现了净资产收益率、劳动生产率的不断改善，经营质量的持续提升。同时立足航空军品主业，探索优化产业布局，推动军用航空领域成熟技术向大防务大安全、民品民机领域拓展，稳步实现经营规模的不断壮大和价值链的快速延伸。研制出拥有自主知识产权的C919平显，助力国产大飞机翱翔蓝天。光电导引头、VR头盔、车载/舰载产品在海监、武警、公安、航天等领域先后取得突破，智能机器人、电子电源等40余种重点产品成功进入民用市场，光电吊舱圆满完成新疆反恐、青运会巡逻和黑龙江森林防火演练任务，创造出显著的品牌效应及经济效益，走出了一条逐梦不息、奋斗不止的创新发展之路，为助力国防建设、服务经济发展做出了重要贡献。

进入新时代，李明锁对未来树立了更远大的理想，他带领团队以习近平强军思想武装头脑，以航空工业新时代航空强国"两步走"战略目标为指引，提出了建设一流任务系统研发中心的"两步走"战略目标，即"到2035年基本建成国际一流作战任务系统研发中心，为国防和军队现代化建设提供航空作战任务系统装备，成为技术先进、管理科学、产业均衡的高科技企业；到本世纪中叶全面建成世界一流任务系统研发中心，为世界一流军队建设提供作战任务系统装备，成为专业领先、管理先进、绩效卓越的高科技企业。"为实现这一目标，又提出了新时期"12345"总体工作布局，即以"一体两翼"的发展布局，全面引领持续发展；以"三个大体相当"的发展目标，全面促进均衡发展；以"四大战略举措"为发展方向，全面提升卓越竞争力；以"五个一流"建设为抓手，全面支撑高质量发展。

"多年来，我把理想追求融入到了科研事业中，融入到了国家国防建设中。作为国家国防事业的建设者之一，我们有信心有能力维护国家安全。"

从松花江畔到中原大地，李明锁始终不曾忘却的，是求学时树立的报国理想。他心系国防建设，以一名国防事业建设者的身份关注国防安全；他热爱航空事业，以光电所领航者的身份担负起企业发展的重任。他仍然记得恩师的希冀，铭记着科学与民主的追求，践行着忠诚与报效的选择，他正站在一个新的起点上，带领着团队朝着新的目标奋勇向前。

从大漠深处的绿洲，到航空航天系统各个岗位，在哈工大的"电气之光"中，有纵横驰骋的指挥员，也有默默无闻的操作手；有杰出的科技专家，也有优秀的政治工作者；有豪情满怀的热血男儿，也有不让须眉的巾帼女将；有艰苦创业的老前辈，也有继往开来的接班人。他们历经航空航天战线的拼搏奋斗，成为航天战线的英雄。在母校的下个百年，哈工大电气人必将继续秉持"铭记责任，竭诚奉献的爱国精神；求真务实，崇尚科学的求是精神；海纳百川，协作攻关的团结精神；自强不息，开拓创新的奋进精神"，立足航空航天，与国家同向而行，不忘初心，牢记使命，在新时代续写中国航空航天事业的壮美乐章！

电气之光

国家电网的哈工大电气人

HARBIN
INSTITUTE
OF TECHNOLOGY

　　本文记录了 24 位工作在国家电网公司科研、制造、营销、国际、总部、物资、党群、办公室、一线和管理岗位上的哈工大校友，他们孜孜以求、执着奉献，在各自的战线上谱写了一曲曲"哈工大电气人"的奋斗者之歌！

电网人的奋斗者之歌

前 序

国家电网公司是关系国家能源安全和国民经济命脉的国有重点骨干企业。国家电网事业是党和人民的事业，坚持以人民为中心的发展思想，把满足人民美好生活需要作为出发点和落脚点。公司曾蝉联《财富》世界500强第二位，在建设具有全球竞争力的世界一流能源互联网企业的新征程中奋勇向前。

在国家电网公司，每一个人都会油然生出一种家国天下的责任感和使命感，因为在这里做的事情大都是关系国计民生、关乎国家荣誉的"大事"。从大国重器自主创新、电工装备产业升级、为超过11亿人口提供优质可靠用电，到特高压电网的国家"金色名片"走出去、西藏天路电网通电，再到奥运会、党的十九大、进博会等重大活动保电，在每一个领域都有哈工大电气人的身影。他们是一群聪明人，不管在哪个专业都能够快速学习并胜任自己的工作；他们更是一群实干家，用"笨功夫"脚踏实地在自己的岗位上默默奉献、建功立业。不论是80级的行业领军人，还是10级的岗位中流砥柱，他们忠诚担当、履职尽责，不畏困难、冲锋在前，在各自的岗位上发挥着主力军作用。他们是体制内的谋事创业者，善谋善为、善作善成、善始善终，他们决定做的事情都会干到底，用实际行动践行着"规格严格"和"功夫到家"。

科技兴邦

——记科研板块的电气人

科学技术是第一生产力，掌握自主知识产权的核心关键技术对国家发展更具有重大战略意义。经过十余年的努力，国家电网的科技创新实力在中央企业中名列前茅，从特高压到智能电网，从新型输变电到新型储能与能源转化，从高性能电工材料到大功率电力电子器件，从智能感知与测量到信息安全与先进通信，在多个领域实现了"中国引领"。作为电网科技领域的探路者，哈工大电气人为国家做出了重大贡献，在国计民生多个领域实现了重大技术自主创新，让越来越多的"大国重器"在国网公司的自主创新中实现突破，使得中国企业可以跻身于全球产业链顶端，将"中国制造"转变为"中国创造"最终实现"中国引领"。他们每一个人、每一件事，无不体现出"规格严格，功夫到家"的严谨治学精神，更体现了每一位哈工大电气人投身我国电力事业的赤子之心。

GIL 管廊输电自主创新奠基人

张潮海

毕业于哈工大 8165 班，江苏南京人，分别在哈尔滨工业大学、海军航空工程学院和香港理工大学获得学士、硕士和博士学位。中组部国家特聘专家，曾任国网电力科学研究院首席专家，香港理工大学、日本学术振兴会（JSPS）、加拿大自然科学与工程研究委员会（NSERC）研究员、魁北克电力研究院高级咨询专家和加拿大康考迪亚大学访问教授等。研究领域包括智能电网特高压输变电技术，电力设备资产管理、智能状态监测与诊断评估和脉冲功率与等离子技术应用等。累计在国内外学术期刊和会议发表论文 100 余篇，申请发明专利 20 余项，并获产业化推广。

多次在国际学术会议上做主题发言。曾任各类国际学术期刊审稿人和特约编委，国家自然科学基金、国家863新能源重大专项、中国百名优秀博士论文、博士后（点）基金和国家科技奖项，加拿大、中国香港和日本等科研项目评审专家。他也是国家电网公司"高压电器设备局部放电检测、缺陷精确定位与故障预警技术"攻关团队带头人和中国科协海智特聘专家。

张潮海（中间）在平高集团组合电器生产基地

GIL 管廊输电技术自主创新

张潮海力推新型气体绝缘管道输电技术（Gas Insulated Transmission Line，GIL）在中国的实施。他主持了国家电网公司重大专项《环保型 SF6 混合气体绝缘性能、组分检测关键技术研究及在 GIL 中的应用》，在不降低绝缘要求的前提下，通过寻找配比合适的 SF_6 混合气体，大大降低电气

装备中 SF_6 的使用量，降低 SF_6 气体对环境造成的温室效应。并通过开展混合气体组分新型检测技术等研究，提高气体绝缘输电线路运行的安全性，为 GIL 等电气设备的智能化管理运维提供理论支持与实践依据。

他的研究成果"SF_6 混合气体最佳配比方案"，在特高压交流试验基地交流气体绝缘输电线路 (GIL) 试验线段 (1 000 kV/6 300 A、63 kA/3 s) 上得到了成功应用，经过夜以继日的技术攻关，最终研究掌握了特高压 GIL 结构设计、制造工艺、施工运维等关键技术，获得了特高压 GIL 环保气体绝缘特性和电磁环境特性等关键参数，为淮南—南京—上海 1 000 kV 特高压交流输变电工程中苏通 GIL 管廊工程设备的结构设计、安装、试验和长期可靠运行提供了技术支撑。淮南—南京—上海 1 000 kV 交流特高压输变电工程——苏通 GIL 管廊工程的实施，是世界上首条 1 000 kV 特高压新型 GIL 输电管廊工程，是中国特高压建设引领世界的又一典范。

在未来产业化发展中，GIL 管廊技术能够支撑全球能源互联网的建设，张潮海提出的环保型绝缘气体计算理论被国际广泛引用，在该领域他提出了两个基本原则：清洁发展和全球配置，对应 GIL 的应用主要涉及 SF_6 气体环保型替代以及复杂环境下（包含温度、压力、地质环境等）的特高压 GIL 应用与优化设计，为未来能源互联网建设新型输电装备、中国特高压输电工程开辟了崭新途径，将会创造巨大的经济效益和社会效益。

掌握高压电器设备局部放电检测核心技术

依托于南瑞集团公司，张潮海组建了"高压电器设备局部放电检测、缺陷精确定位与故障预警技术"攻关团队，是国家电网公司的第四批科技攻关团队。随着特高压和智能电网建设的逐步推进，特高压交直流变电主设备、特高压 GIL、大容量高压电容器、长距离高压电缆等设备正在或即将大规模应用。局部放电检测作为考核设备绝缘性能、发现绝缘缺陷、预防绝缘击穿事故的最有效手段之一，现有的局部放电检测方法、检测手段及分析诊断技术无法满足特高压交直流复合电场下设备、分布式大电容设备绝缘缺陷检测与诊断需要，现有多种局部放电带电检测技术也未能有力支撑电网主设备状态检修。经过不懈努力，张潮海带领科技攻关团队掌握了高压电器设备局部放电检测核心技术，为特高压输变电的安全、可靠、稳定运行做出了重要贡献。

中国特高压技术能够引领世界电力技术的发展方向，要归功于张潮海博士这样时刻对科技创新保持着旺盛精力的科技领军人，他凭借坚定的技术信仰，在一项项"卡脖子"的技术领域取得了重要突破，实现了我国电力装备核心技术的自主创新。

中国第一位博士调度员

葛维春

毕业于哈工大8965班，1989年9月作为哈工大与华北电力学院联合培养的博士研究生进入哈工大学习，1992年10月完成学习任务，抱着将所学回报国家、一个博士也能在电力生产一线建功立业的初心，按照个人意愿被分配到当时的东北电业管理局调度局调度室工作，成为我国第一位具有博士学位的大电网调度员。进入电力系统工作后，葛维春历任东北电网调度员、电网调度自动化处专责、副处长、处长；电网体制改革，成立辽宁省电力有限公司后，他成为省调第一任总工程师，后任省公司科技信息部副主任、鞍山供电公司副总经理、省公司科技信息部主任、省公司第一任科技信通部主任（智能电网办公室主任）和科技互联网部主任等职务，现任辽宁省电力公司科技互联网部调研员。

整个职业生涯中，葛维春一直坚持初心，始终不忘哈工大对自己的培养之情，以身作则为年轻人树立榜样。他先后带领多个攻关团队，针对电网中急需解决的问题展开攻关。针对辽宁电网特点，开展电网调度运行、电网动态无功补偿、清洁能源消纳等关键技术研究，先后组织开展国家"863"计划项目课题"储能系统提高间歇式电源接入能力关键技术研究与应用"、牵头承担国家科技支撑计划课题"高压电制热储热提升可再生能源消纳的关键技术"、牵头承担国家重点研发计划项目"电力光纤到户关键技术研究与示范"、承担2019年"可再生能源与氢能技术"重点专项"可再生能源与火力发电耦合集成与灵活运行控制技术"课题4项国家级科技项目；建设完成了多个国内首台首套科技示范工程，为满足我国电网生产一线的基本技术需求，突破了系列工程技术难题，组织开发我国首套电网实时暂态稳定性分析软件、主持研制出首套国产化EMS高级应用软件；组织完成第一套国产化100 Mvar SVC和66 kV直挂电压等级光控大容量SVC工程建设；组织开发并建成国内外第一个规模化输电线路故障测距系统；提出并组织建设了国内外第一座以变电站为对象的集中式智能变电站；组织开发增容系列导线，并进行工程应用；主持开发了"弃风规律评估软件"和世界首套大规模可控负荷与多源协调调控系统；组织研制出世界上首套利用弃风供暖的分布式相变储热系统以及组织建设当时最大容量的全钒液流储能系统。

在理论研究方面，葛维春出版了《现代电网前沿科技研究与示范工程》《电网电压稳定性与动态无功补偿》《固体电储热及新能源消纳技术》《电池储能与新能源消纳》《高度集成智能变电站技术》等11部论著，发表学术论文100余篇，获得授权发明专利80项。

功夫不负有心人。凭借多年的不懈付出和努力，葛维春获得多项科技奖励和荣誉：获得国家科技进步奖一等奖1项、二等奖4项，省部级科技进步奖一等奖 7 项；其中"电力系统暂态稳定在线评估技术（EEAC）及其应用"获得 1996 年国家科技进步奖一等奖（排名第 10）、"基于 CC-2000 支撑平台的 EMS 高级应用软件"获得 2003 年国家科技进步奖二等奖（排名第 2）、"静止无功补偿器核心技术的研发及应用"获得 2006 年国家科技进步奖二等奖（排名第 2）、"大规模电力系统暂态稳定定量评价理论与应用"获得 2008 年国家科技进步奖二等奖（排名第 5）和"电制热储热提升电网消纳风电能力的关键技术与规模化应用"获得 2019 年国家科技进步奖二等奖（排名第 1）；先后获得辽宁省首届青年科技奖、辽宁省先进科技工作者、辽宁省杰出科技工作者、国家电网公司工程技术专家、新世纪"百千万人才工程"国家级人选等荣誉，享受政府特殊津贴。

在国网辽宁省电力有限公司成立的 20 年间，葛维春一手抓科研，一手抓管理。在担任辽宁公司科技部副主任、主任期间，共获得国家科技进步奖 10 项，实现了职业生涯的初心，也为身边众多的年轻员工树立了榜样。

直流输电基础理论推动者

姜喜瑞

毕业于哈尔滨工业大学 9464 班，毕业后进入中国电力科学研究院这所中国最好的电力科研机构，先后完成了大功率电力电子 FACTS 过电流试验装置及直流输电换流阀全工况运行试验装置的主要开发工作，解决了晶闸管阀基电子在线监测及控制保护策略与实现等难题，为我国特高压灵活交流输电和常规直流输电换流阀自主创新，达到国际顶级水平，在试验技术领域付出了激情与努力，发挥了重要作用。

进入国家电网公司工作多年，姜喜瑞长期从事电力系统电力电子技术研究，先后在灵活交流输电、大功率电力电子装置试验、常规直流输电、柔性直流输电等技术领域开展科研、工程应用及试验相关的工作。其所在团队——全球能源互联网研究院直流团队攻坚克难，艰难探索，先后取得了常规直流输电换流阀、柔性直流输电换流阀、高压直流断路器、直流电网等先进输电技术的系统分析、关键技术研发、核心装备研制、试验与自主创新工程化应用等成果，完成了亚洲首条柔直工程——上海风电场柔性直流输电工程，世界电压等级最高、容量最大的厦门工程等一系列国际顶尖技术水平的工程，先后荣获国家技术发明奖二等奖，国家专利金奖，中国电力科技进步奖一等奖等多项国家级奖项，以及北京市科学技术奖一等奖、上海市科技创新奖一等奖、国家电网公司科技进步奖一等奖等省部级奖项。所在研发团队被科技部授予"国家重点领域创新团队"，并荣获电网公司先进团队、北京市青年创新团队等荣誉称号，2016年被批准建设"先进输电技术"国家重点实验室。

在自主创新的道路上，姜喜瑞从来没有停止过前进的脚步。他提出的换流器多层级电力变换调控方法，高压大容量柔性直流换流阀阀基控制系统，取得了一系列原创性发明成果，形成了完整的专利保护体系，先后荣获了电网公司专利一等奖（第二作者），国家专利优秀奖（第三作者），实现了新一代电压源直流换流器的整体技术突破，有力地促进了柔性直流输电技术的工程应用及推广。团队成员参与编制了目前柔性直流输电领域所有的国际电工委员会（IEC）标准，大幅度提高了我国电力领域的国际影响力和话语权。他本人也由一名电力行业新兵，锻炼成为具有丰富科研和工程实践经验的电力技术的探索者。

产业报国

——记制造板块的电气人

装备制造板块的产业单位对国网大电网运行、重大技术攻关起到支撑保障作用，近年来不断跟踪并引领着中国的电力装备技术产业转型升级，进军战略新兴产业，支撑重大科技项目，并在电力装备国际化高端市场占据了一席之地。依托于自主创新，产业单位实现了重点装备的国产化，引领着电力装备行业整体的生产工艺和制造水平的提升，真正实现了电工装备的"中国制造"和"中国引领"。一批批哈工大电气人前赴后继投身于装备制造产业的自主创新和成果转化。在他们中，有科研带头人长期引领电工新技术科研创新和应用，为电网产业发展做出巨大贡献；有人始终坚守在科研成果转化第一线，潜心学习，深入钻研，扎扎实实攻克技术应用难题。

在产业科研路上大写人生

朱金大

毕业于哈尔滨工业大学8265班，1989年入职电力工业部南京自动化研究所远动室工作，历任南京南瑞集团公司农村电气化分公司副总经理、总经理，国网电科院配电与用电研究所所长，南京三能电力仪表有限公司董事长，江苏通驰有限公司董事长，国电南瑞科技股份有限公司副总经理；现任南瑞集团副总工程师，兼任南瑞研究院院长。

电力科研路上，朱金大谦逊勤恳，获誉无数。他担任国家标准化管理委员会电动汽车技术与充电设施标准化专家组成员，全国能源行业岸电设施标准化技术委员会第一届秘书长，中国电机工程学会第七届自动化委员会主任等职务，获 2019 年中国电力优秀科技工作者、"江苏省 333 高层次人才培养工程"中青年科学技术带头人等荣誉称号，发表科技论文 40 余篇，授权专利 42 项，获得省部级科技进步奖 22 项。

栉风沐雨三十载，无怨无悔守初心。这些成就来之不易，饱含着朱金大作为一名优秀共产党员的责任担当，浸透着他作为一名电力人的辛勤汗水，记录着他漫漫人生路上的无数坚持与奉献。而这一切都要从 31 年前他投身电力科研开始说起。

不忘初心，扎根农村电网建设的"拼命三郎"

1989 年，朱金大从哈工大电气工程硕士专业毕业。去日本学习留校工作，到南京航空航天大学从事教学，或去南京自动化研究所从事电力科研三条路摆在他的面前，"舅舅是哈军工毕业的，是我国最早从事两弹研究的工程专家。可能是从小受他影响，觉得选择很简单，就是想为祖国建设和发展多做点实实在在的事情。"这是他的选择初心。

2003 年，吉林省农网自动化建设与改造项目被列为国家电网公司试点，成功与否意义重大。时任国电自动化研究院农村电气化研究所副所长的朱金大带领团队，到吉林农村电网走访调研，分析农网现状和需求。东北的冬天，气温低达零下 30 摄氏度，他们有时住进工程现场，吃馒头、喝凉水，有时两周进城洗一回澡。这样的生活，一过就是两年。

两年间，他们完成了吉林全省 35 个县级电网调度自动化系统和 100 多座农网变电站的改造，探索出了一条富有中国特色的农网自动化系统建设之路。实践中，朱金大提出的"五统一"农村电网建设管理模式，成为其他地区农网建设与改造的指导和借鉴，被业内称为"吉林模式"，随后在全国几十个省的几百个县得以推广应用。在他的身后，广袤的农村大地亮

起万家灯火。

敢想敢做，电动汽车充电设施产业的"开路先锋"

2009年，国家电网公司开启电动汽车充电站试点建设，要求尽快建设一批充电示范站。业界专家经过分析讨论，认为在现有的技术条件下短期内不可能完成。"没有标准，我们建立标准！没有先例，我们创造先例！最重要的是抓紧时间开展工作。"一周之内，朱金大迅速组织起各专业的技术力量，开始了封闭式研发。

2010年春节，研发没有停歇。白天，他和技术人员一起研究设计方案；晚上，梳理解决团队在开发工作中遇到的问题，直至凌晨。功夫不负有心人。节后不久，团队就完成了电动汽车充换电设施建设一体化解决方案，填补了国内空白，并申请了5项国家专利。其后，他又带领团队研发成功CEV3000智能充换电服务网络运营管理系统，进一步完善了整体解决方案。

朱金大还积极参与行业标准的制定。他常说："在电动汽车充换电技术领域的国际舞台上，应该有中国的声音，有国家电网公司的声音。"正是这样的拳拳心、赤子情，激励着团队攻克一个又一个的技术难关。今天，中国已经成为该领域世界各国技术研究的风向标。

只争朝夕，能源变革新时代下的"追梦人"

2019年，朱金大成为第一届能源行业岸电设施标准化技术委员会秘书长，与全国专家学者跨界探讨电动船舶产业新发展；他带领团队开启多项能源互联网科技创新项目建设，把最尖端的能源信息技术植入产业……在新产业开拓的各项工作中依旧有他忙碌的身影，他始终活跃在奋斗的第一线。他不断勉励年轻人，于国于家，每天都是新征程，每天都要有新作为。我们要努力奔跑、追逐梦想，不能辜负了大好时光。

电力自动化技术推动者

徐石明

毕业于哈尔滨工业大学 8662 班，硕士研究生。现任国网电力科学研究院科技信息部主任、国网电力科学研究院九三支社主委，兼任中国电机工程学会配电自动化专委会与供用电自动化专委会委员、全国电力系统管理及其信息交换标准化技术委员会委员、中国电工技术学会理事等职务。先后获得政府特殊津贴、江苏省软件行业十大杰出青年、江苏省第八届科技青年奖、新世纪百千万人才、国网工程技术专家、南京市五一劳动奖章、南京市有突出贡献中青年专家等荣誉称号。

1986 年，徐石明进入哈工大电气工程系电磁测量及仪表专业就读本科（8662 班），1990 年续读本专业硕士研究生。1993 年毕业后就职于国网电力科学研究院（原名南京自动化研究所）。自进入研究院以来，他一直奋斗在电力自动化技术研发与产业的第一线，推动了我国电力自动化水平的快速提升，提高了国产电力设备品牌在国际上的影响力。他先后从事过调度自动化、变电站自动化、配电自动化、用电自动化等专业方向的工作，为所在单位创造了数十亿元的直接经济效益；并获得国家科技进步奖二等奖 1 项，省部级一等奖 4 项，省部级二等奖 7 项，省部级三等奖 10 多项。

"规格严格，功夫到家"是哈工大的校训，也是徐石明在推动电力自动化技术工作中践行的理念，更是他事业得以成功的不二法宝。

徐石明是我国变电站自动化技术的主要推动者之一。他全程参与了从变电站 RTU 监控到智能化变电站的整个发展过程，推动了我国变电站自动化技术的发展，填补了国内外多项空白。他主持的"DISA & DR2000 分布式变电站自动化设备"项目，解决了通信误码率高、遥信误报等一系列难题，达到了国外同类设备的水平，拥有了与国际著名厂商全面竞争的实力，一举打破国外产品在中国该领域的垄断地位，该项目获得国家科技进步奖二等奖。他主持研发的"特高压变电站自动化系统"成功应用于荆东南等多个特高压站，填补了国内外空白。在"特高压投运两周年"专辑中他在接受 CCTV13 采访时介绍："通过参与特高压技术的研发，我们拥有了 30 多项专利，公司一跃成为国际知名的电力设备制造商。"在智能电网建设中，他还主持了我国智能变电站技术的标准制定、产品研发、工程实施，是变电站由自动化向智能化转变的主要推动者，项目获得了多项省部级一、二等奖。

徐石明也是我国配电自动化技术的主要推动者之一。从我国第一套配电自动化系统（上海金藤，全进口）投运，到全国产业化配电自动化技术的发展，他始终奋战在科研产业的第一线。回忆起参与的配电自动化项目，他表示："在现场，爬电缆沟、长时间承受户外高温、强电磁环境干扰等都是常事，有时没有坚定的信念可能都坚持不了。"他通过总结现场实战经验，组织、参与制定了配网终端、通信等多项技术标准，研发了 FTU、TTU 等多个全国产化产品，在重庆、苏州等多个城市成功投运了多套配电自动化系统，推动了我国配电自动化技术的高质量发展。

此外，他在 WARMAP 系统建设、电动汽车充换电、用电智能化等方向都有建树。他经常与人说，要做好一个踏实普通的技术人员，学一行、爱一行、干好一行。

在工作中，徐石明还不忘对年轻人才的培养。他充分利用承担"863"等重大项目的机遇，先后带出了变电站自动化、配电自动化、用电自动化等多个电力自动化的专业团队，培养了一批行业内的技术骨干，为电力自动化技术发展提供后续动力。作为硕士研究生导师，他在培养学生时坚持德才兼备。他经常教育学生，做人、做事都要优秀。他在培训新员工时说，唯有奋力拼搏，才能成就美好的人生。

作为九三学社的一员，徐石明积极组织、参与各项公益活动，将智能用电、电动汽车充换电技术推广到江苏沿海城市，在中国科研体系建设、提高国有企业创新能力、中国发展集成电路产业等方面积极建言献策。

以"规格严格，功夫到家"来要求每一次的重大攻关，以平常心对待每一次的困难与挫折，以感恩的心时刻记得母校与社会对他的培养。徐石明，就是这样一个哈工大人。

电力系统安全稳定的突出贡献者

徐泰山

毕业于哈尔滨工业大学9064研班，博士研究生，研究员级高工，博士生导师，中国电机工程学会会士，获国务院政府特殊津贴，国家电网公司首批工程技术专家，入选国家"百千万人才工程"，国家级"有突出贡献中青年专家"，南京市劳模、国家电网公司劳模、中央企业优秀共产党员。

徐泰山一直从事电力系统安全稳定量化分析与自适应控制的理论与方法研究、电网安全稳定综合防御体系研究及系统研发与工程应用工作。近年来，他还从事了大规模新能源并网优化控制技术研究与系统研发及工程应用工作。参与完成国家自然科学基金、"973"、"863"和国家科技支撑计划等国家级项目9项,参与或主持完成国家电网公司项目30余项。他首次提出了电力系统暂态电压安全稳定和暂态频率安全的量化评估方法、低频低压减载优化整定算法和考虑安全、经济和交易约束的多源协调优化控制方法,并主持开发了国际上唯一得到实际应用的电力系统安全稳定量化分析与优化决策软件,研发了国际上首套大电网安全稳定广域监测预警与预防控制辅助决策系统、大电网安全稳定协调控制系统、跨区电网动态预警系统和自适应电网外部环境的安全稳定智能防御系统。他研发的在线安全稳定分析、调度计划动态安全校核和新能源并网控制软件已在省级及以上调控中心得到广泛应用。徐泰山参编著作2部,发表学术论文147篇,获发明专利100项,获国家技术发明奖二等奖1项、国家科技进步奖二等奖2项、省部级科技进步奖一等奖7项、二等奖12项、三等奖8项,中国专利优秀奖1项(金奖提名)。

人民电业为人民

——记营销计量板块的电气人

小小电表，关系千家万户。对普通人而言，电表最基本的功能就是记录生产生活中的用电量与电费，在"互联网+"时代，不同于传统电表的智能电表不仅为人们的用电生活提供更多便利，还提升了电网精益化管理水平。目前，国家电网公司推广的智能电表已经覆盖经营范围内99%的用电客户，全面提升了营销计量的自动化和智能化水平。哈工大电气人中有一批扎根于营销计量系统的师兄弟，有国网营销计量系统建设的主要设计者，有营销计量技术标准的建立者，有为国网智能电能表的推广应用做出突出贡献的老专家。正是这些哈工大电气人孜孜不倦的追求，让国家电网实现了2.7亿用电客户线上购电，享受"指尖时代"的供电服务，履行了"人民电业为人民"的初心与使命。

扎根营销计量的哈工大人

袁瑞铭

毕业于哈尔滨工业大学9166班，教授级高工，国家电网公司营销专业领军人才，兼任全国TC549、TC104、TC525、DL/TC22、国网电力营销技术等标委会委员、中电联司法鉴定人、中国电机工程学会测试技术及仪表专委会副秘书长、中国仪器仪表学会专家委员会委员、仪器仪表工程师资质评定专家组组长……这一长串成绩来自于他日复一日的辛苦付出，还有他对"规格严格，功夫到家"这八个字的践行与坚守。

勇挑重担的探路者

自参加工作以来，袁瑞铭始终坚持奋战在生产科研第一线。2004年，刚刚进入国网工作的他，主动申请到调试一线，并迅速成长为作业负责人，共完成了6台机组的调试任务。2009年，他受命组建面向智能电网的高级计量架构研究的创新团队，研发了国内第一款智能电能表，在国际上率先推出了面向智能电网的高级计量架构整体解决方案，建立了以十四个标准为代表的标准体系，至今仍然指导着用户侧能源互联网的发展，其所带领的团队也获得省公司"十一五优秀科技创新团队"称号。

2016—2018年，对袁瑞铭来说是人生中艰难的两年。父亲病重，还有三个幼子需要养育，他所牵头的课题正处在科研攻关的关键时期。面对这些困难，他什么都没说，只是默默地把工作搬到了病房。无数个夜晚，他常常在照顾父亲安睡后，又打开电脑继续工作。有一次护士深夜巡房看到此景，忍不住提醒他早些休息，他只是摆摆手说："没事儿，很快就好了。"毕竟肩上的担子一个比一个重，他一个也不能放下。就这样，他陪着父亲走完了最后一程，同时带领团队攻克了一个又一个科研难关，为促进低碳冬奥充电设施网络和电动汽车无线充电示范工程在国网冀北电力有限公司的落地实施打下了坚实的基础。

科技创新的破风手

面对日新月异的科技发展形势，袁瑞铭始终具有强烈的责任感，坚持自主创新，实现计量中心在关键领域形成具有自主知识产权的核心竞争力。他先后主要负责了面向智能电网的高级计量架构研究、智能电能表质量综合评价技术的研究与应用等国家科技重点研发计划项目1项、国家自然科学基金项目1项、国网总部科技项目6项，参编国标10项、行标1项、国网企标15项，出版专著5本，发表核心及以上论文 40 余篇，授权发明专利 18 项、实用新型专利 64 项。袁瑞铭坚信"科学没有捷径可走"，在专业环境相对不利的形势下，他仍坚守科研一线、领航自主创新，带领攻关团队持续开展电能表动态计量性能关键技术研究。在现场、在实验室，始终有他低头忙碌的身影，与团队研讨至深夜也是工作常态。夜深了，当同事们回家时，抬头总能看到他办公室里依然灯火通明。有时，同事在第二天一早还会见到他在单位洗漱，惊讶地问道："您是一晚没回家吗？"他却开玩笑地说："回了呀，办公室就是家呀。"经过"五加二、白加黑"的不懈努力，"非线性负荷条件下的智能电能表计量性能评估关键技术"顺利通过中国仪器仪表学会鉴定，由张钟华院士担任主任委员的专家委员会一致认为：成果总体达到国际先进水平，其中部分理论方法与关键技术达到国际领先水平，具有推广应用前景。工作至今，袁瑞铭已累计获得省部及行业级奖励 13 项、地市及省公司级创新奖励近 30 项。

筑梦青年的领航雁

"得天下英才而教育之。"在哈工大四年的学习生涯让袁瑞铭对培养年轻人格外看重。他先后培养博士后 1 名、"师带徒"及"企业名家帮带"十余人次。所带团队涌现出国网公司级专家人才 2 人、省公司级专家人才 4 人、国家标准起草人 3 名、作业负责人多名。在国网公司二届三次职代会上，袁瑞铭所带领的计量中心标准量传部荣获国网公司"工人先锋号"先进班组荣誉称号。此外，他还积极引导青年员工立足本职岗位创新创效，推动创新成果转化。他所指导的青年员工在各类创新创意大赛中成绩斐然，获国网公司金奖 1 项、铜奖 1 项、营销工器具革新奖 1 项、冀北公司级创新创意金奖 2 项、银奖 3 项、铜奖 4 项等。2018 年 10 月 31 日，国家人社部人力资源市场司杨军梅副司长一行莅临计量中心调研，面对如此丰硕的创新成果，在惊叹之余，更为公司电能计量领域技术人才的培养点赞。

"根之茂者其实遂，膏之沃者其光晔。"对袁瑞铭来说，诸多荣誉不是目标，不断提高专业技术水平，努力开创新境界，让哈工大的文化影响到更多人，才是他不断追求的自我价值实现。

我家祖孙三代人的哈工大情结

赵宇东

毕业于哈尔滨工业大学 8762 班，国网辽宁省电力有限公司的一名普通管理人员。他生活在一个学者型家庭，与哈尔滨工业大学这座全国顶尖的工科学府结下不解之缘，祖孙三代哈工大人充分诠释了什么是弦歌不辍、薪火相传。高大、庄严、厚重的哈工大主楼、盛开的丁香、特色的冰雪文化成为他们的共同记忆。

我的父亲赵亨达，1960 年考入哈尔滨工业大学电化学专业。1965 年立志国防建设的父亲如愿以偿成为中国第一代火箭军。第一站是荒无人烟的戈壁滩——酒泉导弹试验基地，从事导弹试验发射的科技攻关工作。父亲时常能见到火箭司令聂荣臻元帅，还曾在导弹之父钱学森同志的攻关团队工作。后来，工作实事求是、一丝不苟的他成为导弹某单元部件测试的技术负责人，他提出的对导弹安全隐患的改进建议得到了采纳，并推广应用到东风系列导弹。

1968 年成立太原卫星发射基地，父亲调到导弹测试中队工作，完成了东风 3 号导弹试验、定型和发射工作，由于工作成绩优异，得到部队嘉奖。

他还多次为二炮导弹部队进行培训。

1974年父亲转业到辽宁省地质矿产研究院工作，取得多项科研成果和专利，成为教授级高级工程师，被国务院授予有突出贡献专家，终身享受国务院颁发的政府特殊津贴。

父亲多年哈工大学习经历和军旅生涯养成的实事求是、严谨务实、一丝不苟的作风对我产生了深刻的影响。父亲常说做事一定要下功夫，功夫要做到家，"仰之弥高，钻之弥坚"，于是哈工大成为我高考的第一目标。

功夫不负有心人，我成为家里第二名哈工大人。1987年考入哈尔滨工业大学电气工程系电磁测量及仪表专业（87621），在校期间真正体会到"规格严格，功夫到家"的含义，对我后来的工作产生了重大影响。

1991年毕业后我一直从事电力营销领域工作，将主要精力投入到电能计量及用电信息采集工作中。"士虽有学，而行为本焉"，立足平凡工作，将学到的知识具体应用到实际工作中，并取得应有的成效是我追求的目标。

我工作期间组织研发单相电能表自动压接检定装置，实现了电能表半自动检定；策划并参与辽宁省智能电能表推广应用及用电信息采集系统建设工作；取得电能计量器具垂直回转货柜自动盘点装置、一种电能表电子标签密封扫描装置等20项专利；获得计量器具全性能实时在线管控技术与示范、辽宁省电力用户用电信息采集系统建设、集中抄表终端检测系统研究等多项科技进步奖；发表《模具化压接组件在电能表》《基于OFDM的低压电力线载波通信和微功率无线通信的低压抄表系统》等多篇中文核心期刊论文；合著出版《用电信息采集系统运维典型故障分析与处理》《电子式电能表防窃电新技术》《问道智能电网》等多部著作；参与了《电能表用元器件技术规范第7部分：电池》等多个电力行业标准的制定。

我现在是全国电工仪器仪表标准化技术委员会委员、国家电力行业电测量标准技术委员会委员、全国电力职工技术成果奖评审专家，国网辽宁省电力有限公司优秀专家、国网辽宁省电力有限公司专业领军人才和国家电网公司专业领军人才，我实现了自己在平凡中体现价值的人生目标。

2018年我当选了沈阳市第十六届人大代表，在做好本职工作的同时，也为沈阳市的经济发展和社会进步积极建言献策。

我的女儿赵菁铭从小在爷爷身边长大，爷爷一直是她的偶像。2014年填报高考志愿时我问她准备报考哪个学校，她坚定地说要和爷爷、爸爸当校友，还要子承父业。果然她成了家里第三名哈工大人，考入哈尔滨工业大学（威海）信息与电气工程学院测控技术与仪器专业，2018年又以优异成绩保送到哈尔滨工业大学电气工程与自动化学院，成为电气工程专业硕士研究生，也是家里学历最高的哈工大人，即将毕业的她立志成为一名光荣的国家电网人，这就是榜样的力量吧。

"才以用而日生，思以引而不竭。"作为一名国家电网公司的哈工大人，不断地学习、实践、再学习、再实践，将哈工大精神融入国家电网公司的建设发展中，不断体现自我价值和社会价值，正如老校长杨士勤教授在哈工大沈阳校友会辽宁电力分会成立大会上所提出的那样。"规格严格建电网，功夫到家送光明。"

每一代人都有自己的奋斗和担当，建校百年，一代一代的哈工大人在自己的岗位上辛勤工作，有的卓越、有的平凡，有的是栋梁、有的是基石。我们幸运地见证了母校的发展壮大，开创"一校三区"办学模式，从以工科为主的大学向综合性大学转变，今后的哈工大将不仅是"工程师的摇篮"，也是国家各类人才成长的摇篮。母校百年华诞，祝越来越好！

大国名片走出去

——记国际板块的电气人

碧海黄沙征途远，丹心热血岁月长。国家电网公司除了为人熟知的电网核心业务，还有一张低调但同样亮眼的名片。2019 年，联合国贸易与发展会议发布的《世界投资报告》中，公布了 2019 年度全球 100 大非金融跨国企业榜单，国家电网公司赫然在列，它的国际业务这才走进许多人的视野。实际上，国网公司已经在"一带一路"的战线上默默耕耘了 10 年，投资运营 7 个国家和地区的骨干能源网，管理境外资产从 2009 年伊始的不足 4 亿美元，飞速增长至 2019 年的 650 亿美元，外籍员工超过 17 000 人，带动大量中国电力技术、装备、标准一体化走出去。在中央企业中，国网公司的国际业务已经赢得了"干一个，成一个"，无一亏损，全部赢利的良好声誉。

在巴西，国家电网建成南美第一条、第二条特高压 ±800 kV 输电线路，完成南美市场有史以来金额最大的股票市场公开要约收购，控股历史逾百年的标杆配电和新能源企业，实现了首个中国能源企业主导的海外股票公开发行，在国际资本市场成功打响国网品牌。在欧洲，国家电网投资运营葡萄牙、意大利、希腊的国家级能源网，实现投资、技术、运营全方位合作，在中欧元首见证下多次取得历史性突破。在澳大利亚，与一流国际投资者合作投资了三个州的电力能源基础设施企业，业务遍布澳大利亚全境，供电质量同行业领先。在亚洲，国家电网成功入股全球供电可靠性最高的港灯电力有限公司，成为菲律宾国家电网公司单一最大股东，区域电力合作话语权不断增强。

国际业务是竞争性业务，业务、市场、语言、文化差异的挑战层出不穷，在市场上深耕数十年乃至上百年的竞争对手虎视眈眈。在这条波澜壮阔的战线上，也少不了哈工大人的身影，他们跟随着国网公司国际业务跨越式发展的足迹，远渡重洋，时刻不忘"规格严格，功夫到家"的校训，实现了国网公司一个又一个的第一次，在一个又一个的新市场中站稳脚跟。

匠心之道　行稳致远

陈明明

哈尔滨工业大学2005级电气、管理学院校友，现任国网国际发展有限公司投融资部副主任。在校期间，他是哈工大国际交流协会（HICA）的创始成员之一，毕业之后赴香港科技大学攻读经济学专业硕士，其间在联合国农业发展基金短暂工作。2010年加入国网国际发展有限公司，重新拾回了大学期间的两个关键词：电力与国际化。

陈明明（左三），杨光（左一）在国家电网收购巴西CPFL公司股权交割仪式上

陈明明，2010年参与国网公司首次打入巴西市场的输电特许权并购项目；2012年，实现国网公司在澳大利亚市场零的突破；2014年，作为业务骨干接连拿下中国香港、意大利和澳大利亚等四家明星电力企业的股权，其中通过香港资本市场悄无声息增持香港电灯公司股份的交易堪称当年的经典案例，为公司节约收购成本达上亿元；2016年，作为财务组负责人完成国网公司有史以来规模最大的海外投资——巴西CPFL项目的控股权收购，金额将近100亿美元，而后又完成了巴西历史上最为复杂的股票市场要约收购。2019年，巴西CPFL公司利润增长超过200%，重新上市，大获成功，引起了国际资本市场的热捧。巧合的是，在巴西CPFL项目上与陈明明搭档的，正是同年进入国网国际公司的哈工大同学杨光。哈工大人技术过硬，学习能力强，善打硬仗的品质在他们完成的一个又一个任务中得到了淋漓尽致的体现。

入职第一天，同事对陈明明说：国网的国际人是"24小时零距离，零时差"，本以为这是一句玩笑话，却成了他工作的真实写照。由于公司业务遍及五大洲、四大洋，常常是白天参加一个项目的尽职调查，晚上继续准备另一个项目的估值报告，几十个小时不眠不休是家常便饭。2013年，陈明明成为国网公司参加中央企业团代表大会的两名代表之一；2017年，他被评为国家电网公司劳动模范。

作为国际业务战线上潜心耕耘的一线员工，陈明明与众多投身国际事业的同事一样，为能够参与到国网公司国际化业务快速发展的历史进程中而感到深深自豪。在这一征途上，大家奋力拼搏，以匠心之道追求专业极致，用卓越品质助力国网国际事业行稳致远。

国际业务热血尖兵

杨光

哈尔滨工业大学97级能源学院校友，2010年加入国网国际发展有限公司，先后在技术支持部、战略研究室、发展策划部工作，参与了巴西、美国、新西兰、希腊、澳大利亚、罗马尼亚等十多个能源电力资产并购项目。2016年，杨光作为巴西CPFL公司股权投资项目的项目经理，带领项目团队经过3年多的艰辛努力，圆满完成股权并购和要约收购两阶段工作任务，成功收购巴西CPFL公司94.75%股权，总交易金额将近100亿美元，是国家电网公司国际业务开展以来规模最大、难度最高、影响最深远的境外收购项目。2019年圆满完成CPFL公司在巴西股份公开发行，募集资金10亿美元，是国家电网公司首次主导开展海外上市公司股份公开发行，也是中资控股企业首次在巴西开展股份公开发行。

从事国际业务期间，杨光秉承哈工大"规格严格，功夫到家"的校训理念，伏下身子刻苦钻研业务，先后完成海外电力资产"技术尽职调查工作规范"和输电、配电、水电、火电、风电、太阳能6个专业技术尽职调查工作大纲，建立了一套规范的技术尽职调查工作体系。他深入钻研欧洲、大洋洲、亚洲、北美洲、南美洲、非洲等十多个国家和地区的电力监管机制，精通国际通行的电力监管模式，形成监管机制分析材料近10万字。

杨光主要参与的"关于境外资产监管环境及政策的深化研究"课题获得国家电网公司软科学研究成果一等奖；"以实地调研为手段提升境外资产管控能力"课题获得国家电网公司优秀调研成果二等奖；"创新海外融资方式、支撑国际业务发展"获得国家电网管理创新成果三等奖。参与编写的公司2014、2015年度工作报告获得国家电网公司直属单位工作报告评比A级成绩。凭借踏实的工作作风和优异的工作绩效，杨光多次获得"先进工作者"及"先进个人"称号和公司内部表彰。

杨光在巴西 CPFL 公司

把一件事情做精、做专，把一个项目做深、做透，是杨光对自己提出的要求，更是一名哈工大人对国际化事业的承诺。看到一个个海外资产的成功收购并为国家创造效益，杨光感到正在逐步实现自己的人生价值，并从中获得极大的满足。

服务支撑
——记总部、物资、党建、办公室板块的电气人

总部机关伏下身子的实干者　张在平

国家电网公司总部作为企业最高管理机构，为了保证企业运行的高站位、高标准、高质量，多年来都不直接招聘应届毕业生，而是从基层单位选拔调用有多年工作经验的优秀员工。哈工大电气人普遍具有较强的"本领危机意识"和踏实肯干的韧劲，进入工作岗位也能保证持续学习，不断充电，所以往往能在各自的领域中脱颖而出。总部的哈工大电气人从事的工作涉及规划、物资、企业管理、营销等各方面，对战略研究、政策分析、经济形势分析的水平要求很高。此外，总部机关日常工作虽以管理为主，但都是以专业为基础，得益于在哈工大扎实的基础理论学习和实际应用能力锻炼，哈工大电气人在各个机关部门都担当着中流砥柱。

2003 年，张在平考入哈工大电气学院，四年的本科学习经历，打下了坚实的电气理论基础。2007 年，翟国富教授推荐他到西安交通大学攻读硕士研究生学位。2010 年毕业后张在平进入国家电网公司所属平高电气集团工作，凭借

张在平在电网工程现场

在哈工大打下的扎实理论基础和良好的工作学习态度，他很快成为项目负责人，被推荐到国家电网公司总部培养锻炼，并于2013年底正式调入总部机关。总部工作强度大，临时性工作多，经常需要加班，某一段时间甚至需要"五加二、白加黑"，他凭借高度的执行力和务实的工作作风很快适应了总部工作节奏。2017年张在平获得国网总部先进个人荣誉称号；他主导的科研项目800 kV智能断路器获国网科技进步奖二等奖、河南省科技进步奖；他主持的电工装备智能制造管理咨询项目获2018年国网软课题一等奖。

在总部工作七年后的他回忆道："虽然工作繁忙，但'规格严格'的校训已经渗透到骨子里，使我从不放松对工作质量的要求，任何一段文字、一句话，我都会反反复复，字斟句酌，把心沉下去，保证说得准确、做得到位。我曾经在延安冬天零下20℃的户外环境里，连续两个月安装调试电气设备，颤抖着伸出手剥线、接线，进行电气调试，最终保障了国内最高电压等级智能变电站的按期投运。是哈工大的培养让我有坚持下来的勇气和习惯。"

从技术管理到电网投资

于汀

于汀，毕业于哈尔滨工业大学0764研班，在哈工大的求学生涯使他打下了扎实的理论基础，具备了较强的科研能力。2009年毕业后他进入国家电网公司所属中国电力科学研究院工作，从事电网调度控制技术研究与工程应用工作。凭借突出的工作能力和务实的工作作风，2014年他被提拔为研究室副主任（主持工作）。

2014年，于汀师从哈工大杰出校友、国家"千人计划"专家刘广一教授，攻读电力系统及其自动化专业博士学位。在此期间取得了丰硕的科研成果：主持或主要参与重大课题10余项，发表文章20余篇，合作出版专著6部，获国家发明专利授权20项，获省部级和国家电网公司科技进步奖18项。2016年于汀被选派到院科技部挂职锻炼1年，担任成果管理处副处长（主持工作）。鉴于出色的工作表现和丰富的工作经历，2017年他被推荐到国家电网公司发展策划部培养锻炼，承担公司电网基建投资管理工作。从基层到总部、从科技到发展，于汀面临着岗位和专业转变的双重压力。他加强自身学习、提升专业水平，迅速实现了工作角色转变，完成了国家电网公司全年4 500亿元的电网基建投资安排，做到了精准投资、精益管理。通过1年的培养锻炼，2018年他正式调入国家电网公司总部，2019年取得博士学位。毕业10年来，于汀始终以作为哈工大人为荣，把"规格严格，功夫到家"的校训落到实处，

于汀在通州某输变电工程现场

无悔地将青春奉献给热爱的电力事业。

物资系统的"年轻老兵"满思达

> **满思达**
>
> 满思达，毕业于哈尔滨工业大学0566班，2009年毕业后加入国网物资公司，担任招标事业部项目经理，参与了电能表的首次集中规模招标采购，六年累计采购了约4.5亿只智能电能表。2015年起满思达担任国网物资公司合同结算部合同一处副处长、处长，参与了西藏藏中和昌都电网联网工程等32个重点工程及特高压工程的物资供应保障工作。2019年起他担任国网物资公司供应链运营中心智慧运营处处长，参与到国家电网公司的现代供应链建设工作中。

在国家电网中被更多人熟知的运检、调度、营销等岗位的工作，都离不开物资人的支持。大到特高压线路的变压器，小到日常工作所用的劳保，都需要经过物资人的招投标采购，才能到一线的工作人员手中。2005年以来，国家电网公司物资管理经历了分散自采购到物资集约化管理的转变，物资管理在变革中创新、在创新中发展，集中采购规模不断扩大，近10年的年平均采购金额达到了3 800亿元。

除了工作以外，满思达回忆，他工作后第一个10年的主题就是学习，不断充实和改造自己的知识结构。入职那年他正赶上国网直属单位最后一年招收本科毕业生，为了补上"课题研究"这门功课，工作三年后他以年级第二名的成绩考入了哈工大电气专业攻读工程硕士。他在导师的指导下，结合本职工作沉下心搞起了研究，毕业论文入选了全国优秀硕士学位论文。工作的第五年，他意识到技术出身在从事物资管理工作时面临的知识结构问题，于是决定攻读清华大学的MBA，并选择了"创新与创业"作为研究方向。三年间，这个工科生接受了运营、战略、财务、金融等职业经理人训练。恰逢国企改革，他成了体制内懂市场、懂管理的人，工作也更加得心应手。2018年他设计实施的合同管理商业项目参加了国网公司青年创新创意大赛并获得银奖，此后他又参加了国家规格最高的央企熠星创业大赛并获得了二等奖，在工作中不断实现价值创造。正是在哈工大养成的勤奋苦读的学习精神和国网公司努力超越、追求卓越的工作作风，引导着他这样的年轻校友完成着自我成长。

2018中央企业熠星创新创意大赛决赛现场（左一为满思达）

<h1 style="text-align:center">党建战线的"螺丝钉"</h1>

张阳

张阳，毕业于哈尔滨工业大学 0564 班，现任国网北京平谷供电公司党建部主任、团委书记。大学时期，自从知道了"电力系统及其自动化"这个专业的具体含义后，就想着毕业后能够进入电力企业工作，以所学回馈祖国的电力事业。2009 年大学毕业后，他如愿进入北京市电力公司工作。

坚持党的领导、加强党的建设，是我国国有企业的"根"和"魂"，是我国国有企业的独特优势。国家电网公司一直高度重视党建引领工作，自 2017 年开始实施"旗帜领航　三年登高"计划，通过基础建设年、对标管理年、创先争优年的三年登高，实现了党建工作与中心工作同部署、同落实、同考核，党建工作与业务工作实现了深度融合，基层组织的战斗堡垒作用和党员的先锋模范作用充分发挥，党建工作不断引领着各项工作奋勇前行。

在基层，张阳既经过了变电运行、继电保护、自动化等多岗位历练，也在办公室、党建部等重要职能部门发挥了重要作用。张阳所在的基层供电公司党建部，主要负责党建、团建、精神文明与企业文化、宣传和意识形态、工会等工作。在工作中，张阳主动思考、主动作为，所总结的党建经验多次在《中国电力报》《国家电网报》等行业内重要报刊发表，提出了多项党建研究成果，并在实践中得到了较好的应用。作为基层党建部门的带头人，张阳深知培养自己过硬的思考能力和写作能力的重要性。毕业十年，他时刻秉持着"规格严格，功夫到家"的校训，在工作中追求卓越，在写作上追求极致。有时候，一篇重要稿件，他会改上数十次。就这样，自己的写作水平也有了很大提升。他不但承担过多次上级重要文稿的撰写，也多次在省市级媒体发表诗歌作品。可以说，正是追求"规格严格"的执着，为张阳在党建事业上努力开拓奠定了坚实基础。

从建设到管理永远在学习的践行者

王丹海

王丹海，毕业于哈尔滨工业大学 1065 班，毕业后就职于国家电网天津市电力公司，先后从事人力资源、变电建设、输电运检、智库研究、办公室等工作。他是天津大学硕士研究生，并担任天津大学第四届 MEM 联合会副主席。他说，是哈工大"规格严格，功夫到家"的校训教会了他，在人生征程中应不忘初心，时刻秉持水滴石穿的精神和海纳百川的心境，脚踏实地、求真务实，精益求精、止于至善。

工作伊始，王丹海参加了国家电网公司新员工培训并竞选成为班长，经过四个月的学习，他以"优秀学员""优秀学员干部"和"技能竞赛二等奖"的优异成绩回到工作岗位，担任项目总工扎根一线，负责变电建设的技术管理、项目部管理等工作。他参建的项目天津南 1 000 kV 特高压变电站工程等 4 项重点工程获"国家电网公司输变电优质工程""国家电网公司输变电工程项目管理流动红旗"荣誉称号。他主持或参与的 8 项科技项目获中电联电力创新奖一等奖，中电建协电力建设科技进步奖三等奖、中电建协 QC 成果一等奖 1 项、二等奖 1 项、三等奖 2 项，国网天津电力职工技术创新成果一等奖 2 项等荣誉。在天津电力智库担任研究员期间，他和团队开展了国家电网公司科技项目等3项课题研究，编制了《国网天津电力 2017 年电网实物资产分析评价报告》。2018 年他借调到国家电网公司总部办公厅工作，协助完成公司日常文档管理、全国"两会"人大建议政协提案办理、各项特高压重大工程档案验收等工作。办公厅作为公司的窗口，对内对外都代表着公司的整体形象，上级的指示和下级的汇报从这里准确高效地收发，中央精神从这里第一时间传达到各个重要岗位。每当繁华的西单华灯初上，办公厅团队奋斗的地方依然灯火通明，服务于总部领导和各部门各单位。这里既要有高度的大局观，又要有精湛的业务能力和专业的"工匠精神"；也鞭策着王丹海永远在路上，践行哈工大人"规格严格，功夫到家"的优良品质，精耕细作，久久为功，不断迎接新挑战，更上新台阶！

一线尖兵
——记基层电气人

有那么一群哈工大人，他们扎根国家电网基层，立足本职岗位，任劳任怨、无私奉献，在耕耘中挥洒汗水，在拼搏中谱写青春，在平凡中坚守，在细微处创新，在平凡的岗位上创造出不平凡的成绩。不管环境多么恶劣，现场多么危险，他们都会勇往直前！因为对这群人而言，这不仅是工作，更是使命。

电力"飞虎队员"

张灿辉

张灿辉，毕业于哈尔滨工业大学 0561 班，毕业后就职于安徽省电力有限公司芜湖供电公司。

入职时输电运检室的领导告诉他："你是名牌大学哈工大的毕业生，是输电运检专业第一个"985"毕业生，把你分配到整个输电运检室任务最重的输电运检五班，也就是大家口中的'飞虎队'，希望你能在输电运检专业踏实工作，钻研新技术，发挥所学所长，早日成为部门精英！"听完领导的话，张灿辉暗下决心，一定要踏实努力工作，为母校争光。

刚开始在最基础的线路巡视时，很多时候要在山上的荆棘灌木丛中穿行，一趟巡视下来，胳膊、腿上被划得到处是血口

张灿辉在检修现场交代安全注意事项

子，很是狼狈。一些同事认为他吃不了线路的苦早晚会申请调离，但是他不服输，反而每次都主动参加最困难的工作，这也让同事们真正地接纳了他，真心帮助他、指导他。年底，他作为新员工代表在公司发言，受到了公司嘉奖。

第一次检修作业时，他登高不到 5 米的时候就已经紧张得手脚僵硬，更别提塔上作业了。师傅们告诉他，在做好安全防护的情况下一定要胆大心细，并且给他做示范动作。听了师傅们的建议后，他一下子想起了大学时期工程制图、课程设计、毕业设计的一幕幕，那么复杂那么严谨的任务他都能圆满完成，保证塔上工作的安全措施到位又算得了什么呢？他鼓起勇气克服心中的恐惧，最后终于到达指定作业位置，完成检修任务。此后从最简单的螺栓紧固更换绝缘子，到后来的立铁塔展放导线，他对自己严格要求，脚踏实地、一点一滴掌握了检修技术。检修工作"粗中有细"，现场勘查确认工作范围、需停电的设备，制定临近带电线路的安全措施等，任何一项疏漏或错误都有可能造成严重的电网事故和人身事故。而已经融入每个哈工大人血液中的"规格严格，功夫到家"校训传统，让他能以一种专业的科学精神和严谨的科学态度来面对每一次检修工作，没有疏漏。

张灿辉在 220 kV 线路上开展检修作业

有很多检修任务复杂、时间紧迫、外部环境恶劣,很多人望而却步。特别是迎峰度夏期间,许多检修作业必须在凌晨进行,闷热、蚊虫叮咬、黑暗,对检修人员的体力和精神都是一种挑战,此时科学地规划、制订检修方案就尤为重要。现场勘查后张灿辉会仔细研究,抠细节、定方案,根据实际情况改进检修工器具、检修作业方式。在校期间坚守哈工大规格,练好哈工大功夫,在职场上能静得下心,耐得住寂寞,努力钻研专业知识,在无数次的检修作业和抢修作业的磨炼下,他成长为一名输电线路专业的技术骨干,青年员工的带头人,连年被评选为省市级先进个人、安全突出贡献个人。

电力天路奉献者

安宁

安宁,毕业于哈尔滨工业大学0664班,毕业后就职于国网河北省电力有限公司石家庄供电分公司。

作为国网公司基层一线员工,安宁带领班组人员管辖石家庄地区元氏、赞皇、赵县、高邑四县共计29座变电站的电气设备日常维护、倒闸操作、事故及异常处理工作。当巨大的主变压器首次带电时"嗡"的一声响起,在安宁听来就是最美妙动听的音乐。这段时间里因为工作中的出色表现,安宁被评为公司"先进生产工作者"。

2019年2月,安宁自愿申请赴藏参加国网公司"东西人才援藏帮扶"工作。经过组织批准,春节假期刚结束他就告别家乡,告别亲人,踏上了为期一年半的西藏阿里地区帮扶之路。

严重的高原反应是西藏送给他的第一个"见面礼"。安宁从北京首都机场直飞拉萨，计划休整三天再由拉萨飞阿里。这三天里他经历了头疼、耳鸣、整夜的失眠，除了喝水吃不下任何食物，明明体温不高却比发烧时还要难受。但生理上的不适没有击垮安宁的意志，在拉萨休息了三天后，他还是拖着虚弱的身体按时踏上飞往阿里的飞机。

来到阿里供电公司报到后，安宁之前的高反情况有所缓解，身体逐步适应高海拔环境，虽然还是会流鼻血、嘴唇干裂、上楼梯就会气喘，但他一想起哈工大"八百壮士"精神，就毫不退缩，在最短时间内适应了西藏阿里地区4 300米的高海拔环境，带着高涨的热情迅速进入角色，展开运维帮扶工作。

安宁在阿里供电公司挂职运维检修部副主任，分管变电运维专业，他依然秉承哈工大人精益求精的工作作风，深入一线班组，调研实际情况，

安宁在阿里110 kV狮泉河变电站红外测温

了解帮扶需求。为了帮助阿里供电公司变电运维专业员工们建立起整套完善的班组管理制度，他将内地变电运维成熟的管理经验带到阿里供电公司。2019 年 9 月中旬，为了做好"迎 70 年大庆"保电工作，保证高原边陲的楚鲁松杰乡居民也能收看到国庆阅兵，节前按照调控中心下发的送电计划，安宁带着人员奔赴 35 kV 香孜站进行设备消缺，对 35 kV 曲松站、35 kV 楚鲁松杰站进行送电。楚鲁松杰乡靠近祖国边境，沿途没有加油站，皮卡车需要提前准备油桶才能去，途中翻越至少 4 座海拔 5 000 米以上的山峰，其中最高峰海拔达到 5 776 米，弯道 90 多个。虽然时间是九月底，但路途中已经开始飘雪。车辆在崇山峻岭中一路穿行，晕车了就休息一下继续前行，喝的矿泉水冰凉，就在口中含一阵子再咽下去。身体虽然劳累，在心里却是甘之如饴。安宁带着团队最终顺利完成 35 kV 香孜、曲松、楚鲁松杰三座变电站的供电任务，确保了三个乡居民们国庆期间的正常生产生活用电。

安宁曾说过这样一句话："选择西藏，因为艰苦是磨砺人生最好的砥石；选择西藏，因为使命的光荣足以使我骄傲一生。"虽然毕业已经十年，但他身上依然有着明显的哈工大印记。这就是安宁，一个不平凡的国家电网哈工大电气人。

基建专业中的砥砺前行者

毕长生

毕长生，毕业于哈尔滨工业大学 0664 班，毕业后入职国网大连供电公司，从事过生产和基建工作，目前在大连公司项目管理中心任职，是公司基建系统的五名业主项目经理之一。

谈起理想中的工作是什么样的，想必很多人会说"压力小、事情少、能顾家"，然而国家电网公司基建专业员工的感受则更多的是"担子重、责任大、加班多"。尽管如此，视之瑰宝也好，敝帚自珍也罢，干基建这一行的毕长生却深爱着这一专业。

究其原因，他说："基建工作的诸多特征，决定了这是一项事无巨细、忙碌且辛苦的工作。一是业务范围广，需要与发展、运检、物资、审计、财务、调度、设计院、监理公司、施工单位等十余个部门相互协调，为向前推进工程，时常要把脸皮加厚、将嘴皮磨薄；二是工作责任大，安全、质量、进度、造价和技术，项目经理都是第一责任人，任何细节都要做好管控，怎么走心都不为过；三是时间跨度长，自项目前期开始参与和主导，后续工程前期、工程建设、工程结算、总结评价和材料归档等工作接踵而至，压力如滔滔江水绵延不绝。工作笔记里每天的待办事项常常多达30余项，完成一项核销一项；手机里可以保存100条最近通话记

毕长生在施工图会检前审核图纸

录，工程协调任务繁重时，即使下滑到底也已经找不到昨天的通话记录了；工程进展到攻坚阶段时，夜晚躺在床上辗转反侧难以入睡，心里想着是不是还有哪些环节存在疏忽。然而为何自己却能乐在其中，因为这也是一项能够砥砺意志、带来超强成就感的工作。每个工程都有坎坷，经历一次便是一次提升和飞越，自己也在这个过程中成了更好的自己，用'规格严格，功夫到家'的韧劲，践行着'努力超越、追求卓越'的企业精神。竣工的每一项工程都凝结着自己的心血，都是留在历史中的印记，尽管有苦甚至有泪，但站在这个时间节点回望过去，每个瞬间展现的都是一张张笑脸。正如《人间词话》中王国维所说的'人生三境界'，立、守、得在此间幻化。对待工程，就像对待自己的孩子一样，要深爱、要关心、要负责。看着每一座变电站自平地而起到竣工投产，点亮万家灯火，为国家的发展提供动力，就好比自己的孩子从孕育到成长，经历了格物致知、诚意正心，之后成为国之栋梁一样。"

在入职7年多的时间，毕长生立足于自己的工作岗位，秉承"规格严格，功夫到家"的校训，树立静心沉潜、坚守争上的工作作风，在每一个平凡的日子里贡献着哈工大人对国家和电力事业的忠诚。他曾获得大连公司职工技能竞赛（带电检测专业）一等奖、辽宁省公司技经专业技能竞赛三等奖，获得"反违章先进个人"和"一创五比"优秀个人的荣誉称号，并有多篇论文发表于国家级期刊，先后负责和主要参与重要基建工程30余项。

谈起对哈工大的感情，他说："花开花谢，人来人往，转眼间，辞别哈工大已有近8年的时间。工大的每一寸土地都值得我深深地眷恋，我在那里度过了人生中最美好的青春时光，内心中已镌刻了母校的痕迹，身体里已流淌着母校的血液。在百年校庆即将到来之际，向母校致以最崇高的敬意！"

安全监察的"火眼金睛"

郭翔

郭翔，哈尔滨工业大学（威海）05级电气学院校友，2009年毕业后就职于国网安徽电力繁昌县供电公司。

2010年至2013年，郭翔在繁昌县供电公司电力调度控制中心从事远动自动化维护工作，负责电网调度自动化系统厂站端和主站端的远动"四遥"（遥测、遥信、遥控、遥调）数据传输运维工作。为解决技改工作中等待过久的问题，他与同事共同建立了便携式电网调度自动化模拟主站系统，此项创新获得当年安徽省电力公司农电科技进步奖。

2013年7月，他被公司调到安全监察质量部，任电网基建及人身设备安全监察管理专职，从事安全生产管理方面的工作。重点工作就是抓好各项安全管控，确保安全生产。郭翔积极学习安全管理知识，主动与各单位探讨安全管理工作方面相关问题，提高业务技能水平。在安全监察工作中，他从原先的一个门外汉逐渐进入角色，慢慢成为安全监督能手。在工作中，他认真负责，不断学习，时刻以兢兢业业的态度对待本职工作，在专业工作岗位上出色地完成了各项工作。2014年7月31日，他在和同事完成了正常的安全监督工作后驱车回公司的路上，发现并制止了一起外单位在供电公司所属产权带电线路下方工作的违章事件，避免

郭翔在作业现场进行安全监督

了一起有可能造成人身触电伤亡事件的发生，受到公司的通报表彰。因表现突出，郭翔于 2014 年获得安徽省电力公司安全生产先进个人称号。在从事安全管理工作的近七年里，他组织各类安全教育培训 100 多次，培训人数超过 5 000 人，现场监督超过 1 000 次，及时发现、整改各类隐患的"特异功能"让他被誉为公司安全监察的"火眼金睛"。2017 年，他出任繁昌县供电公司力远分公司安全监察质量部主任，继续从事安全生产管理方面的工作。

郭翔始终坚信，事业成功与工作态度犹如车身与车轮一样，如果不让车轮着地，汽车就永远不能驶向远方。在实际工作中，他始终保持良好的心态和积极的精神面貌，虚心向老员工学习，向书本学习，严谨认真地对待工作中的每一件事情，从身边的小事做起，用实际行动做到让领导放心，让同事放心。在遇到困难时，哈工大的校训始终萦绕在他的脑海里，不敢忘记。哈工大人善于耐得住寂寞，甘于服务基层的口号绝不是喊出来的。

管理决策

——记管理岗位的电气人

这是一群曾经奋斗在一线的哈工大电气人，他们为国网公司奉献了近三十年，每一个人都在各自的岗位上做出了突出贡献。他们借助自身理工科背景与底蕴深厚的著名工科院校相结合，紧跟时代步伐，逐渐成为国家电网公司各个业务领域的管理决策者。他们更加关注企业责任，关注社会福祉，他们站在国家和社会的角度谋事创业，在重大工程建设、科技创新、核心装备国产化、全球能源互联网、服务"一带一路"建设、重大活动保电、扶贫减困、振兴乡村等关系国计民生的领域都倾注了大量心血。

企业管理既是一门体现哲学思想的领导艺术，又是一门反映实践成果的科学。在纷繁复杂的经营管理事务中，他们能够分清主次矛盾，审时度势地解决矛盾、处理问题，遇到紧急情况、突发事件，能够心态平稳、沉着应对。他们在事物的发展变化中把握规律，属于潜在隐患的，明察秋毫，防患于未然；属于细枝末节的，大事化小，避免事态扩大。

他们是懂技术的管理者，将哈工大培养出的严密的理工科逻辑思维与经济管理相结合，显现出独特的优势。他们在实践中不断总结经验，处理企业事务，在管理方面不断修炼内功，文雅豁达、举重若轻。他们的成长道路、职业生涯各有不同，但都反映出了强烈的、共同的哈工大精神。他们都把哈工大的校训"规格严格，功夫到家"铭刻于心。他们怀念在哈工大的岁月、在电气学院的日夜，回忆那些让他们终身难忘的课程，更怀念那些严谨、严格、博学、和善的老师。当然，还有同窗的校友，无论是在校时，还是在毕业后，都成为他们人生道路上的宝贵财富。

87级电气学院校友许子智，曾任国网公司基建部处长、国网陕西省电力公司副总经理、国网甘肃省电力公司总经理等职务,现任国网西藏电力公司董事、总经理。许子智校友长期从事电网建设及运营管理,他曾为 110 kV ~ 500 kV 输变电工程典型造价的规范选择、条件设定与费用标准制定了依据,提出了在电网公司业主项目部工程量管理工作中引入全过程工程量管理的概念,为国家电网公司输变电工程投资估算和概算设立了一个标尺,推进了电网系统统一规划、统一建设、统一管理。在担任陕西、甘肃及西藏电力公司领导职务期间,带领公司合理有序开发西部电力资源,组织制定并实施了多项西部电力发展规划和重大生产经营决策,满足了西部地区经济社会发展的电力需求。

89 级电气学院校友林弘宇,曾任国家电网公司科技部智能电网处处长、全球能源互联网发展合作组织合作局副局长、现任合作组织合作局局长。在科技岗位上,他致力于国家电网自主创新体系建设,在电网智能化领域做出了突出贡献。他组织开展了新能源并网,新一代智能变电站,智能输电线路,智能小区、楼宇和园区,电动汽车充换电等关键技术攻关,完成 30 类重大装备研制,建成 120 项智能电网试点示范工程,建立了国家电网新能源并网检测体系。在国际化岗位上,他致力于推动全球能源互联网建设,参与组建全球能源互联网发展合作组织,会员覆盖 113 个国家,在国际能源组织中扩大了中国影响力。

89 级电气学院校友张全,曾在国家电网公司发展部、国家电力公司东北公司(现国家电网公司东北分部)工作,现任国网能源研究院有限公司总工程师,具有丰富的实践管理经验。他长期从事能源电力规划、能源经济政策、企业战略管理、电网投资管理等领域研究,为国家电网公司战略决策和运营管理提供支撑,为政府政策制定和能源电力行业发展提供高效的咨询服务。在他的带领下,国网能源研究院研究实力在国内能源电力软科学研究机构中名列前茅，一些研究专报得到中央领导批示，许多政策建议被政府部门采纳。凭借在能源电力软科学与企业战略运营管理研究方面的卓越成绩，张全多次获得国家电网公司科学技术进步奖、国家电网公司管理创新成果奖、国家能源局软科学成果奖等国家及省部级奖项。

89级电气学院校友王鹏，现任国网北京市电力公司副总经理、党委委员。博士毕业于哈尔滨工业大学。先后任北京电力调通中心副主任、北京市电力公司生技部副主任、北京电力电缆公司经理、北京电力科学研究院院长、北京电力科信部主任、北京市电力公司副总工程师兼运检部主任。2019年任国网北京市电力公司副总经理、党委委员，分管安全生产工作。

90级电气学院校友刘壮志，曾任中国电科院北京电研华源电力技术有限公司总经理、配用电与农电研究所所长、院长助理，中国电科院党组成员、党组纪律检查组组长、工会主席，现任国网上海电力公司党委委员、纪委书记。刘壮志校友是典型的"多面手"，在科研与管理方面均有诸多建树。身处科研管理岗位期间，他在电力谐波分析与治理、微电网关键技术研究及农网配电网技术研究方面做出了重大贡献，多项研究成果获国家及省部级奖项。

后　记

这是一群时刻铭记自己是哈工大人的电网奋斗者。他们在中国的电力事业中，奋力攻坚，勇挑重担，不断实现新突破。他们专业、专注，把自己的青春、才智毫无保留地奉献给电力事业；他们勤奋务实，秉承了哈工大电气人基础理论扎实、工程实践能力强的优秀素养；他们脚踏实地，敢于拿出咬定青山不放松的韧劲，在电力领域取得了无

数丰硕成果。他们的奋斗故事不仅仅是对国家电网公司"努力超越，追求卓越"企业精神的深刻践行，更是对"规格严格，功夫到家"校训的知行合一。未来，他们也将不忘初心，牢记使命，以奋斗者的姿态继续在各自的岗位上默默耕耘，建功立业，为祖国的建设和电网的发展做出新的更大贡献！

电气之先　天融团队

从左至右为：朱彤（8763）、郭炜（8763）、赵文峰（8765）、王昕竑（8765）、朱一超（2015 电气）、宋茂群（8965）

电气之先　天融团队

从左至右为：朱彤（8763）、郭炜（8763）、赵文峰（8765）、王昕竑（8765）、朱一超（2015 电气）、宋茂群（8965）

天融团队的创业故事

（一）引 言

创业时，哈工大这块金字招牌是我们几个人共同的精神支柱，有时我会感觉自己身上像戴了一块护身符，天融就是哈工大人的融合。

——朱彤

在国内的环保领域，有一个知名品牌——天融环保，它是由哈工大电气工程系 8763 校友朱彤、8765 校友王昕竑、8765 校友赵文峰、8763 校友郭炜以及 8965 校友宋茂群组成的创业团队创立而成。一路走来，天融团队取得了诸多业绩和荣誉，通过多轮企业重组打造出的央企控股上市公司中节能环保装备股份有限公司（中环装备股票代码：300140）秉承"大国工匠产业报国"的决心，致力于成为国际一流的节能环保装备制造与综合解决方案的提供商。目前拥有 20 余家子公司，10 个高端节能环保装备产业园，业务分布在全国各省市及全球 50 多个国家和地区。还拥有院士专家工作站、博士后培养基地、硕士联合培养基地、联合实验室科研平台，拥有强大的科研队伍及创新能力。主持参与制定数十项国家标准、行业标准和国家课题，多项产品荣获国家级、省部级科技进步奖。目前拥有专利 400 多项。还拥有"全国五一劳动奖状""中国环保产业首批 AAA 级信用企业"等一系列令同行羡慕的称号。

（二）坚守规格，苦练功夫，天融人的求学之路

从考入哈工大的那天起，我的人生就和学校紧紧地连在一起了。

——王昕竑

哈工大电气工程系（6系）历来重视素质教育，促使学生德智体美劳全面发展。正是基于这样的培养理念和模式，20世纪80年代，电气工程系的同学们不仅学习成绩拔尖，在运动会和五大球"三好杯"上也频频夺魁，还涌现出了大量优秀的学生干部。在6系求学的4年，也是天融团队的各位成员全面发展、价值观真正形成的关键时期。这样的环境为天融团队各位成员的成长成才提供了肥沃的土壤。

在6系中，63专业（信息处理显示与识别专业）是系里最创新的年轻专业，65专业（工业电气自动化专业）是最传统的专业之一。这两个专业鲜明地体现着6系"守住根本，勇于创新"的精神。朱彤和郭炜来自创新性专业的8763班，而王昕竑和赵文峰来自最传统专业的8765-2班。两个班级四年期间在多方面暗暗较劲。8763的学习成绩在学校数一数二，大课（高数、大物、计算机语言等）取得过全校排名第一的成绩，全系学习成绩前10名中8763占了4名，还获得了黑龙江省优秀团支部等荣誉；而8765-2班，在学校运动会上，只要是以班级为单位计分，永远都排在全校第一名。班级的文艺表演还多次登上了学校的12·9晚会、新年晚会等大型活动，也多次获评学校的三好班级和优秀团支部。同专业的8965班也在年级内颇有盛名，学弟宋茂群也是其中德智体全面发展的典型代表。

在这样的氛围下，在哈工大的四年，五位天融创始人同学培养了良好的学习能力和综合素质。朱彤1991年本科毕业时，在全系350名学生中以综合排名第一的成绩被保送到航天研究生院攻读研究生，他在系里还曾担任团总支书记和班级团支书，同时也是校男排的主攻手；王昕竑曾

担任 6 系学生会主席，策划组织了一系列深受同学喜爱的文体活动，她还获得全校十佳运动员第一名的殊荣，同时保持着 3 项省级高校纪录，在全校颇有影响力；赵文峰担任系团总支委员，学习成绩名列前茅，与朱彤一起成为 87 级全 6 系仅有的两名优秀毕业生；郭炜担任 8763 班的班长，学习成绩优异，擅长文体，是德智体全面发展的好学生；宋茂群是校男篮队长和学生会体育部长，品学兼优。创始人们都是学校前两批发展的在校学生党员。

1994 年朱彤在航天硕士毕业后，与王昕竑、宋茂群都继续留在航天二院工作，赵文峰被分配到航天五院工作，郭炜被分配到航空部青云机器厂工作。朱彤在工作当年就被破格晋升为工程师；两年后，26 岁的他又被破格晋升为控制总体研究室（宋健曾担任该研究室的主任）最年轻的副主任，在飞行器控制制导领域取得多项成果，获得国防科工委科技进步一等奖。王昕竑、赵文峰也在不到 30 岁时被破格提拔到处级领导岗位。

（三）正道人本，天地融合，雄关漫道上的天融人

人家不是相信我们，是相信哈工大，相信哈工大培养出的毕业生所开发的技术是靠谱的。

——赵文峰

就在事业蒸蒸日上时，几位 6 系的哈工大同学却在 1998—2002 年选择了下海辞职创业，一起注册了天融品牌。随着国家对环境管控力度的逐渐加大，环境监测成为新蓝海。天融团队敏锐地抓住了这一机遇，于 1997 年成立了北京天融科技有限公司（主要参与人：朱彤，王昕竑，赵文峰，郭炜），朱彤任董事长，王昕竑任总经理，赵文峰主管营销，郭炜负责技术，致力于环境监测仪器硬件和软件的开发。王昕竑和赵文

峰两人在上学期间就是好搭档，配合默契。在拓展天融环境监测业务中，屡创佳绩，营业收入以每年50%的速度增长并持续10年！1999年他们合作完成了在北京的200套设备销售；2003年完成第一次对日本出口；2006年业绩收入达到4 000万元。在王昕竑和赵文峰的带领下，2007年公司打响了"C5战役"，短短一年时间内，公司的产值就从2006年的4 000万元，猛增到了2007年的1.5亿元销售额，创造了业内奇迹。郭炜现在已成为国内环境监测领域的知名专家，中国环境监测专业委员会副秘书长。但在当年，他还只是一个初涉环境监测行业的新兵。在他的牵头带领下，天融团队开始了早期的软硬件开发。而环境监测很难实现监测数据的实时传输和上报，这给团队的进一步发展带来了很大的难题。在母校80周年校庆时，朱彤和郭炜偶然了解到，一位老同学官涛正在从事软件开发工作。受到重托后，官涛与友情深厚的老同学们一起开始了"闪电软件"计划，短短20天内，团队便实现了远程监测功能，成功达到了北京环保局项目验收要求。

通过多年的努力，北京天融科技有限公司已经成长为现在的中节能天融科技有限公司，公司的产品也从最早期的单一烟尘监测、污染源监

与日本HORIBA公司签署合作协议

测，到二氧化硫、氮氧化物、VOC、COD、NH$_3$-N 等各类污染物的监测，开发了近百种产品，并成长为国内的知名品牌。公司更是成为智慧环境及大数据业务的龙头企业。

1998 年北京天融环保设备中心成立（主要参与人员：朱彤，王昕竑，宋茂群），天融团队再一次开始了漫漫创业路。设备中心主要生产环保锅炉、除尘器。在公司起步阶段，朱彤与一起创业的几个校友共同感受了从体制内走向商海的种种艰辛与不适应，却因为彼此的信赖而相互支持，没有放弃。朱彤至今仍记得，好几次在公司遇到困境时，是因为团队成员的"哈工大毕业生"身份，合作单位才愿意多给他们一次机会、多给他们一点时间。

当时的团队成员只有寥寥数人，大家不仅要负责锅炉的设计和制造，还得自己开着小卡车送货安装，由于人手不够，还要兼职承担财务工作。然而，经过团队的不懈努力，天融环保设备中心迎来了快速发展。依靠在学校时打下的坚实技术基础，朱彤负责技术和总体；王昕竑负责销售，带出了天融营销团队的子弟兵，并创造出影响深远的天融"黄埔军校"；宋茂群负责生产和安装，奠定了公司装备制造和工程安装的基础，同时创造出北京市内很多的首台套新技术锅炉的生产及工程业绩，包括第一套小型天然气锅炉，第一套水煤浆锅炉，第一套蓄能式电热锅炉等。设备中心在

创业时期的天融团队（2000 年）和开发的在线监测仪器

天融设备中心旧址

成立后的短短三年内，通过制造、销售清洁锅炉，在北京市内销售了1 000多台锅炉，实现营业收入上千万元，在北京市内形成了卓越的环保效应。团队还注重在发展中坚持创新，天融环保中心累计产生了近百项专利，团队最快的时候一天就出了6项专利，还获得了中国专利博览会金奖和银奖，成为北京市早期的高新技术企业之一，为当时北京市的空气污染改善做出了很大贡献。

工业的快速发展，带来大量的工业烟气排放，造成严重的环境污染。于是，国家在"十五"到"十三五"期间，分别对工业烟气的除尘、脱硫、脱硝和超低排放颁布了新标准。天融团队抓住了这一机遇，于2002年与六合集团合资成立了六合天融环保公司（主要参与人：朱彤，王昕竑，赵文峰，郭炜，宋茂群），公司专注于烟气治理脱硫脱硝技术。在没有资质，没有业绩，而且资金缺乏的情况下，六合天融快速引进消化吸收韩国和美国的技术，用短短5年时间，在天融大团队的支持下成长为年产值过亿元的规模型企业，迅速成为氧化镁法脱硫的全国甚至全球的领先者。

三个天融平台齐头并进、飞速发展，作为哈工大毕业生，天融团队成员都有着强烈的报国情怀，天融团队形成了统一的口号："以人为本，天地融合，创新求精，产业报国。"这彰显着天融团队为国家效力的初衷和初心。

翟青（现生态环境部副部长）率队视察六合天融

（四）聚合点滴，创生无限，天融人的新机遇和新挑战

每一项历史使命，都是由勇于承担责任的先行者来完成的。我们始终坚持"正道人本，天地融合"，希望祖国的"青山、秀水、绿地、蓝天"有天融人的一份贡献。

——郭炜

在这种产业报国决心的驱动下，2010 年天融团队策划并促成了央企中国节能环保集团公司入资六合天融，公司更名为"中节能六合天融环保科技公司"。2016 年公司又完成重组上市，更名为"中节能环保装备股份有限公司"。公司由朱彤担任董事长，赵文峰担任总经理，郭炜担任总工程师。

加入央企后，天融人的肩上又多了一份重担。在创业时期，考虑更多的是企业怎么活下去；而加入央企后，在更高的平台上，天融团队要去思考应该如何更多地去践行国家战略使命和社会责任，如何多为祖国做出贡献。

目前，中环装备公司已经形成"A+2N"（即A+Bn+Cn）业务组合（A代表智慧环境、生态大数据及智能制造业务，Bn代表基于现代生物技术和绿色技术的装备业务，Cn代表基于新材料的能效装备和大气治理业务）。公司坚定初心，为祖国的碧水、蓝天、净土持续努力奋斗。

新老两代的天融团队

在智慧环境、生态大数据及智能制造业务方面（A业务），子公司天融科技（原北京天融科技有限公司）紧紧围绕成为中国领先的智慧生态环境综合服务专家的战略目标，积极拓展智慧环境及数据应用项目。天融科技已经成为国内综合智慧环境项目成功案例最多的公司（国内单体投资5 000万元以上的智慧环境项目，多数由天融科技公司实施），这也标志着公司完成了向智慧环境集成商的战略转型和向智慧环境大数据服务专家迈进。

在基于现代生物技术和绿色技术的装备业务方面（Bn业务），公司与哈工大任南琪院士团队合作，借助国家大力推进生物天然气的机遇，以农业废弃物为原料，生产生物天然气和有机肥。并积极响应国家号召，自主研发生产国内领先的生态无水方便器、小型固废处理装备及水处理装备，积极服务国家新农村建设战略，助力全国农村人居环境整治工作，为实施乡村振兴战略、建设美丽中国做出新的贡献。

在基于新材料的能效装备和大气治理业务方面（Cn 业务），公司自主研发生产的以石墨烯为核心的能效装备在京津冀地区年销售额近 10 亿元。六合天融公司在烟气治理领域持续发力，成为国内烟气治理领域的龙头企业，建设了世界上最大的钢铁烧结脱硫项目和国内钢铁行业最大的脱硝项目，并成功中标全国最大的海外烟气治理项目（印度信实电厂烟气脱硫 EPC 总承包项目）合同金额 3.1 亿美元，与清华大学联合开展的"烟气多污染物深度治理关键技术及其在非电行业应用"项目获得了 2019 年教育部科技进步奖中唯一的特等奖，也是整个环保领域第一次获得这一殊荣。

除了在中环装备，天融团队的其他成员也在其他公司继续为节能环保产业做出贡献。王昕竑因亲属关系，主动离开上市公司团队，并成功实现了体制内再次创业，创建了由两家央企合资的中节能中咨环境投资管理有限公司，三年内实现产值过亿、利润过千万的传奇，带领团队将公司打造成为区域或流域环境治理整体解决方案设计和投融资功能为一体的创新型节能环保投资管理公司。宋茂群创建了北京天融机电公司，同时成为央企上市公司的股东，并继续运营北京天融环保设备中心，将其打造成新技术孵化器，帮助更多的哈工大校友走上了创业道路。

中国节能系统内的天融团队

（五）不忘初心，言传身教，天融人的哈工大情怀

寸草春晖意，涌泉相报心。天融哈工大人必将竭尽所能，回报母校的养育之恩。

——宋茂群

天融人一路走来，忘不了的是母校的教诲，少不了的是校友们之间的互相帮助，天融人对母校始终保持着感恩之情，也尽自己所能回报母校。

电气工程系是母校哈工大的传统大系，多年来为祖国培养输送了众多电气工程领域的高素质人才，在祖国经济和社会建设的各个地区、各个部门和各行业贡献着智慧和力量。电气工程系的毕业生，有很多被分配到北京或者陆续到北京工作。经过多年的积累，形成了人数众多的校友群体。以往在京的电气工程系校友一般以班级的形式单独聚会，偶尔也有同年级的聚会，跨年级的联系非常少。电气校友若有大范围的聚会，基本上为每年参加北京校友会组织的蟒山登山活动。随着在京的电气工程系校友不断增多，以及离开学校后对于母校的思念，大家这种相互往来聚会的愿望越来越强烈，越来越迫切。于是，成立哈工大北京校友会电气分会成为众多校友多年的期盼。

北京校友会电气分会成立大会合影

在学校老师的支持下，在 6 系 86~91 级等几届同学的共同努力下，同时也在天融团队的倾心协助下，2009 年 11 月 14 日晚，哈工大北京校友会电气分会 (筹) 第一次代表会议在小南国酒店 311 房间举行。会议决定 2009 年 11 月在昌平蟒山饭店举行电气分会成立大会。参加成立大会的有：校原党委副书记强金龙、时任哈工大副校长顾寅生、电气学院院长徐殿国、北京校友会会长熊焰等领导和老师。朱彤当选了首任执行会长。之后，电气分会承担起了团结在京电气校友的使命，开展了诸如蟒山登山、花园路年会、奥森徒步等活动，并承办了 2017 年北京校友会年会，将在京的电气校友紧密地团结在一起。

李克强总理在 2014 年夏季达沃斯论坛中提出了"大众创业，万众创新"，2015 年国务院办公厅发布《国务院办公厅关于发展众创空间推进大众创新创业的指导意见》，要求加快构建众创空间，总结推广创客空间、创业咖啡、创新工场等新型孵化模式。乘着这股创业春风，母校在鼓励扶持大学生创新创业方面开展了大量工作。此时，天融团队主动返校，作为创业导师积极参与到师弟师妹们的初创企业孵化当中，他们还主动肩负桥梁纽带作用，为刚起步的哈工大创业园找资源、融资金，尽其所能去助力这些校友项目生根发芽。

创业园区以哈工大双创基地开始筹建。作为哈工大培养出的创业者，天融团队也希望在"大众创业，万众创新"的浪潮里，为母校创业园的建设添砖加瓦。他们在学校创业园建立了"功夫咖啡"创业咖啡厅，得到了时任

作为学校双创路演专用场地的"功夫咖啡"创业咖啡厅

黑龙江省省长陆昊的肯定和支持。咖啡厅后来成为学校双创路演的专用场地，并吸引了大量的投资人、专业机构持续入驻创业园。2018年11月，天融团队将功夫咖啡的资产及经营权无偿捐赠给了母校。

除了在校本部持续助力创新创业，天融团队还持续助力威海校区的双创建设。2019年，中环装备公司与威海校区协议共建了中节能—哈工大环保装备技术创新研究院。研究院作为校企地三方联合的桥梁，实现人才培养、科技研发、市场开拓等多方面的深度合作和融合，支持创新创业，建立特色环保产业集群，建设成科技创新平台、成果转化平台，打造共赢产业链，进一步强化校企合作服务地方科技、经济和社会发展的能力，助推地方环保产业和绿色经济发展。在研究院的多家入选单位中，山东兆盛天玺环保科技有限公司作为中环装备与哈工大（威海）共同组建的高新技术企业，成为第一批入驻该研究院的企业团队，也取得了经营业绩和人才培养的双重进步。在未来，研究院将持续搭建大环保创新生态体系，促进大环保人才培养，成长为节能环保领域国内领先的研发机构、人才培养基地及产业孵化中心。王昕竑还担任了威海校区创新创业工作组执委会组长，持续助力哈工大一校三区的创新创业工作的耦合。

中节能—哈工大环保装备技术创新研究院启动仪式

设立"天融环保"奖学金

除了在创新创业方面对学校的支持外，天融哈工大人还尽其所能来反哺母校。为了引导师弟师妹们在校期间能够早日找准、认清自身发展方向，他们多次返校与师弟师妹交流讨论。为了鼓励在校生努力学习，找准人生努力方向，在市政学院（现环境学院）设立了"天融环保"奖学金，每年资助和鼓励在环境科学领域表现出色的本、硕、博不同阶段的学生。此外，天融团队还非常注重应届生的培养，为母校应届生们提供一个高水平的工作锻炼平台；对这些师弟师妹，团队亲自教、亲自带、亲自管，让他们在刚步入社会时就能得到快速的成长和进步。现在，中环装备也成为哈工大学子向往的就业去处，每年的校内宣讲会都是人头攒动，天融团队中的哈工大校友后继有人。

（六）结 语

22载风雨，改变的是天融人眼角的皱纹、微白的鬓角，不变的是他们心中镌刻的"规格严格，功夫到家"和"正道人本，天地融合"。"志不求易，事不避难"，2020年是实现全面建成小康社会的奋斗目标和完成全体哈工大人为之奋斗的百年强校梦的一年，站在新的起点再出发，奋斗仍然是天融团队和哈工大人牢牢握在手中的传家宝。天融人相信，无论到什么时候，无论走到多远的地方，都会始终牢记靠艰苦奋斗白手起家、靠艰苦奋斗创造辉煌的历史，都始终保持哈工大人身上特有的朴实作风和奋斗本色。唯有拿出领命先行的气势和滴水穿石的韧劲，才能在实现梦想的道路上越走越宽、越走越远，在接续奋斗中书写新的篇章，以优异的答卷向哈工大百年华诞献礼。在下个一百年，天融团队定能与母校一起，不负盛世，奋斗其时。

电气之光　　　许善新（7863）

　　许善新，教授级高级工程师，1962 年出生，1978—1982 年就读于哈尔滨工业大学电气工程系 7863 班，现任苏州三基铸造装备股份有限公司总经理，苏州市压铸技术协会副理事长，江苏省铸造协会压铸技术委员会副会长，中国兵工学会金属材料分会挤压铸造专业委员会副主任，江苏铸造学会有色金属专委会理事长。

小兄弟的大作为

许善新，7863 班年龄最小的同学之一，几乎是班级老大哥年龄的一半，入学时只有 16 岁。"38 年过去，弹指一挥间"，历经 38 载，事业波澜起伏。如今的他事业做得蒸蒸日上，勋章挂满胸前。祖国取得了改革开放的辉煌成就，母校因这批人而增光添彩。

1978 年那个让人激情澎湃的岁月，高考恢复了，工人可以参加高考，农民可以参加高考，军人、干部、应届生甚至高中没毕业的学生也能参加高考。许善新那年上高二，但却以优异的成绩考中了哈尔滨工业大学。他儿时的梦想，一是学工科，二是搞军工，为了这个梦想，生长于江苏南通的他毅然决然选择了哈工大——第一志愿。

16 岁的年龄，连自己的生活都安排不好，但却显示出惊人的理解和体悟能力。答疑的时候他和老师讨论的不是教科书上的内容，而是课程深层次思考或者涉猎更广泛的问题。大学 4 年，他选择性地逃课，一旦觉得听课不如自学时，便窝在宿舍或自习室自学，每次考试基本上都是优秀。有时老师也感到惊讶，怎么上课很少看到他，考试成绩会这么好？ 4 年下来，翻开许善新的记分册，90% 以上的科目是优秀。班级 31 名同学排名第一。

航天系统在全国各地建立基地。1982 年许善新毕业，还处在计划经济时代的学生们没有自由选择工作的机会。许善新被分配到贵州基地 3655 厂。

3655 厂是承担发射塔架生产的单位，涉及电子电器、机械液压、自动控制材料等学科。在这样的环境下许善新如鱼得水。当年他们的专业虽然是电器（信息处理与模式识别），但哈工大本科是通识教育，机械、材料、力学、化学都是必修课，而且学时很多，机械制图功夫也不会比机械专业的差多少。因此，许善新到了工作岗位后遇到电子电器问题可以突破，遇到了机械液压问题也可以突破，加之自学能力强，几乎就没有他解决不了的问题。由于其突出的工作能力和工作业绩，他 1988 年就被提升为航天部 3655 厂工艺科副科长，1989 年获航空航天部"基地青年十杰"荣誉称号，同年所主持的项目"300 克电脑控制全自动注塑机"获得航空航天部科技进步奖二等奖，1990 年晋升为厂副总工程师，同年获航空航天部首届航天十佳科技青年"荣誉称号。1991 年，获航空航天部国务院特殊津贴，这一年他 29 岁。

20 世纪 90 年代，改革开放的春风也让军工生产厂悄然发生着变化，军转民趋势推动着航天系统的改革开放。1993 年许善新来到了上海开始他的创业之旅。先是为某海外企业创立了在上海的外商独资企业，开启了外资企业在中国生产压铸机的先河，从无到有经过几年的打拼成为压铸机的知名生产企业，为该公司成为全球压铸机生产量第一的公司打下了坚实的基础。紧接着许善新又创建了苏州三基铸造装备股份有限公司打造了一个创新、研发和生产的平台。20 多年来，他在这个平台上带领苏州三基研发团队，致力于新产品、新技术的创新研发，研制出国内第一台可用于汽车四缸发动机缸体压铸的 2 500 吨大型压铸生产单元，其成果被鉴定为：产品技术处于国内领先，可替代进口。尤其是创新研发出我国自主知识产权的第一台 350 吨卧式挤压铸造机，第一台 800 吨立式挤压铸造机，第一台多功能轻合金铸造机，第一台可用于汽车轮毂生产的 2 000 吨立式挤压铸造机等。所有的挤压铸造机技术成果均为国内首创，填补了国内空白，综合性能达到国际先进水平；2 000 吨及 3 000 吨立式挤压铸造机的研发成功，将对汽车行业轻量化起到革命性的改变。

多年来，许善新和研发团队承担了国家重大专项课题，为国家装备制造业做出了贡献：

"3 500 吨精密卧式实时控制压铸机及成套设备"获得科技部"高档数控机床与基础制造装备"重大科技专项立项；"SCV350 – 800A 挤压铸造机项目"及"2 500 吨以上超大节能型智能控制压铸机及成套设备"，获得国家火炬计划项目立项；"高效智能压铸岛"项目列入国家发改委、工信部、财政部发布国家智能制造装备发展专项之中。研发出我国最大的 4 000 吨压铸机，为内蒙古某公司用于重型卡车发动机缸体、变速箱体、离合器壳体等高档铸件的生产提供了保障。

目前，苏州三基铸造装备股份有限公司是国家制造 2025 节能与新能源汽车技术线路图战略咨询委员会成员，参与了技术线路图的编撰工作，撰写了其中挤压铸造相关的技术线路内容。

一次次的创新创造，离不开许善新和其研发团队的不懈奋斗，也给他们带来了应得的褒奖和荣誉：

苏州市吴中区科技进步奖一等奖，苏州市科技进步奖二等奖，江苏省科技进步奖三等奖，苏州市科技进步奖二等奖。

同时他们也获得了国家、省市的认可和赞许。公司先后被评为江苏省民营科技企业、"江苏省创新型"高新技术企业、"苏州市创新先锋企业"，其产品被评为"苏州市名牌产品"。公司创建的技术平台获得了"江苏省企业技术中心"的认定以及"江苏省轻合金精密成型工程技术研究中心"的立项，被行业协会评为"中国铸造分行业排头兵企业"。

许善新本人也获得了苏州市吴中高层次人才称号、苏州市吴中区第三届"杰出人才奖"，并获得"江苏省六大人才高峰项目"的资助，还被评为苏州市优秀民营企业家。

许善新是一个低调、平和、儒雅的企业家，不善张扬，不愿意参与评奖和获得什么称号，所获得的称号也大多是相关机构主动送上门来的。而他的目标不是这些。许善新在创立企业之初就确定了"让中国压铸成为世界压铸工业的领跑者"的使命。几十年来为了这个使命他始终坚持，不懈奋斗。

"规格严格，功夫到家"的校训永远伴随着学子们的终生。哈工大为每一个学子塑造了一种精神，生命不息奋斗不止，勇攀高峰从不言败。在哈工大学习时间虽然只有短短的 4 年，但哈工大精神却深深地刻在了学子的心中。毕业将近 40 年了，40 年来每进一步都伴随着坎坷，每一次成长都伴随着辛勤的汗水。哈工大铸就的灵魂在支撑着他们从失败到成功。每一次回到母校他们都满怀深情。在母校建校百年之际，7863 的学子向母校汇报：我们因母校而骄傲，母校因我们而自豪，我们没让母校失望！

祝母校永续辉煌！

电气之光

李海鹰（8663）

HARBIN
INSTITUTE
OF TECHNOLOGY

李海鹰

　　李海鹰，汉族，民革党员，1967年8月出生，1990年毕业于哈尔滨工业大学电气工程系信息处理显示与识别专业，清华大学工商管理硕士EMBA，高级工程师。

　　1990—1993年在河南思达电子有限公司从事技术开发工作；1994年，李海鹰组织并创建了郑州辉煌科技有限公司；2001年成立河南辉煌科技股份有限公司任董事长兼总经理，后于2009年担任董事长至今。曾主持开发出ST-9020单项电能表校验装置，智能抗干扰光电头等产品，参与客车空调发电车运行监测记录系统的研制；曾参加铁道部TJWX-2000型信号微机监测系统联合攻关组并担任攻关组组长，该产品通过了铁道部科技司组织的鉴定；曾参与铁道部WLDJ-I型网络调监系统、调车信号复示及站内调车安全监控系统等的研制。2009年9月29日，公司在深交所中小板上市，成为国内轨道交通通信信号领域首家上市企业，股票代码为002296。

脚踏实地的民营企业家

（一）个人主要荣誉

2003 年度郑州市人民政府授予"郑州市优秀企业厂长（董事长、经理）"称号。

2005 年郑州市人民政府授予"郑州市五一劳动奖章"证书。

2006 年郑州高新技术产业开发区管理委员会授予"郑州高新区技术创新带头人"称号。

2007 年郑州市科技自主创新工程指挥部授予"先进个人"证书。

2011 年中共郑州市委、郑州市人民政府授予"郑州市优秀民营企业家"称号。

2013 年中共郑州市委组织部、郑州市人才工作领导小组办公室授予"郑州市市领导直接联系高端人才"称号。

2015 年河南省电子学会授予"河南省电子信息行业优秀企业家"称号。

2016 年中国电子企业协会授予"全国电子信息行业优秀企业家"称号。

2017 年被河南省高新技术企业协会评选为"协会副理事长"。

2018 年河南省软件服务业协会授予"河南省软件服务业优秀企业家"称号。

（二）企业概况

河南辉煌科技股份有限公司成立于 2001 年，注册资金 3.77 亿元，总部坐落于郑州高新技术产业开发区。公司是河南省首批认定的高新技术企业、软件企业、创新龙头企业和瞪羚企业，也是国内轨道交通通信信号领域首家上市企业。

公司目前在郑州、北京、天津、成都拥有全资、控股、参股子公司12家，在北京市中关村科技园区丰台园设立北京研发中心。

李海鹰政治立场坚定，热爱社会主义，具有很强的爱国心。在他的带领下，河南辉煌科技股份有限公司组建了一支政治素质过硬、业务技术精干、务实创新、团结协作的技术研发团队。至今团队吸纳的人才已达750人，高学历人才占85%以上，获得各种国家专利、软件著作权近280项，拥有国家计算机信息系统集成一级、河南省安全技术防范工程一级、信息技术服务运行维护标准符合性证书、能力成熟度模型集成CMMI L3等资质。同时拥有IRIS国际铁路行业标准认证、许可11项，CRCC（中铁检验认证中心）认证10项；在行业内产品和资质数量仅次于两家央企位居第三。

（三）"哈工大精神"引领创业路

1994年，李海鹰组织并创建了郑州辉煌科技有限公司，他目标远大，看准市场前景，聚焦于轨道交通行业，专注于轨道交通测控技术的研发推广。他带领公司员工开发了铁路信号监测系统产品，开启了他艰难而富有传奇色彩的创业之路。纵观他的创业发展历程，"哈工大精神"给他的人格奠定了坚固基石，始终激励他展现敢于有梦、勇于追梦、勤于圆梦的豪迈人生。

创业初期，李海鹰亲自带领员工下基层，到条件艰苦的现场调研，分析问题、解决问题，科研选题密切联系实际，以市场为先导，以满足客户需求为至高目标，研究开发了信号微机监测系统等产品。2000年李海鹰作为唯一铁路系统外单位人员被铁道部任命为信号微机监测系统联合攻关组组长，主持制定该产品的行业标准。随着市场业绩不断扩大和公司影响力的提升，公司同年被河南省科学技术厅认定为高新技术企业。

2001年公司进行股份制改制，成立河南辉煌科技股份有限公司，公司由此进入了业务成长期。李海鹰继承哈工大"自强不息，开拓创新的奋进精神"，对公司发展战略进行了新的规划，提出专注于铁路信号安全测控领域的经营目标，加大对铁路信号高科技产品的研究开发力度。在李海鹰的带领下，公司全体员工齐心协力，辉煌公司业绩蒸蒸日上，不断发展。公司2005年被中共河南省委、河南省政府评为河南省高成长型民营企业，2007年被河南省发展和改革委员会评为省级企业技术中心，公司于2009年9月29日在深交所中小板成功上市。

2009年上市以来，公司业务进入快速成长期，李海鹰抓住机遇、乘势而上，发扬哈工大"海纳百川，协作攻关的团结精神"，针对国家大力发展城市轨道交通的契机，积极推动公司与IBM、GE等世界五百强企业达成战略合作，通过技术交流、学习、消化、吸收国外知名企业的先进技术，大大提升了公司在轨道交通领域的技术实力。2011年10月，公司成功中标郑州地铁1号线一期工程地铁综合监控系统，该项目核心技术打破了国外垄断，实现了国有技术在省内城轨市场零的突破。该项目的成功取得为公司的市场转移，产业延伸做出了巨大贡献，是公司发展史上又一新的里程碑。

在李海鹰的带领下，公司不断取得喜人的佳绩。2018年公司资产总值为204 900万元，销售收入52 871万元，利润总额5 054万元，上缴税金7 982万元。税收连年名列郑州市高新技术产业开发区10强，提升了公司形象，赢得了较好的社会效益。同时为社会提供了大量就业机会，使公司的发展同国家和社会的发展紧密地联系在一起，成长为行业内极具代表性的创新型民族企业。

（四）科技创新自立自强

为了提升在轨道交通领域的科技创新能力，提升河南省轨道交通产业技术装备水平，李海鹰带领公司于 2010 年 5 月 28 日与美国通用电气公司（GE）在轨道交通领域达成战略合作，对 GE 公司先进技术进行消化吸收，实现国外先进技术国产化、本土化，填补了郑州市在地铁领域此项技术的空白，提升了郑州市产业技术水平及综合竞争力。

公司高度重视对产品研发的投入和自身研发实力综合能力的提升。随着全球信息技术创新进入新一轮加速期，云计算、大数据、人工智能等新一代信息技术正加速演进，面对技术的革新，客户需求的变化，公司围绕"轨道交通运营维护一体化解决方案及高端装备"的主营业务，持续加大研发投入，加大技术创新和新产品孵化力度，培育公司新的增长点。

目前公司产品中有 10 项产品获得原铁道部行政许可证，拥有专利证书 200 余项，计算机软件著作权登记证书 70 项，软件产品登记证书 48 项，承担国家级科技计划 10 项，省市科技计划近 20 项，每年保证推出 2 种以上的新产品。公司研发的铁路信号微机监测系统、分散自律调度集中系统、无线调车机车信号和监控系统、铁路防灾安全监控系统、铁路综合视频监控系统、电务管理信息系统、计轴系统、计算机联锁系统、列车自动监控系统、地铁综合监控系统、环境与设备监控系统等产品，广泛应用于全国 18 个铁路局、地方铁路、客运专线、高速铁路及广州、武汉、西安地铁。50% 的产品市场占有率居同行业之首。

（五）"不忘初心"积极投身公益事业

李海鹰在艰辛的创业历程中深深地体会到，公司的发展壮大，离不开政府的政策支持和社会各界的热心帮助。公司是社会的公司，公司经营的最终目的就是要带动社会经济的发展，回馈人民，回报社会。李海鹰满怀爱心，积极参加各种慈善捐赠活动。2007 年底，我国南方地区多省发生大雪灾害，李海鹰号召公司全体员工捐款 15 万元，他带头捐款 1 万元，为灾区人民送去了温暖；汶川发生大地震后，李海鹰立刻组织开展"一方有难、八方支援"活动，贴出献爱心捐款倡议书，积极动员广大员工捐款捐物，共为灾区人民筹集善款 12 万元。

为了推动"希望工程"的建设，李海鹰积极投身其中，多次向"希望工程"捐款捐物。为了推动教育事业的发展，他还出资捐助边远山区 10 位贫困学生继续上学，为孩子追梦的之路提供坚实的后盾。

李海鹰的一切，无不表达了身为成功企业家对国计民生的强烈关注和赤子情深。李海鹰的行为展示了新时代与时俱进、勇创伟业的企业家形象，更得到了社会各界的广泛好评。

（六）踏实做人　务实做事

李海鹰办企业的原则是认准一个目标，坚定地前行。在这里，确认目标需要远见卓识，这不仅包含眼前的利益，更重要的是长远发展的潜力。他以"专注于铁路信号安全测控领域"为企业发展目标，以踏实做人、务实做事为准则，要把"辉煌"办成一个专注信号安全、专业精益求精的高科技公司。

未来的日子李海鹰将不忘初心、砥砺前行，继续带领公司全体员工专注于轨道交通通信信号领域，充分发挥在铁路行业的优势，通过多品种、交互支撑的产品结构建设巩固国家铁路及地方铁路，大力推进城市轨道交通市场发展，探索开拓国际铁路的市场结构建设，借助新政策释放的更大市场空间，促使公司的业务领域的持续快速发展，成为国内具有自主创新技术优势和成套系统解决方案的服务提供商，快速做大做强民营企业，实现国企民企共同进步。

电气之光 李一峰（8966）

李一峰，哈尔滨工业大学1993届校友，毕业于电气工程系电器专业（8966班）。现任小熊电器股份有限公司创始人，董事长。小熊电器诞生于2006年，自创建以来，始终保持高速和稳健的发展，凭借个性化的产品设计、丰富的产品线、成熟的营销模式及深受认同的品牌价值与理念，得到了国内外消费者的一致认可，目前用户人数已超过5 000万。2019年8月，小熊电器成功在深交所上市，股票代码：002959。

坚韧无畏
成功走进资本市场的理工男

2019 年 8 月，陪伴无数人敲过生活小美好之门的小熊电器，在深交所中小板敲响了开市宝钟。创始人李一峰用了 13 年，把小熊带上市，从此诞生了"创意小家电第一股"。荣耀高光，让所有倾注的努力都有了非同寻常的意义。

（一）精耕细作，持之以恒总能得到想要的馈赠

说到李一峰与哈工大的结缘，大概要追溯到南方农村长大的学子，自小对北国风光的无比向往，看似偶然，却也是冥冥中牵引靠近。李一峰回忆说，1989 年当他收到哈工大的录取通知书时就开始从家里出发，由于交通不便利，他在路上辗转了 11 天才抵达学校，求学之路比想象中还要艰辛。但是北方的新奇体验，加上哈工大的严谨治学，让李一峰一扫从南走到北的疲惫，深感无悔于自己当初的选择，长途跋涉都属值得。

大学生活正式开启，但一切并没有想象中那么顺利。因为自幼成长的环境，农村中接收到外来的信息有限，知识面自然没法跟城市里长大的同学相提并论，而且自身语言类学科的基础相对薄弱，这些都让刚上大学的李一峰有些自卑和无措。但置身于哈工大科学严谨的学术氛围之中，深受八字校训"规格严格，功夫到家"的熏陶和砥砺，加之本身对于理工学科有着浓厚的兴趣和热爱，李一峰在专业研究中愈发专注努力，成绩排名也逐渐上升，人也开

始自信起来。跟大多数哈工大学子一样，求学时期的李一峰怀揣着技术科研的初心，有了科学家的梦想加持，本身就踏实坚韧的他时刻鞭策自己，绝不懈怠，也更加坚定努力。

四年转瞬，一向对自己要求极高的李一峰在本科最后阶段加足马力，对待毕业论文更加严谨认真，争取优秀。但却因为论文答辩表现不佳，与评优擦肩而过。回顾倾注心力的几个月，李一峰难受得掉下了男儿泪。就在这时，同窗好友拍拍他的肩，无比笃定说了一句"是金子，总会发光的"。这让当时的李一峰备受鼓舞，很快走出了未达目标的沮丧。这句鼓励让他每当身处困境之时频频想起，使李一峰不言放弃，充满韧性地朝前奋进。

李一峰坦言，英语学科一直是自己的短板，所以也没能如愿考上研究生。但却因为这个遗憾，有别于大多数走上科研道路的校友，他选择回到南方投入到市场经济的大潮之中。有时候人生充满意外的际遇，原计划的路走不通了，另辟蹊径或许更加惊喜。

1993 年大学毕业后，李一峰回到广东进入家电企业。自带理工男内敛务实性格的他，用了足足 12 年的时间从小小技术员做到公司副总。他低调严谨，严控质量，一步一个脚印，历经企业成长的各个阶段，也不断丰盈自己的羽翼，为日后创业夯实了基础。

真正的成功，往往没有捷径。精耕细作，永葆韧性，生活总能给你意想不到的馈赠。而一切的结果也并非偶然，经历种种皆是促成的缘由。

（二）目标导向，决定了便只顾风雨兼程

李一峰一直遗憾于大学毕业时未能考上研究生，为了圆这个梦，1998 年李一峰再次参加全国研究生考试，考取了四川大学攻读 MBA，并于 2002 年取得 MBA 学位。有一次他跟一个做酸奶营销的 MBA 同学交流，发现酸奶机的市场潜力很大。一方面，酸奶符合现代人健康饮食的理念，市场上对酸奶

的需求正在提升；另一方面，酸奶机市场还处于萌芽状态，还没有一个大品牌能够通吃市场。

尽管机遇与风险都不小，李一峰还是决定以酸奶机为突破点，投身创业。李一峰创业时手上的资源并不多，自己账上只有不到5万元的资金，最后东拼西凑了20万元启动资金，全公司加上他只有3个员工，在广州租用了一间70平方米的民房，白天办公，晚上做宿舍，厨房当实验室……

李一峰并不是那种万事俱备的创业者，但方法总比困难多。

创业之初，李一峰目标很明确，就是要做出一款美观实用、高品质又实惠的好产品。从结构、外观等全链条都是自己一个人完成，因为本身是学电的，对于产品外观和结构设计并不擅长，对设计软件的使用也不熟悉，便只能一边学一边画。他只会运用最简单的圆和椭圆为主来构图，这样设计出来的产品反倒模具简单，外观也简单。也因此契机，奠定了小熊电器圆润可爱的形体特征，成为差异于其他家电品牌的关键点。亲和、纯真、简单、温暖，让日后的小熊电器温柔却有力地走进消费者心间。

酸奶机虽然设计出来了，但更多艰难的挑战还在后头。李一峰刚创业没有工厂，就拜托朋友找到了一家订单不足的代工厂。谁能想到李一峰把物料拉到代工厂时，工厂刚好接到了新的订单，于是把李一峰的2 000台订单搁置一旁。没有了代工厂，李一峰只能把物料分批运回70平方米的民房，招了1个临时工，4个人在办公桌上把2 000台产品组装出来。没有酸奶机用的菌种，李一峰就凭借哈工大毕业生的身份去找哈尔滨的一个生物公司刷脸拿到菌种，前期没有销售渠道，李一峰又继续向这家生物公司刷脸，借着人家卖菌种的渠道卖酸奶机……

李一峰的事业很快迎来了转机，格兰仕看中了李一峰的酸奶机用作微波炉的促销品，一口气下了10万台订单。很多人可能想不到，李一峰原本是准备拒绝这份订单的。务实的他向格兰仕的采购人员坦言："我们一没有厂房，二没有资金，我没有能力完成这份订单。如果你们可以帮我解决资金周转问题，我可以以接近成本的价格给你们供货。"

也许是被李一峰的坦诚和质朴打动了，采购人员承诺每收到一批货一周内就给他打款。解决了资金周转难题后，李一峰找了一家代工厂以每台产品不到1元钱毛利的价格帮格兰仕生产了10多万台酸奶机。于是，这笔不赚钱的生意让李一峰的酸奶机就跟着格兰仕进入了各个渠道，无数的消费者、经销商第一次认识了李一峰和"小熊"。

2006年，80后消费兴起，结合互联网的发展，诞生了电商，这也是小熊得以成长和发展的机会和沃土。当大家还在对电商排斥和怀疑的时候，李一峰却顺势而为，放弃贴牌代工业务，主动拥抱电商。在行业内较早建立了线上销售渠道，提出"网络授权"的销售模式，同时通过网购大数据，对用户进行人群属性、生活方式和产品属性偏好等多维度分析，有效指导新品研发、产品推广和改进，不断推出深受消费者喜爱的创意小家电。李一峰和"小熊"快速走进消费者的视野中。

有时候，没有任何选择之下反而是驱动。确定目标，便迈开第一步，而后坚持。真正的成功，绝对不是一早就预见所有的可能性，而是关关难过却关关过，风雨兼程，然后彼岸花开。

（三）肩负责任，坚持"种草"，坚持把每一件小事做到极致

早在创业之前，李一峰便深知，家电市场丛林中竞争异常激烈，满是参天大树，想要从中脱颖而出，必须另辟蹊径。在李一峰的认知里，任何一个生态系统中都是既有大树又有小草，家电行业还有很多被"忽视"的市场机会。

小草本坚韧顽强，根固踏实，无畏艰难险阻，野火烧不尽，春风吹又生。这些特质也是李一峰带领的小熊团队身上耀眼的闪光点。李一峰常跟并肩而行的小熊员工们说："艰辛的日子是常态。"十几年来，他们就像一群"种草人"，抓住用户的每个细小需求，种下一棵又一棵小草，这个过程没有鲜花，

更看不到果实，也听不到掌声，唯有默默的、日复一日、年复一年的坚持和持续付出。扎实做好每一个环节，坚持以用户需求为导向，洞察和把握小家电用户需求的变化，打造极致用户体验，注重对"小"的价值挖掘，形成"以小见大"的产品理念。

从单一品类深挖，夯实基础，到坚守品质，实现多品类覆盖。日积月累，开拓创新，从而实现全品类突破，截至2019年小熊电器开发出30多个产品品类500多款小家电产品。目前每年推出超过100款新产品，李一峰和他的小熊团队用丰富的产品体系，满足不同群体用户，在不同场景下的多样需求。

虽然小熊电器队伍日渐壮大，但是李一峰仍坚持投身到每一款产品的研发当中，对产品品质更精益求精，执着于品类创新驱动，以加速度的发展专注于用户的需求。本着制造这一根基，全链条打造产品，背负着社会责任和担当，坚定始终对用户负责的态度，把用户的认可和信任转化成企业未来发展中对于社会的责任，不断思考最终给用户、给公众带去的是什么价值。

2020年伊始，新冠肺炎来势汹汹，时刻牵动全国人民的心，李一峰也不例外。疫情面前，作为一个企业家，他思考的是小熊电器如何凭自身专业优势，为接力战疫贡献力量？如何回馈社会，做抗疫一线的坚强后盾？李一峰先是捐赠人民币200万元，专项用于抗击武汉及其周边地区的新冠肺炎疫情。同心同德，肩负社会责任，尽绵薄之力。第一拨应援之后，李一峰了解到抗疫一线工作人员不能按时吃饭，经常只能吃冷菜冷饭。为了解决这一问题，李一峰调动全公司资源在产能严重不足的情况下累计向湖北抗疫一线医护人员捐赠超10 000台电热饭盒。战疫仍未全胜，驰援的脚步也未停歇。医护人员用自身专业为国民健康筑起一道铜墙铁壁，小熊电器也在它的专业领域里，为保障医护人员的工作和生活质量持续突破现实瓶颈。李一峰决定再追加捐赠10 000多台多用途锅，作为第三拨应援物资，只要前端还有需求，李一峰的应援就不会停止。

疫情影响下，每一个支撑这场驰援接力行动的环节都困难重重。但当驰援被参与其中的每一个"种草人"都看作是同心同德的爱心接力时，各个关联岗位的齿轮就得以吻合，驰援就能够飞快地跑起来。每一场驰援行动都见证着小熊团队对社会责任的主动承担，每一位员工都在用各自的专业进行无声而有力的支持。看见每一处细小的需求，专注每一件"小"事，让持续性的、有针对性的温暖传达成为可能，每一个医护声音、每一件小熊电器力所能及的担当，都不会被忽略。

坚持"种草"，坚持聚焦于每一件小事之上，全力以赴，才能迸发无限的力量，才能让企业保持活力，让对手始终处在"追赶"的状态。李一峰带领的小熊电器团队从几个人发展到几千人，一个个"种草人"的默默耕耘，终于得到各界热诚的支持与肯定。而今，种下的小草，已经形成一片能成活兔子的绿油油的草地。未来更加倾力让这边草地扩展成一片草原，上面牛羊成群，形成一个生机勃勃的草原生态。

真正的成功，是立足于每一件小事，做到极致。关注到别人关注不到的细节，以独特视角寻找无限机会与可能。

（四）永葆初心，脚踏实地，创新不止

那一年，李一峰从 5 岁儿子纯真无邪的一句"就叫小熊吧！"获得灵感，正式创立小熊电器，早已奠定了品牌的原始温度，足以触动人们内心最柔软的部分，追寻本真自我。品牌的天然属性完美契合大众对美好的本能需求，怀揣着的"让消费者的生活变得轻松快乐"的创业初心始终如一。

2019 年，小熊电器员工超过 3 000 人，年生产销售各类创意小家电产品超过 3 000 万台。8 月 23 日李一峰跟他的小熊电器更是迎来 IPO（首次公开募股）上市成功的高光时刻，成绩给予李一峰及其带领的整个团队最为真实的、隆重的肯定。但现在看过去，是很清晰也很轻松的；而现在看未来，是充满

未知与挑战的。所以小熊电器的 IPO，李一峰认为它是对过去所有成功之处的一个终结。既是一个终点，又是一个全新的起点，如何去构建一个新的小熊才是眼下需要思考的关键。聚光灯下的荣耀，更需要小熊团队时刻提醒自己，以更高的标准去要求自己，将认可和信任转化成企业未来发展中对于社会的责任，从而创造更多的价值。小熊电器 IPO 上市时，感恩反哺，向顺德勒流慈善会捐赠教育发展基金人民币 200 万元。"最好的感恩方式是继续不断努力，以致敬我们要感恩的人。"李一峰在上市仪式上发出这样的感言。

小熊电器员工把公司称为"熊星球"，把自己称为"熊星人"，两者联合，在家电领域一起探索、一起追寻、一起触发联想、一起创造无限的可能性。小熊电器员工更亲切地称呼李一峰为"熊爸"，作为小熊电器大家长的李一峰始终坚持"务实"和"创新"，领航熊星人们不断开拓创新，坚守实业。

哈工大是工程师的摇篮，李一峰遗憾于未能成为一名优秀的工程科研人员。但跟大多数校友一样，李一峰一直铭记"规格严格，功夫到家"八字校训，看似质朴无华，实则对标不易，他以此作为行动准绳，严于律己。这八字校训不仅照耀着万千工程师的前行道路，也牵引着投身市场经济的李一峰成就了高标准、高规格的事业。

李一峰在 2020 年新年晚会上，对他的熊星人们说："2020 年是哈工大的百年校庆，20 多年前，在我即将从哈工大毕业走入社会的时候，满怀着憧憬，对未来充满着想象。而其中想得最多的是在母校百年校庆的时候，我会在哪里？会是一个什么样的角色？我有没有机会回到母校？以什么样的身份回到母校？这些问题无形中给了我压力和动力，所以 2020 年母校的百年校庆就成为了我人生的灯塔，引领着我前行。我想我们每一个人都应该寻找到自己人生的灯塔，这样我们的前行才能充满力量。"

真正的高手，守得住初心，耐得住平淡，扛得住艰辛，应得过变化。坚韧无畏，终将获鲜花和掌声。

电气之光

刘　峰（97 级威海）

HARBIN
INSTITUTE
OF TECHNOLOGY

　　刘峰，国家级信息系统项目管理师，哈尔滨工业大学（威海）1997级工业自动化专业，历任中国人民解放军总参谋部某部项目组长，北京市农业投资有限公司信息技术管理部总经理，2015 年至今任北京农村产权交易所有限公司总经理。

哈工大是我追逐梦想的起点

一提到农村土地流转、集体资产交易、"两权"抵押贷款……不仅许多城里人感到很陌生，就是从农村出来的许多校友也不是特别了解。然而对北京农村产权交易所的总经理刘峰来说，却是如数家珍。从国家的政策到行业的现状，从当前的问题到未来的发展，他对农村产权交易行业有着十分深刻的认识。在这个"土"味十足的专业领域，他工作了4年多，在全国性媒体上发表了多篇专业文章，做过电台直播，做过媒体专访，已经是业内比较有影响的专家了。然而很难想象，刘峰是一个在部队工作了11年、大学本科学的是工业自动化专业的哈工大学子。

"我们的交易平台是跟随国家农村改革发展而来，是顶着农村政策前行的，需要大量的创新工作，关系到农村的发展和社会的稳定。"刘峰对自己所从事的工作非常骄傲。北京农村产权交易所是北京市政府批准的唯一一家专门从事农村生产要素流转交易的专业化平台和服务性机构。通过提供交易场所、发布信息、组织交易、咨询策划及其他投融资配套服务，实现信息集聚与发布、价格发现、资本进退、资源配置、规范交易、产业政策引导等六大功能。主要的交易品种有农村承包土地的经营权、农村集体实物资产、农村集体林权、涉农知识产权、涉农企业股权等。其服务网络遍布北京 14 个涉农区，并且为全国多地的农村产权交易市场提供建设和咨询服务。

作为这个注册资本金过亿的农村产权交易平台的掌门人，刘峰的身份经历了几次重大的转变：从一个共和国军官到首都经济建设者的转变，从一个"码农"到企业管理者的转变。谈到每一次转变，他认为其动力都是来自于梦想的指引，而这梦想的起点，正是哈尔滨工业大学。

1997 年，刘峰考入了哈工大工业自动化专业，在威海校区就读。从此，威海的宁静与美丽便沉淀为他生命中永远的蓝色。

"我要感谢哈工大组织的那场国防招聘会。"当谈及为什么当年毕业没有直接去公司工作，而是去了部队，刘峰说他也是经过了激烈的思想斗争。本科学习的是工业自动化专业，这是一个比较热门的专业，找工作并不难，他的很多同学都去了比较不错的单位。起初，刘峰也是想着找一家合适的公司来开启他的职业生涯，只要公司名气大、薪水高就好。然而一次阴差阳错的机会让他参加了哈工大的国防招聘会，唤起了他心中儿时的梦想。在年幼的时候，刘峰就和许多男孩子一样，喜欢军装，喜欢戴着大檐帽，青少年时期更是对武器装备特别着迷，《航空知识》《舰船知识》《兵器知识》这类军事刊物就一直陪伴着他。他曾经希望能够成为一名战斗机飞行员，驾驶战鹰翱翔在祖国的蓝天，直到高二那年，眼睛近视了，他以为自己的从军梦想就此破灭了。然而当得知，虽然戴上了眼镜，但还可以去做技术军官，这又重新燃起了刘峰心中对绿色军营的向往。"钱，未来可以赚，但是错过了这次入伍，恐怕再难有穿军装的机会了。"他最终选择了去圆曾经的梦。在哈工大组织的国防招聘会上，刘峰被中国人民解放军总参谋部通信部选中，2001 年本科一毕业就应征入伍，成为了一名"携笔从戎"的科技军官。就这样，他的人生中添加了一抹军绿色。

参军后，刘峰被安排到总参通信部所属的一个技术单位，从事网络维护和软件开发工作。对于专业是工业自动化的他来说，对网络和软件开发都缺乏经验。而一到单位，就有一个中央办公厅的信息系统建设项目需要承接。怎么办？那就硬着头皮上！一切从基础学起，单位的书不够用，他就经常利用周末时间泡在中关村图书大厦，"那时真是睡不好觉，开发语言、数据库都要从头学起。刚到单位，又是哈工大的毕业生，一定不能够让同事小瞧，不能让单位领导失望。"就是这一股韧劲，一种责任感，一种不服输的劲头支撑着他。天道酬勤，经过一段时间的努力，刘峰很快熟悉了开发技术，进入了角色，半年后便成为该项目组的负责人，带领团队较好地完成了上级交给的任务。甚至后来，他还出版了一本计算机开发用书。任职期间，他负责政府和军队多个信息化项目，积极促进团队建设，不断实践和改进项目过程管理，取得了良好的效果。他曾获军队科技进步奖二等奖、国家优秀工程咨询成果二等奖等重要奖项，因工作成绩突出，多次获得嘉奖。此外他还获得了优秀科技干部荣誉称号。工作的同时，他还不忘继续提升自己。2007 年刘峰通过强军计划考入北京航空航天大学，攻读计算机专业的研究生，又一次实现了从实践到理论的升华。

2012 年，已经是正营职少校军衔的刘峰，决定离开部队，投身首都的经济建设。这又是一次人生的重大选择，让他不禁想起决定从军的那个晚上，决定从一名大学生到一名共和国军官，那时的他是跟随了自己的梦想。"人生应该不只是一种颜色，应该是丰富多彩的。"这次他依然跟随了自己的梦想。由于在军队一直做技术工作，从军队转业到地方还是很受欢迎，多家央企向他投来了橄榄枝。然而最后，刘峰却选择了一家名不见经传的市属国企——北京市农业投资有限公司。为什么选择这家公司，刘峰说当时他也是特别纠结。一边是央企，名气大，平台高，很多军转干部都趋之若鹜；而另一边是一家成立不久的市属国企，刚刚起步。当时的北京市农业投资有限公司成立不到4年，是由市政府出资、授权首创集团组建的创新型农业投融资平台，肩负着金融支农、惠农、强农的重要使命。"我非常看好公司的发展前景，更让我心动的是公司让我组建信息技术部门，这可以实现我从技术向管理的转变。"公司虽然名气不大，却给了刘峰一个可以施展拳脚的舞台。通过这个舞台，他很快完成了从一名军队干部到市场经济建设者的转变。他带领部门担负起总部和控股子公司的信息化建设工作，广泛涉猎了基金、融资担保、小额贷款、融资租赁、商业保理、农副产品交易、农村产权交易、农产品物流等多个领域。

"一切都是新的，充满了挑战。"然而更具挑战的是，2015年底，公司任命他为旗下全资子公司——北京农村产权交易所的总经理。农村产权交易工作是一项政策性特别强的工作，涉及法律及国家、地方的相关政策，涉及我国农村历史遗留问题及现实困难。这一切对一个从小到大没有在农村生活过的理工男来说，挑战是巨大的。在部队的时候是管理开发团队，在北京农投是管理一个部门，而今要管理一个公司，管理范围的扩大，对刘峰来说压力增加了许多。还是那种责任感，那种韧劲，那种不服输的精神，让他在干中学，在实践中总结提升。任职期间，他积极推进交易所服务网络建设，加强业务宣传，紧抓政策红利，大幅提高了交易额。不仅规范了业务发展，开展了行业研究，还在全国农村产权交易行业树立了标杆地位。如今的北京农村产权交易所已经具有较强的行业影响力。

人生是一连串的选择，刘峰说他选择的起点就是报考了哈尔滨工业大学。如今，他依然认为自己是一个"理工男"，"规格严格，功夫到家"的校训已经深深地印在他的心里，伴随着他从军队到地方，从城市到农

村，从软件开发到企业管理。这个社会崇尚成功，很多人，尤其是年轻人渴望成功，刘峰也一样奔跑在追求成功的路上。他希望用他平凡的实例，来告诉年轻的学弟学妹们，人是要有梦想的，不同的阶段可能有不同的梦想，无论大小，每一个梦想都应该值得去尊重。在我们面临重要的人生选择的时候，也许梦想就是指引我们前行的那道光。

电气之光 庄大庆 李新岩（9161）

　　庄大庆、李新岩同出生于1972年10月。1991年，他们考入哈尔滨工业大学电气工程系，成为同班同学。毕业后，他们在本专业领域继续深耕细作。几经辗转，机缘巧合下两兄弟重逢于黄浦江畔。1999年，他们作为合伙人创立了上海盘古餐饮管理有限公司。目前，公司旗下主要品牌"Pankoo釜山料理"以及"新石器烤肉"在营门店超过220家，公司年营业额达到10亿元。

做"规格严格，功夫到家"的餐饮企业

1991年是平凡的一年，但在平凡中也蕴藏着命运的机缘巧合，庄大庆、李新岩在这一年成为同班同学。在哈工大，他们共同度过了既紧张又开心的四年，留下了许多美好的回忆与些许的遗憾。

"回"字形的一公寓作为学校最古老的宿舍楼之一，凝聚了一代代哈工大人的记忆。李新岩仍记得宿舍楼下有一位温州补鞋匠，小伙只身一人来到哈尔滨，有他的存在，脚下的皮鞋才得以延长"寿命"。四年里他每天开工，从未中断，大家对他的坚持都很敬佩。那时下了晚课肚子饿，同学们总是去宿舍楼下的档口吃一碗热乎乎的鸡汤面，那热面的香味慰藉了许多人学习一天的疲惫，多年以后，李新岩仍旧能回忆起兄弟们一起吃一碗热面带来的幸福满足。一幕幕暖心回忆犹如电影般滑过，那碗鸡汤热面的香味飘过了30年，直到如今。

回望过去，四年的生活充满着快乐。在当时，食堂硬件条件虽不好，但饭菜味道没的说，且物美价廉，到今天仍旧是人们津津乐道的话题。闲暇时间，大家也开发出各种娱乐活动，对于新生来说，马家沟小礼堂放映的电影是当时最奢侈的消遣，几毛钱一张票，许多同学在这里才接触到镭射电影与美国大片。打拖拉机也是十分受欢迎的娱乐项目，打牌时，周围总会围着一大帮"猪头军师"，四个人的牌局硬生生有八九个人参与，这是当时许多同学生活中浓墨重彩的一笔。

四年里，紧张的学习贯穿始终。在他们眼里，当时的作业真的是又多又难，晚上 10 点熄灯后，大家经常点着蜡烛写作业，生怕被抓补考。每当考试周来临，为了能有好的复习备考环境，大家总是一下课就去六灶食堂四楼阅览室占座位。宿舍里点点的烛影，不知不觉已摇曳了一个世纪，为一代又一代哈工大学子照亮前路。

最令人印象深刻的是，在做物理实验时，受仪器精度以及操作水平的影响，同学们常常不能得到理想的数据，为此一项实验需要做好几遍，这段经历使他们明白，理论与实践结合往往是一件很艰难的事，这一点他们在若干年后的创业旅途中体会得更加深刻。"规格严格，功夫到家"绝不是一句空话，它代表着哈工大人在每个行业都钻研到底、决不放弃的劲头。

哈工大四年，他们修炼了过硬的基本功以应对各种需要解决的技术难题。毕业之后，庄大庆去了上海第二十一研究所工作，先后在研究信息部与经营部任职。对于他来说，大学锻炼的本领使他可以解决信息收集和销售方面的问题，但他一直没有放弃成为一名工程师的情怀。他利用业余时间自学编程，希望转行成为一名 IT 人。功夫不负有心人，仅用了 1 年时间，他便考上了高级程序员，于 1999 年加入了一家美国半导体公司，直至 2005 年离职，全职加入盘古餐饮，负责公司开发选址与工程业务。1995 年，李新岩毕业留在了哈尔滨电机厂汽轮发电机设计部，接近三年的时间，他全身心参与到秦山核电站发电机组国产化项目中。李新岩逐渐认识到国企是很安稳，但作为年轻人还是渴望去尝试新的工作。时间转眼到了 1998 年，驿动的心促使这个东北汉子只身一人来到了上海。2000 年，他加入中兴通讯，直至 2008 年，全职加入盘古餐饮，负责公司供应链业务。

1999 年 1 月 9 日，是庄大庆、李新岩记忆深刻的日子。这天一大早，庄大庆骑着自行车来到了上海火车站，迎接一位来沪的老朋友，也是他的发小，后来公司的合伙人之一——张东威，在庄大庆的介绍下，大家很快熟络起来。庄大庆、李新岩欣赏张东威身上敢闯敢拼的劲头，张东威对于庄大庆、李新岩的严谨细致也印象深刻。张东威是黑龙江大学法律系毕业生，在校期间就开始创业，攒下第一桶金，而后两年时间在证券公司摸爬滚打，学习资本运作，此次来沪，就是为了完成创业梦想。

几个兄弟一拍即合，决定一起试水餐饮业。前期，庄大庆和李新岩由于工作太忙，只好利用业余时间参与筹备。当时兄弟们都认为背靠大学一定能赚钱，于是选址在徐汇区华东理工大学正门口。在筹备期间，他们既是老板，也是工人，凡事能自己上绝不请人，能骑自行车绝不打车，历经40多天，几个"门外汉"真的把烤肉店支了起来。开业第一天是大家期待许久的日子，生意特别火爆，兄弟几人当老板、当厨师、当服务员，忙得不亦乐乎！可谁承想，好景不长，接下来生意越来越冷淡，有时候一天只有一两单，没挣到钱不说，房租人工一直在赔，最后还是依靠华东理工大学几位想创业的同学来接盘，才得以收场。理想与现实的巨大落差，让大家一度十分沮丧，但经过详细的经验总结，一行人重新出发。

1999年，适逢徐汇区港汇广场开业。广场定位高端，又是上海地区第一家Shopping Mall，模式足够新颖，他们经过对选址、成本的仔细测算，决定在港汇广场再试一次。2000年7月12日，是第二家店开业的日子，结果这家店一炮而红，只用了大半年的时间，他们便收回了投资。看着生意一天比一天好，创始人们信心爆棚，决定快速扩张。在没有经过详细论证的情况下，协和广场烤肉店和快餐店项目匆忙上马，由于需要资金，引入了外部投资人，合伙人一度达到11人之多。果然好景不长，慢慢这两家店也出现了亏损，一些合伙人相继离去，患难兄弟只好咬牙撑了下来，他们留下了两家店所有的设备，作为日后发展的火种。经历多次质疑与彷徨，彼此的信任却进一步加深。有过成功的喜悦，也有过失败的痛苦，此时的他们已经不再是餐饮行业的"门外汉"了，选址与投资工作逐渐成熟，随着正大广场第三家店的成功开业，项目逐渐步入快车道。

转眼到了 2005 年，六年的时间里，几个创业小伙伴摸爬滚打，在失败中学习，在锤炼中成金。2005 年开始，公司进入成长期，店铺数量逐渐增加，各项工作逐步走上正轨，管理体系进一步完善，人才储备更加丰富，还开辟了第二品牌——"Pankoo 釜山料理"。庄大庆这时决定离开外企，全职负责公司开发选址与工程业务。2008 年，李新岩离职，全职负责公司供应链业务。

店铺数量逐渐增加，但如何保证每个店菜品品质都相同，这对原有供应链体系提出了不小的挑战。盘古在 2006 年就尝试了第一个中央工厂，2011 年启用一万一千平方米的中央工厂 4.0 版，涵盖了仓储、物流和生产功能。在快速扩张的同时，公司也曾短暂进行多业态运营。大家慢慢发现，韩国料理和烤肉的前后场管理模式很相似，属于同一业态，易于实现操作标准化，应该把所有想法、资源持续聚焦到这个大品类中，实现业务聚焦、管理聚焦、服务聚焦。有了论证，他们果断拍板，该做的做，不该做的不做。他们决定将火锅、粤菜等其他业态全部关停并转，集中发力"Pankoo 釜山料理""新石器烤肉"两个品牌。2014 年，公司开始加盟业务，并持续进行业务优化，"Pankoo 釜山料理"转型升级为"毕真烤肉集市"。事实证明他们做出了十分正确的战略选

新店开业现场

择，2020 年盘古旗下在营门店超过 220 家，一些老店还保持着"开店 10 年，等位 10 年"的纪录。一系列的成功看似偶然，实则是一次次失败淬炼出的真金。

庄大庆、李新岩逐

渐由合伙参与到躬身入局，这种不惧未知、不怕挑战、科学分析、不言放弃的精神，是团队关键时刻的灵丹妙药。他们说："经历了许多，队伍还没散，大家仍然对事业有信心，对彼此有信任，这是我们最重要的收获。"

2020 开年，新冠肺炎蔓延，餐饮业饱受影响。庄大庆、李新岩表示，目前企业第一要义是要保证一线员工开支，积极自救，在危机中寻找机遇。得益于公司强大的标准化、系统化体系，企业逐渐实现管理团队远程办公，于一周内上线"买肉到家"的新零售线上业务，目前该业务在上海地区已经开始运营，平均日成交额已达到 4 万余元。

在提及未来公司的目标时，他们表示一定要做"规格严格，功夫到家"的企业。"要把产品服务、门店形象完善到消费者更喜欢的程度，消费者只有越喜欢才会越忠诚，营业额只是一个结果，我们更看重的是在实现企业愿景的同时，为大众生活带去一丝新意，带去一丝幸福。"

2019 年 1 月 9 日，是公司成立 20 周年的纪念日，创业小伙伴们去了第一家店的旧址，发现原店址已经拆迁。一切都好似 20 年前，一切却又那样不同。公司走过 20 年，他们提出了口号"不忘初心，梦想炽热如初"，初心和梦想，也正是让他们坚持下来的力量。而如今，已完成一部分赛程的他们，正蓄势向下一个 20 年进发！

2019 年 1 月 9 日，一行人回到第一家店旧址，从左至右分别是：于鸿润、张东威、庄大庆、张军、李新岩

电气之先　王文昌（9063）

　　王文昌，1972 年出生于吉林省舒兰县二道河子乡。1990—1994 年，就读于哈尔滨工业大学模式识别与智能控制专业。2003—2005 年，获得中欧国际工商管理学院 EMBA 学位。

　　1994 年，分配到哈尔滨市人防办通讯处。1995 年，合作创办了哈尔滨格瑞特电脑发展有限公司。1997 年，创办自己的第一家公司——哈尔滨锐普实业有限公司，后更名为黑龙江锐普实业有限公司。1998 年，创立了黑龙江华鹏实业有限公司。1999 年，出资收购并重组哈尔滨日用化学工业（集团）有限公司。1999 年，创立了黑龙江锐普建筑自动化工程有限公司。2000 年，与哈药集团共同组建哈尔滨三精锐普高科技发展公司。2002 年，不想小富即安，毅然走出"舒适区"，出资组建了大庆佳昌科技有限公司，开启了在化合物半导体材料领域的创业之路。2012 年，引入战略股东，合资组建大庆佳昌晶能信息材料有限公司。十年"苦修"，终见业果。2015 年，经科技部评选，列为科技创新创业人才。2016 年，入选中组部第二批"万人计划"。2017 年，荣获黑龙江省"十大杰出青年创业奖"，获得黑龙江省杰出青年科学基金。2018 年，获得大庆高新区"高新英才特殊贡献奖"。

理想不老　初心犹在

——跨界投身化合物半导体创业的心路历程

（一）二十五载再回首，理想未老心犹在

创业 25 年，王文昌有两次因个人原因给自己"放假"，然后静下心来回顾创业历程，并对事业、个人和家庭展开深入思考。

上一次是几年前，佳昌晶能刚刚打开局面，十年的再创业，让王文昌心力交瘁，用了两年时间才把身体状态调整过来。那一次，他让自己慢下来，对自己和企业的未来提出了终极之问。

生命的终极意义是什么？企业发展的终极目的是什么？人终有一死，能给这个世界留下什么？尤其是从日本考察回来之后，王文昌开始重新对自己的人生和企业进行定位。

原来碎片化的思想和理念日渐清晰和系统化。所有学来的理论、所有的积累和沉淀全部打碎，融入血液和骨髓里，重新拿出来之后，已经是打着清晰王文昌烙印的一套体系。

"人生的终极意义和价值在于，成就一番事业的同时，还能成就一批人。"

王文昌做企业的终极目的不是做成寡头，而是让所有佳昌人都能通过佳昌这个载体，实现自己的梦想，形成一种精神和文化，并将其传承下去，贡献给社会。王文昌说，只要能在佳昌史册上留下一个名字和简单的注解，

他就心满意足了。

随后几年，王文昌明心见性，实现了境界的突破，事业的发展也蒸蒸日上，国内第一个"化合物半导体新材料产业园区"在他的主导之下，已经渐显雏形。

然而 2019 年，高龄的老母罹患重症，王文昌毅然放下手头的工作，一边多方求医问药，一边用更多时间用来陪伴双亲。

毋庸置疑，王文昌是个孝子，只是任他想尽办法，还是留不住母亲离去的身影。39 天后，对母亲用情至深的父亲也追随而去。

尽管悲痛欲绝，但还有那么重要的事业在等着王文昌，所以处理完父母的后事，他准备返回公司总部，没想到新冠肺炎疫情却把他隔离在了哈尔滨。他干脆也不着急了，一边守孝，一边思考一些问题。

王文昌想了很多，想父母这一辈子，想他们对儿女的爱和教育方式，想自己从求学到创业这一路走来的风风雨雨……

从最初下海创业，走到今天，竟然已经 25 年了。王文昌突然发现自己已经望不到青春的背影了，当年那个风华正茂、朝气蓬勃的青年，已经被岁月侵蚀成了华发初现的中年大叔。

"我老了吗？"王文昌问自己，"不，我还正当壮年，即使青春逝去，芳华不再，我的理想还不老，我的初心犹在，我的使命还需要我去完成！"

思考的同时，王文昌时刻关注着举国抗"疫"的新闻。

这场疫情对世界和我国的经济都将造成难以估量的影响，疫情过后，经济发展方式、产业组织模式和商业模式都会发生很大的改变。

幸好，佳昌晶能及溢泰化合物半导体产业园是高科技产业，符合未来世界发展趋势，尽管短期内供应链受到一定影响，但疫情过后应该会很快恢复。

很多企业的发展历程，都会触及商业模式的 5 个层次，即抢风口、抓红利、技工贸、贸工技和事业情怀。

王文昌最初下海创业，走的是抢风口和抓红利路线，风口是微型计算机进入企事业单位，国内第一次信息化浪潮来临，红利则包括改革红利、政策红利和市场化红利。

通过抢风口和抓红利，王文昌用很短时间积累了一定资本，然后创立实业，并购企业，进入贸工技的层次。

但是联想的前车之鉴摆在那里。2001年联想进入房地产行业，任正非发表讲话——"华为的冬天"，思考华为前进方向，并加大科技投入，两家公司从此彻底分道扬镳。十几年之后，结果显见，高下已判。

"如果我18年前不冒险进入半导体领域，如今的我会是怎样一番境况？"想到此，王文昌不由庆幸自己当年的选择，放弃做得风生水起的贸工技模式，毅然投身砷化镓半导体材料的创业，开启技工贸之路。

王文昌回想这18年的二次创业，更加坚定了走下去的信念：

我从不因被曲解而改变初衷，

不因冷落而怀疑信念，

亦不因年长而放慢脚步！

（二）十年荆棘不归路，雄鹰重生再振翅

这是一条荆棘之路，一次苦修之旅，一个"烧钱"产业，一个从未改变的梦想。当这一连串的形容词用在王文昌身上时，大庆佳昌晶能信息材料有限公司已走过了18个春秋。

如果换个人，把王文昌的路重走一遍，也许会是另一种结果。

对于很多人来说，刚过而立之年，就已身家亿万，谁会有勇气把全部身家投入一个自己并不熟悉的产业？谁又肯为一个当时看来不着边际的梦想冒险重走创业路？

1994 年，王文昌从哈尔滨工业大学模式识别与智能控制专业毕业。到哈尔滨市人防办通讯处工作不到一年，就不安于现状，跳出体制，开始下海创业。做技术贸易、搞设备研发、收购企业，尽情挥洒自己的青春。身家越来越厚，却找不到存在的价值。

他觉得如果不"折腾"一番，不挑战自我的极限，即使安享百年，也乏味一世。

王文昌知道，20 世纪 70 年代，美国国防部不惜斥巨资研发砷化镓，并于 90 年代开始投入民用。我国直到 21 世纪初，相关技术还发展迟滞，落后国际先进水平 30 年。2002 年，佳昌晶能的前身，佳昌科技正式在大庆高新区创立。

当时很多朋友都觉得他"疯"了，轮番劝阻，却难以改变他的决定。正如他所讲，不会因被曲解而改变初衷。

但很快，王文昌发现，自己太理想主义了。砷化镓抛光片是多种关键核心技术工业化集成的高新技术产业，核心技术被发达国家垄断，国内没有产业化先例。他多次调整研发和产业化路径，投资建厂房，"烧钱"上设备，结果一败再败，冷水泼头。他叩响美、日、德等业内屈指可数的几家大牌企业的大门，别说搞合作，就连专家的名字都问不到。

眼前看不到希望，身后已没有退路。王文昌把全部家底投入进去，最困难的时候不惜借贷，研发投入累计近 2 亿元。有时，甚至连请人吃顿饭的钱都凑不够。从富翁落魄成"负翁"，省内工商界一度传闻，王文昌破产了，佳昌公司死了。

"我得感恩那些肯借给我钱的人。要知道，没有那些钱，公司就会立刻死掉。有了那些钱，佳昌才走到今天。"王文昌说，借债就得还钱，这都好办。最难的时候，工资发不出来，每天最煎熬的就是进公司，看到员工那期盼的眼神。

现在回想起来，王文昌无限感慨——外行领导内行，是企业管理大忌！走点弯路倒不算什么，就怕不会抬头看路，一条道跑到黑。

但直到 2008 年，他才意识到这一点。最初，他带着初创的团队信誓旦旦要做出世界上最好的砷化镓。但是，通过客户反馈，才发现最初的理念是错误的，因为下游市场的设备和生产线无法匹配太高精度的砷化镓，做最好的砷化镓卖给谁？

从那一次起，王文昌开始正视对市场的研究，并根据市场需求，及时调整技术路线，调整战略定位。

砷化镓晶片的生成，是个漫长得让人难以忍受的过程。其中的煎熬，王文昌有苦自知。多少次，他都想要放弃佳昌，离开大庆。

"开始靠的还是信念，但在看不到希望的日子里，只能靠意志来坚持了。"王文昌说，从小到大，他就没做过半途而废的事。佳昌是他的梦想载体，之所以能坚持到今天，没有别的因素，只是不想对不起自己。

曾经有人问王文昌，你呕心沥血苦熬十余年究竟为的是什么？王文昌的回答是："我创立佳昌晶能，从未想过多年以后它还姓不姓王，股权属于谁。我只希望能在佳昌的史册上留下我王文昌的名字，以及一个简单的注解——他是佳昌的创始人，他以坚定的信念奠定了佳昌的基业和辉煌，他在实现自己梦想的同时，引领佳昌人实现更大的梦想。"

王文昌性子急，却选择了一个"慢工出细活"的产业。这种天然的矛盾，让他整整煎熬了十年，也让他在长期的压抑和焦虑之后开悟。

他特别喜欢雄鹰重生的故事，他说他有时候感觉自己曾经就是一只穷途末路的雄鹰，随时面临着"死亡"的结局。但他咬牙坚持了下来，磨掉老化的鹰喙，剔掉钝化的鹰爪，拔掉衰颓的羽毛，获得了重生。

那十年，不但是王文昌的"苦修"之旅，也是他带着团队不断迎接挑战、锤打熔炼、持续提升核心竞争力、形成战斗力、塑造企业核心价值观的十年。

如今的佳昌公司，每新出台一项让员工刚刚能够得着的考核标准，往往没过两三个月就被全体员工超越，不得不重新制定更高标准。

正是坚持技术引领、创新驱动和人才战略，佳昌才不断搏击风雨、攻克天堑，走到今天。

（三）回首向来萧瑟处，也无风雨也无晴

每一次危机中都蕴藏着机遇，每一场风雨后也必然会迎来和煦的阳光。

行到水穷处，坐看云起时。王文昌的心境越来越带有禅意。

父母双亲的相继离世和新冠肺炎疫情的冲击，没能消磨掉他的意志，更没能像当年那样让他焦虑和痛苦。

"如果一个人能从十年的痛苦、挫折和精神意志的摧残当中，得到启示，认真总结，成为延续发展的基石和人生的财富，那么这十年就不算虚度。"经历了十年煎熬，走了很多弯路之后，王文昌和他的佳昌晶能开始进入上行通道。

通过一段时间的学习和梳理，王文昌的思路渐渐清晰，他的境界上升到一个新的层面，站得更高，看得也更远。同时，他的心态平和下来，看到了自己的不足，也明晰了自身的方向。

从那时起，他要求自己要时刻保持"清醒"状态，但不再事无巨细，悉究本末，而是在指出方向和方法之后，让团队放手去做。

"我们最终要把佳昌做成什么样？要达到什么目的？"这是团队整合过程中，王文昌经常对部属提出的问题。

其实，在很早以前，王文昌就在探索团队建设和企业文化建设。这些年，也请了无数的管理咨询公司，甚至有国内很著名的咨询机构。花了一二百万，但对方提供的服务都没有让佳昌达到预期效果。

王文昌认为，这不是机构的错，也不是佳昌的团队不行，关键是双方

的契合度有问题。实际上，最了解企业的，还是企业的员工和老板。

王文昌终于想明白了，自己提高了，还得让员工能够跟上自己的节奏。他决定通过与实际工作相结合，带着团队边干边学。托管培训虽然让企业和老板都轻松，但在实战中，会出现理论与实践相脱节。试想哪个将军不是亲自带兵？哪个将军会把部队交给别人去训练，自己当甩手掌柜的？即使有，他在接手之后，也要经过再次整训，为这支部队打上属于自己风格的烙印。如此在战场上，才能如臂使指，军旗挥处，势如破竹。

早期，王文昌在布置工作的时候，都是他在讲，员工在听。从几年前开始，王文昌只给出方向，并教导解决办法，然后通过几个具体案例，让团队逐渐厘清工作思路和工作方法，抓住工作价值点，运用目标管理和时间管理等手段，把工作流程简单化、规范化、标准化。

一个好的老板，能把企业带往正确的方向。同时，也会让团队紧密围绕在自己周围，跟着自己的思路，去不断探索和提升战斗力。

王文昌通过"给方向、教方法"这种启发式的团队教学方式，逐渐把团队的创造力和凝聚力激发出来。过去，佳昌开"夕会"时，王文昌会讲很多。现在，王文昌更多的时候是在倾听。

"如果我把什么都想到，什么都做到，还要他们干什么？他们懒得思考了，还能有什么提高？这对企业、对其自身，都是个灾难。"王文昌说，民营企业老板都很累，但很少能够意识到，这都是自己"惹的祸"。

令他欣慰的是，通过那十年的自我修炼，他已经跳出了旋涡，越过了自己的龙门。他怨恨过失去的那十年，那让他辗转反侧夜不能寐的十年。他更感谢那十年，通过那十年的"苦修"，他走出了自己的人生境界。

"那十年，其实并未虚度，它给了我人生最大的财富。"王文昌说。

《大学》有云："物格而后知至，知至而后意诚，意诚而后心正，心正而后身修，身修而后家齐，家齐而后国治，国治而后天下平。"

王文昌在求学时期，完成了格物致知、诚意正心的过程。通过这十年"苦修"，他达到了新的境界，并于2013年喜结良缘，进而抱得麟儿。

家庭给了他新的动力，他对未来愈发满怀信心。

在接下来的几年里，佳昌晶能从国内第三大砷化镓供应商一举跃升到首位。

期间虽然也经历了市场的震荡，但王文昌带领他的团队始终能保持一定的警觉和前瞻性，及时调整战略方向、产品结构和市场策略，同时不断加大人才引进和技术研发投入，让企业的根基扎得更牢，有实力去开拓更大的战场。

2018年，王文昌展开新的战略蓝图，在大庆地方政府和产业资本的支持下，打造国内首个"化合物半导体新材料产业园区"。

"如果不是新冠肺炎疫情，产业园今年上半年就能一期投产了。"王文昌虽然如此说，却并不沮丧。他觉得他是幸运的，因为他的核心团队，三驾马车已经完成了磨合，正式成为稳固的战斗伙伴关系。

"执行团队培养出来了，核心的决策团队也得成型。"王文昌说，刘关张不结义，刘备可能始终在织席贩履，诸葛亮不加入，三分天下就很难说了。

"我们有共同的使命、愿景和价值观，制定了利益分配机制和决策机制，做好了各自的分工。这是企业顶层设计最关键的东西。"王文昌满怀信心地说。

未来几年，佳昌和溢泰化合物半导体产业园，将打造百亿的企业，集聚千亿的产业集群。纵观国内外半导体行业的发展形势和格局，这个蓝图是有望实现的。

做世界上最好的砷化镓和化合物半导体产业集群，这在别人看来，堪称伟大的事业。但王文昌却谦称，再伟大的事业，也是由平凡的人来创造的。

王文昌最近常听朴树的《平凡之路》，特别喜欢其中几句歌词：

我曾经跨过山和大海

也穿过人山人海

我曾经拥有着的一切

转眼都飘散如烟

我曾经失落失望失掉所有方向

直到看见平凡才是唯一的答案

"不管你做的是多大的事，都不该自己戴上光环，而应该把自己看作是一个平凡的人，保持一颗平常心。如此不管经历多大的风雨，你都不会失去自我失去本心。"王文昌说，他得到过，也失去过，所以早已经把得失看得淡了。现在他做的，不是为了自己，而是要把佳昌，把这个化合物半导体事业做成一个更多人都能参与进来，并从中获得幸福的事业。

（大庆日报财经记者 王骁 供稿）

电气之光

陆晓琳（0865）

HARBIN
INSTITUTE
OF TECHNOLOGY

　　陆晓琳，1990年3月出生于哈尔滨市。本科毕业于哈尔滨工业大学和英国伯明翰大学，获得双学士学位。硕士毕业于美国康奈尔大学和清华大学，获得双硕士学位。现任全国民营500强企业——博发康安控股集团旗下哈尔滨博发电站设备集团有限公司总经理兼康安天下（北京）科技有限公司董事长，分管集团海外业务板块及新产品研发工作。2018年9月，陆晓琳荣获了"中国侨界十大杰出人物"提名奖。她还曾荣获"全国热爱企业优秀员工"、黑龙江省最年轻的"省劳动模范"、"哈尔滨市劳动模范"等荣誉称号，并当选为哈尔滨市人大代表、中国侨联委员、黑龙江省新联会副会长。

90 后的坚持　产业报国的情怀

（一）异国他乡求学——收获学业与爱情

一个女孩子选择了电气自动化专业，就注定要付出双倍的努力，更何况是在美国的名校。从小就比别人努力的陆晓琳头上一直顶着学霸的光环，在花样的年华，置身于异国他乡，追求学业理想，收获学业、事业，展开属于自己的人生故事。国外的求学生活并不像网络上流传的那样光鲜亮丽，自由享受。每天早上 6 点到晚上 12 点，大部分同学都在图书馆，周围同是成绩优异的学霸，大家几乎都通宵看书。要想跟上学校的节奏，一天当中基本都在啃书本，然后伴着夜色回到宿舍是再正常不过的事情。陆晓琳从小就是一个独立自强的姑娘，而在国外，没有任何亲人朋友的帮助，没有了父母的依靠，更是练就了她独立坚忍的性格。因为这是一个众多学霸组成的圈子，一个你稍微不努力就会被看

陆晓琳在康奈尔毕业典礼上接受院长颁发的学位证书

不起的圈子，人家根本不看你有钱没钱，就是看你的人品和学习成绩！以至于到现在，陆晓琳养成一个习惯，就是做任何事情，只要做了，就一定要做好，也是得益于这个良好习惯让她在技术上取得了突出的成就。

在国外求学的这段日子，人生最大的收获除了学识和能力，还有她的爱情。陆晓琳从小便是学霸，学习上的成就变成了生活中的调味品，直到遇见他——一个阳光明媚的东北男孩，彻底改变了她的人生。相同的姓氏成了他们相视而笑的纽带，相同的故乡拉近他们的距离，同是康奈尔的研究生学霸用自己的努力博得了姑娘的芳心。此时的他已申请到加州大学伯克利分校读博士，回到了他本科就读的学校。因为爱情，也为了心中相同的产业报国的情怀，他们选择了回国发展，想为国家的产业发展、为这个高速发展的国家和社会做点事情。成家的时候男孩对她表白："遇见你之前从来不知道什么是爱情，遇见你之后，却对你一见钟情。"如今，他们的宝贝已在牙牙学语，陆家齐——大概隐藏着他们对下一代修身、齐家、治国、平天下的美好祝福吧。

（二）投身祖国建设——孕育归侨梦工厂

2014 年，陆晓琳从美国康奈尔大学毕业后，多家美国顶级公司纷纷向她抛出了橄榄枝，面对良好的发展环境和优厚的待遇，她犹豫了很久，但心中产业报国的梦想始终在召唤她，她期盼着回到祖国学以致用。这是一个国家崛起于世界舞台的"磁场效应"：中国特色社会主义事业蓬勃发展的新局面和不断增长的国际影响力，对海外人才形成了强大的吸引力。拥抱"中国机遇"、投身"中国梦"、实现自己的梦想成为众多海外人才的共同选择。此时她毅然决定：放弃国外的优厚待遇和良好的科研环境，回到祖国母亲的怀抱，带着知识和技术回国，推动中国高科技产业的发展。归去来兮，陆晓琳遵从的是内心的呼唤。

陆晓琳回国后进入了全国民营 500 强企业博发康安控股集团。博发康安控股集团生产的电站设备和承揽的工程遍及亚洲、非洲、南美洲等 30 余个国家及地区。右图为陆晓琳参与管理的东南亚大型火电站项目。用她的话说：民营企业有更高层次的发展，更大的发展空间，更多的资源配置，这些优势带来了

东南亚大型火电站项目

机遇。技术上学贯中西、融通中外的优势是她的"秘密武器"，把技术带回中国，成为行业中的佼佼者，家乡的装备制造业更需要她这样的人才。进入集团后，第一项挑战就是参与管理了当时中国出口最大的坑口火电站项目 3×660 MW 机组，合同总金额 16.8 亿美元。项目启动后，作为集团涉外技术合作的桥梁，陆晓琳负责组织项目设计方案及图纸设计初步审查工作，处理项目辅机设备选型等技术问题澄清。她是一个对技术十分较真的人，这就意味着要比别人付出更多的时间和精力。在一次与外方谈判，进行技术澄清文件洽谈的过程中，针对一个大型设备中国标准的适用性问题，双方僵持不下。外方坚持要用进口设备，而这一设备的适用标准更换，将是几千万美元费用的差距。这一设备，陆晓琳并不陌生，作为电站行业的关键性部件，早在半个月前她就开始研究、查询资料，与多个设备厂家沟通，并已初步得到数据，经过改进完全可以替代国外进口设备。正在双方处于僵局之时，陆晓琳用流利的英语向对方一一介绍可替代进口的设备名称、数据型号及国家标准，对方技术代表并未现场表态，但是表情已经说明一切，他们忽略了我方代表在技术上的专业，当即表示要回去研究一下是否可行，经过一周深入研讨后给出答复，国产设备这一结论是可行的。这次谈判之后，

陆晓琳不仅为集团节约了几千万美元的设备成本，更让国外企业对于中国的设备有了更深的了解和高度的肯定。此后，陆晓琳又参与管理了菲律宾电站项目、马来西亚联合循环电站项目、印尼多个发电厂项目。项目恰好分布在"一带一路"沿线国家，在陆晓琳的带领下，团队在项目建设的同时，加强了对"一带一路"沿线国家的国情、侨情的了解，深化了对海外的经贸交流，努力做到了设施联通、贸易畅通、资金融通、民心相通。在把握机遇的同时，陆晓琳意识到产业报国不可只凭借原有的技术，"中国制造"如何变成"中国创造"彼时已是她内心深深的呼唤。

（三）科技提升核心竞争力——向"中国创造"迈进

陆晓琳经过国际大公司的锻炼，经历了大型国外项目的考验，国外设备的高端及严谨震撼着她，她充分地意识到"中国创造"的重要性。当时的状况是很多政府实验室和科研单位宁愿出高价购买国外品牌的仪器设备，也不愿意相信国产设备的品质。因为没有专利知识产权作为技术先进的背书，没有先进制造基地作为质量的保证。从行业的角度来说，企业一定要拥有自主知识产权并有持续研发产品和先进制造把控质量的能力，拥有自己的品牌和市场，同时质量和服务也需要有被认可的美誉度。鉴于此，她以独有的国际视野前瞻性地提出了"以技术研发立命，以资本运营开路，以国际信誉赢发展"和以文化为引领"走出去，走进去，走上去，

陆晓琳荣获"黑龙江省劳动模范"荣誉称号

走回来"的战略思维。经历国外工程项目之后，在集团的支持下，陆晓琳快速组建起自己的战队，她作为技术骨干带领团队成员一头扎进工厂组织研发。她清楚地意识到，改革创新、不断实现技术升级、提升产品竞争力才是取胜市场的第一要素。

技术研发是一项艰苦的工作，从设想到变成真正可行的方案需要付出巨大的努力。她带领团队先后研发了"大型循环硫化床锅炉灰渣流量控制阀""蒸汽锅炉水气分离器专用叠加式波纹板组""用于控制烟气流通的关断阀""不等径不等节距螺旋给煤机""蒸汽锅炉锅筒内部波纹板水汽分离器""用于 410 t/h 循环流化床锅炉的下倾旋风分离器"6 项技术获国家发明专利，并获得国家发改委高度重视和首台套支持资金一千余万元。特别是锥形阀的研发，它是循环流化床锅炉重点关键产品，其技术含量高、结构比较复杂。该项目符合国家产业政策，属于产业技术进步。此项目的建设，不仅填补了国内的空白，替代了进口产品，并且达到了国际先进水平，完全可以进入国际市场参与竞争，有利于我国电站、大型城市供热等能源行业的"高效清洁燃烧"和"节能减排"的实施。为了做出最佳方案，她白天带领团队做实验，晚上经常是彻夜不眠地查找资料，改进方案。为了赶进度，项目组成员通常是晚上测试一个通宵，第二天早上回家睡觉，下午仍旧照常上班。有时候，为了及时修正数据，甚至在工作一个通宵之后，第二天早上又接着上班，进行数据分析。那时，全项目组成员都只有一个愿望，就是一定要早点拿出样机！经过 3 年的攻坚克难，该产品项目已取得多项国家发明专利，一举打破了欧美国家在该领域独揽天下的局面，实现了大型电站设备替代进口的愿望。该项目在充分利用现有技术优势的基础上，满足了 300 MW 电站循环流化床锅炉配套使用。该设备投入市场后为企业每年创造 3 000 多万美元效益。在项目研发的过程中，陆晓琳始终坚持一个原则：绝不放弃！无论遇到什么样的技术难关，她从未有过放弃的念头。她想，努力就是有时靠热情，有时靠坚持，热情可能会被现实打击得不如从前，甚至体无完肤，但只要凭着对技术精益求精的态度撑住一口气，就有着千千万万坚持下去的理由。以此，她尝试着更多的可能性，不断迎接挑战、挖掘自身潜力。

（四）调整产业布局——机遇下的管理升级

创新既是时代的呼唤，又是企业文化自身的内在要求。优秀的企业文化往往在继承中创新，随着企业环境和国内外市场的变化而改革发展，"卓越源于专业，满意来自诚信"成了企业立足之本。如何创新，陆晓琳有她自己的见解，当下的全球经济中国际贸易给中国经济，尤其是民营企业打开了另一扇窗。陆晓琳发现了这一机遇，本着对美国文化、语言以及商业习惯的熟悉，充分发挥自身优势，开始拓展公司新的业务。在陆晓琳的推动下，集团从去年起就开始与世界最大的单体燃料乙醇工厂美国玛吉斯能源有限公司、世界最大乙醇生产商美国 ADM 公司（世界 500 强）以及其他美国乙醇供应商如 CHS（世界 500 强）等签署战略合作协议，以美国芝加哥商品交易所（CBOT）浮动乙醇期货价格加上固定船运基差作为结算价格，长期从美国购买燃料乙醇供应国内市场。从美国进口燃料乙醇供给中国市场不仅有利于促进中美贸易、增进中美友谊，更能助力祖国建设。截至去年集团已从美国进口燃料乙醇 40 万吨，年销售收入近 4 亿美元。

集团海外项目—— Cosmic Foodie

博发集团另一海外投资项目——Cosmic Foodie（美国最大的连锁餐车及移动线下广告运营商）的启幕，也是基于陆晓琳对美国生活的了解及对祖国美食的热爱而推广至全美。目前，美国餐车 Cosmic Foodie 公司旗下共有 5 个餐饮品牌：Bao & Buns（改良中式包子）、Grill Chess Truck（洛杉矶认知度最高的餐车品牌）、Lobos（全美最早美食餐车品牌）、Chi Huo 和 Medica Noch（风靡洛杉矶的古巴美食），一举成为全美最大的连锁餐车企业及移动线下广告运营商，并为奥斯卡颁奖盛典提供餐饮服务，致力于为全世界提供高质量的餐车服务。陆晓琳说："中国菜是中国元素的重要代表，如何让更多的中国元素走上世界舞台，我作为归侨责无旁贷。"

此时陆晓琳已经有了充足的实践经验，加上她在国外求学工作时练就的国际性战略眼光，经过不断调整和优化布局战略，在培育核心竞争力优势的同时强化集团可持续发展动力，使集团走上了一业为主、多元化发展的企业巅峰之路。目前，她投资和创新的足迹已遍布多个发达国家，她将带队洽谈澳大利亚 8 个光伏项目，以及斯里兰卡水上光伏项目，计划将其收入她的旗下。

（五）就读清华 MBA——厚积而薄发

陆晓琳在项目管理和设备创新方面取得成就的同时，从未停止学习的脚步。当初从全美前十的康奈尔大学毕业后，她就立志将在美国学到的先进技术应用到新型电站的设计当中，此时她已经将梦想付诸实践。而后她又将目标投向了更高更远的方向，走入了清华大学工商管理（MBA）的课堂，成为清华 MBA 课堂上年龄最小的学生。

当时面试的情景她还历历在目，面试过后，一个面试考官给她发来信息说："你是我面试十年来遇到过最小的学生，但是你的表现非常出色。"这位面试官是清华经管学院顾问委员会委员，也是清华知名的校友企业

陆晓琳就读清华 MBA 时代表团队发言

家。这段时间的学习给陆晓琳带来的是沉淀和积累，人生犹如逆水行舟，不进则退，而她选择了厚积而薄发，正如她所在的博发集团创办之初的愿望一样：博观而约取，厚积而薄发。经过 2 年的学习，她已从清华大学顺利毕业。

（六）感恩同行——诠释企业力量

陆晓琳在全省青年企业家理想信念报告会上做题为"扎根制造业　振兴黑龙江"的演讲，受到省领导的充分肯定。

陆晓琳在事业上取得巨大成就的同时，作为项目总经理，她在集团内部发起了"感恩同行，热心公益"的号召，成为集团内部的公益大使。2017 年，在陆晓琳的推动下，集团投入 120 万元在佳木斯大学成立优秀大学生助学基金，资助品学兼优且经济困难的大学生。她注重扶贫、扶志与扶智相结合，关爱、鼓励他们在大学阶段努力学习，顺利完成学业，圆梦大学校园，将来为社会贡献智慧，以自身努力回报社会。在同江市遭遇百年一遇洪水灾害之时，陆晓琳与全体员工捐款捐物，集团还通过提供给受灾群众住房等方式投

作为哈尔滨市第十五届人大代表为家乡发展建言献策

入 200 万元。2018 年她又响应集团的扶贫号召主动捐款捐物，集团投入约 240 万元救助同江贫困户。近年来博发集团通过社会救助、捐资助学等活动累计为社会捐款捐物逾 3 000 多万元，陆晓琳是积极的参与者，也是奉献爱心的推动者。

陆晓琳曾在一次讲话中向集团 2 000 多名员工提出倡议：让我们"以才干展现自我，以品牌创新企业，以成就回报社会"，用行动践行"创社会财富，还人类幸福"的企业使命。一个企业的公益口碑在业界被传为佳话。

习近平总书记说："青年兴则国家兴，青年强则国家强。青年一代有理想，有本领，有担当，国家就有前途，民族就有希望。"中国梦是历史的，现实的，也是未来的；是我们这一代的，更是青年一代的。"我们作为青年侨商，要坚定理想信念，志存高远，脚踏实地，勇做时代的弄潮儿，在实现中国梦的生动实践中放飞青春梦想，在为人民利益的不懈奋斗中书写人生华章。"这就是一个 90 后归侨的情怀。

电气之先　　吴献斌（8263）

　　帆船运动爱好者，现任哈工大上海校友会秘书长、上海雨晟信息科技有限公司总经理。

逆风而行的奋斗者

想象中，吴献斌的那张名片应该是立体的，并且跨越了上下五千年：一面是鼓鼓的风帆，他来自于古老的大航海时代；而另一面是无所不及的人工智能，他存在于已来的未来。企业家和航海家的灵魂一旦相遇，勇气和探索的血液就会奔腾不止。

（一）逆风飞翔，第一次登船的震撼

一个偶然的机会，在上海淀山湖美帆基地，几个外国帆船手因为缺乏人手，便让吴献斌上来压压船。吴献斌本身就是一个充满冒险精神的人，自然没有畏惧。但是，上船之后吴献斌震惊了，因为帆船并不是"一帆风顺"地前行，甚至没有顺风而行。帆船是顶着风跑的，风越大，速度反而越快。这完全打破了他以往的认知。冷冽的风吹在吴献斌的脸上，而他心里却翻腾着热浪，他一下就喜欢上了这项倔强的运动。

（二）团结协作，帆船是一项团队运动

喜欢上帆船之后，吴献斌就组建了自己的队伍，而且请来了国内最专业的帆船教练。既然爱上了这项运动，就要做到最好。吴献斌和他的队友们，几乎每周都会从市区开几个小时的车来到淀山湖训练，风雨无阻。

吴献斌说，帆船并不是靠一个人的运动，要想取得好成绩，就要靠团队协作。就像企业和企业之间的比拼，拼的不是你的长板，而是你的短板。帆船同样适合木桶原理。就算你的队伍中有一名世界冠军，但是其他队员的能力基本功有问题的话，一样得不到好的成绩。

作为队伍的船长，吴献斌要在比赛中把队伍的荣誉感、合作性调动起来。帆船运动没有什么天才，是世界上唯一一个男女老少一起参加比赛的运动项目，常常有女同志或者老同志的队伍战胜年轻力壮的男同志队伍，靠的就是努力和协作。

（三）排解压力，感悟人生的意义

虽然吴献斌带领队伍取得过非常多的荣誉：商学院冠军、城市赛冠军以及世界级比赛的冠军，但是，吴献斌说，这些并不是他玩帆船和坚持帆船运动最主要的原因。

在玩帆船的过程中，吴献斌认识了一帮志同道合的伙伴。工作之余，他和伙伴们一起挥汗如雨，在赛场上挥斥方遒。正是这种单纯的协作和付出，让吴献斌在帆船运动中找到了自己的内心，感悟到了生命的意义。

哈工大上海 18 位校友向威海校区赠送帆船

（四）人工智能，人生又一片蓝海

走下船舷，带着习习海风的吴献斌又恢复了企业家的一面，参与上海"中国人工智能未来小镇"的设计。未来的闵行小镇占地约4.6平方公里，将按生活场景应用展示各种最新的人工智能产品，如无人驾驶汽车、机器人餐厅、机器人按摩院、虚拟和现实的游戏中心、智能酒店、未来医院、机器人的康复医院等等，是集旅游、科技和创新为一体的全球人工智能高地。

这些充满科技感的项目，让人充满了期待和无尽的想象。

对于帆船的热爱，会有一万个理由。但对于吴献斌来说，是船上的桅杆，使他的视野更加高远；是海面的逆风，让他的风帆更加飞扬。

我们期待吴献斌率领的船队再传捷报，我们期待能早日走进那个炫酷的梦中小镇。

五光

十色

活跃在各行各业的电气之光

电气之光

电气之光　　　哈工大北京校友会电气分会

　　电气工程系是哈尔滨工业大学成立最早的系之一，前身是电机系，成立于1952年。经过多年的发展，形成众多电气工程相关专业，同时也是当时哈尔滨工业大学招生最多的院系之一。从建校到现在，从电气工程系毕业的学生，秉承哈工大"规格严格，功夫到家"的校训，在不同的工作岗位，继续抒写哈工大人的新篇章，为国家经济建设和科技发展做出了重要贡献。电气工程系的毕业生，有很多分配到北京或者陆续到北京工作。经过多年的积累，形成了人数众多的校友群体。以往在京的电气工程系校友一般以班级的形式单独聚会，偶尔也有同年级的聚会，跨年级的联系非常少。电气校友若有大范围的聚会，基本上为每年参加北京校友会组织的蟒山登山活动。随着在京的电气工程系校友的不断增多，以及离开学校后对于母校的思念，大家这种相互聚会的愿望越来越强烈，越来越迫切。

哈工大北京校友会电气分会成立纪实

（一）哈工大电气工程系 2009 年团聚会

2009 年初，电气工程系 88 级 63 和 64 专业的几名热心同学，一拍即合，在仔细酝酿和认真讨论后，决定组织一次全系北京校友的聚会。在这些热心同学的共同努力下，主题思想为"重温同学友情，共铸工大荣光"的哈工大电气工程系 2009 年团聚会，于 2009 年 6 月 20 日下午，在北京市怀柔区红螺寺旁的钟磬山庄盛大召开。

本次团聚会以 88 级为主，同时邀请北京校友会学友崔学海、87 级学长朱彤、何亚琼、王新红以及 89 级和 90 级学弟学妹参加。电气工程系的许多基础课，各专业都是在同一个阶梯教室授课，因此全系的同学相互间都认识。但大家离开哈工大已经十几年，毕业后好多人一直没有机会见面，同学们脑海中还是在象牙塔里的各自形象。这次聚会开始，经常出现的场景是：两人互相紧握着双手，嘴里说着很熟很熟，就是叫不上名字，在旁边同学的提醒下，才各自将之前记忆中的印象和眼前的人一一对应。岁月在每个人的脸上都留下了痕迹，依稀能见到两鬓的白发。生活也增长了各自的腰围，大家普遍比在校时胖了不少。下午的会议在异常热烈的气氛中召开，由徐鹤立同学报告本次团聚会的筹备情况，然后各位与会同学纷纷做自我介绍和发表感言。发言从一开始就洋溢着欢快热烈的气氛，大家介绍自己毕业后的情况，虽然专业不同、岗位不同，但各自都已成为单位的骨干，也成为每个家庭的顶梁柱。已近四十而不惑的年龄，每个参会的同学都敞开了心扉，仿佛回到了那段激情燃烧的青葱岁月。大家激动的心情相同，纷纷表达了一个共同的愿望，希望校友活动规模越来越大，次数越来越多。晚上 6 点半，在刘志刚同学发表祝酒辞后，团聚会晚宴正式开始。局面从一开始就达到一个高潮，在饭菜还没有怎么吃的情况下，就陷入混战之中。专业对专业，班级对班级，宿舍对宿舍，同学们相互敬酒，抒发各自的情感，仿佛有说不完的话。第二天上午同学们共同畅游红螺寺，领略自然山水之灵气，尽享传统文化之熏陶。

（二）哈工大北京校友会电气分会成立暨联谊大会

怀柔活动的成功举办，让大家对于下一次聚会有了更多的期待。其中有校友提出能否成立一个校友分会，以此建立一个长久和良好的平台，为在京的电气工程系校友服务。

这项提议得到众多校友的支持，特别是 87 级朱彤的大力支持和帮助。有鉴于此，怀柔团聚会的组委会又多次探讨，以此为议题召开了多次会议，讨论成立分会事宜，并且详细探讨了分会的组成、范围、宗旨等方方面面的问题。最后又召开了一次扩大会议，涵盖电气工程系的多个年级的校友，一致决定成立哈工大北京校友会电气分会，以在北京工作的电气工程系校友为主体，使校友会成为校友之间联络感情、交流信息、互相帮助的平台，也是与母校沟通和联系的桥梁和纽带。这次预备会决定在 2010 年 3 月 20 日召开成立大会和联谊会，特成立组委会，确定各年级的总联络人，以组委会名义邀请学校领导和电气工程系老师及一些京外校友参加，庆祝电气分会的成立，同时庆祝母校 90 华诞。

由于确定活动日期后，留下的时间只有一个月，组委会的成员开始了紧张的筹备工作，通知校友、确定场地、筹划经费、会务组织等工作有条不紊地进行着。最终确定 2010 年 3 月 20 日至 3 月 21 日，在风景优美的北京市昌平区凤山温泉度假村内，召开哈工大北京校友会电气分会成立暨联谊大会。激动人心的这一天终于到来了。

3 月 20 日，是北京最长的一次供暖期结束的日子，然而一大早北京却出现了当年最大的一次沙尘天气，漫漫黄沙伴随着5~6级的北风呼啸而来，整座城市全都笼罩在这肆虐的黄沙之下，这似乎要给这次活动添加点颜色。在大家忐忑不安的等待中，临近中午时分，随着风势慢慢变小，黄沙散去，又现湛蓝的天空。

组委会的各位校友在迎宾楼大厅内紧张地整理会议资料并装袋，原定的报到时间为下午一点半，结果才十一点半就有一些积极的校友来到了报到处。这让组委会的校友欢欣鼓舞。

随着时间的推移，同学们陆续赶来。大家惊喜地互相辨认着，好多人就在报到处兴奋地攀谈起来。特别是从哈尔滨专程赶来的各位领导和老师的到来，以及北京校友会的崔学海带来的部分校友，使现场掀起了一个个高潮。校友们在报到处领取了本次活动统一制作的资料、胸牌和纪念品。

下午四点，全体与会人员在宴宾楼前进行合影留念，共同留下了美好的瞬间。

合影后，全体校友共聚在宴宾楼三层会议室内，正式开始哈工大北京校友会电气分会成立暨联谊大会。

"十几年前或二十年前，与会各位校友怀揣着对大学校园的美好梦想，背上行囊来到了美丽的冰城哈尔滨，走进了哈尔滨工业大学，开始在知识殿堂学习生活。在学校里我们秉承'规格严格，功夫到家'的校训，并且在以后的工作中深受影响。

"今年是哈工大建校 90 周年，我们这些在北京努力打拼的学子与母校领导老师相聚在一起，共同祝福母校 90 华诞，重温往事，共叙友谊，增进团结，展望未来。

"同时庆祝哈工大北京校友会电气分会成立，校友会是我们校友之间联络感情、交流信息、互相帮助的平台，也是与母校沟通和联系的桥梁和纽带。"

随着主持人——8863 的王辉军的话语，大会拉开了序幕，大家仿佛回到了过去的校园生活。这次大会从哈尔滨专程赶来的学校领导、老师有很多位，其中就座主席台的有哈工大原党委书记强金龙、哈工大电气工程系原系主任王铁成、电气工程及自动化学院院长徐殿国、哈工大校友总会常务副会长顾寅生。熊焰老师因工作原因无法参加会议，由别人代表致开幕词。学校的各位领导和老师纷纷发言，对于校友会的成立表达了各自的喜悦之情。随后进行了揭牌仪式，宣告哈工大北京校友会电气分会正式成立，这也让会议达到了一个高潮。学生代表李海鹰和朱彤也上台发言，感谢母校的培养以及对电气分会的支持。最后徐殿国院长向与会的校友详细介绍了电气工程及自动化学院，让已经离开校园的各位校友，对于学院有了一个较为深刻的了解。

晚上在宴宾楼举行盛大的晚宴，众多校友和老师欢聚一堂，互相介绍各自的工作和生活情况，大家向各位老师表达了感激之情，以及对母校的思念。宴会期间还进行了抽奖活动，现场高潮迭起。晚餐后是受大家欢迎的卡拉 OK，吸引了众多校友一展歌喉。第二天上午，是这次活动的最后一项内容——登蟒山活动，校友们兴致勃勃地参加，登山一览北京风光。本次活动参与人数众多，先后到会的师生有 140 余人，至此本次校友聚会活动圆满成功。

哈工大北京校友会电气分会的成立，让众多的北京校友有了更多相互接触和了解的平台。校友会的目的和宗旨是校友之间联络感情、交流信息、

互相帮助的平台，也是与母校沟通和联系的桥梁和纽带。

2020 年，正值母校哈工大百年华诞。一百年来母校风雨兼程、几经沧桑，赢得桃李满天下。今天哈工大再次让我们搭起一个结识校友、共谋发展、温馨温暖的校友会平台。北京校友将不分职务、不分年龄、不分行业、不分入会早晚，将在京的校友联系在一起，通过联络校友，加深友谊，共同团结、共同帮助、共同发展、共同进步！

电气工程系 92 级部分学子素描

——从规格严格出发的"升级打怪"之路

人这一生，或长或短，或功成名就，或平平淡淡。如果是一条路，注定不是一条一眼就可以望到尽头的笔直大道；如果是一条河，注定不是波澜不惊的小沟渠；如果是一座山，注定不是只有一座主峰的山头。无论是跌宕起伏、曲折难料的路，还是弯弯曲曲、激荡澎湃的河，亦或是绵延起伏、高耸入云的山，尽管风光各异、精彩不同，但冥冥之中却都有些事在难以名状的力量驱使下发生。

中国的古语云，三岁看大、七岁看老；周易中说，男八女七；西方，也有很多流派把七年作为生命的重要周期。而头三个七年，不仅是我们的身体基本形成的时期，也是我们形成自己的人生观、世界观，甚至是开启情感生活最重要的时期。

大学四年，通常入学年龄为 17 ～ 19 岁，毕业年龄为 21 ～ 23 岁，恰好是这个阶段收尾的时期。毫不夸张地说，也是真正形成自我的时期，因为大多数学生在入大学之前，都还躲在父母和家庭羽翼的庇护之下，而迈入大学那一刻起，才真正开启属于自己的人生之路。

不管是三、五，还是七、八，数字的背后只是不同阶段的呈现而已，就像风靡一时的王者荣耀一样，人生就是一条升级打怪之路，借由家庭、学校、社会等不同的修习之道，不断提升自我，到达新的高点之后，一切仿佛又从头开始，周而复始，螺旋前行。

在规格严格的象牙塔中，每个人都有自己的标签，每个人又给别人贴上林林总总的标签，构成了校园中的众生相。有的是学生干部，有的是文艺青年，有的是苦读学霸，有的是通宵牌霸，有的是专业达人，有的是老师跟班。

24年过去了，当年青春激扬、意气风发的92级6系少年们，都在走着什么样的升级之路，今朝又是哪般模样呢？

（一）吕恒——想念一舍，想念母校

吕 恒

920651班，哈尔滨人。班长，系、院学生会主席。1996年保研，就读于机器人研究所，师从王炎教授和徐殿国教授，1998年硕士毕业。从大一开始，几乎收割了各种优秀、奖学金全部最高奖，直至以获得优秀硕士毕业生奖结束学生时代。

1998年7月，以俄语生背景，被世界500强——宝洁（中国）公司破格录用，也是计算机与电气工程学院加入宝洁公司的第一人。

毕业后，他在宝洁不断学习成长。作为哈工大人，吕恒展现给宝洁的是哈工大人的学习能力——进入宝洁之前，俄语生吕恒不懂英语，十个月后，他已经用英语在生产一线指挥了。吕恒在宝洁的第一份工作是工艺工程师，2000年在日本通过了三级可靠性工程师考核。2002年担任保洁帮宝适项目经理，成功地作为项目负责人实现第一条帮宝适自动化生产线国产化，接下来轮岗管理生产运营和计划部门。近十年先后担任大中华区帮宝适产品供应部总经理，江苏宝洁有限公司厂长、总经理，目前担任宝洁公司全球声波电动牙刷创新总经理。

最近这十多年，几乎每一年，吕恒都会回到哈工大，作为宝洁的校园招聘负责人，邀请更多优秀的哈工大学弟学妹加盟宝洁。

以下是吕恒的记忆和抒怀——

哈尔滨工业大学这个校名是朴实的，没有风花雪月的故事。校训"规格严格，功夫到家"是有力量的，顶天立地的，深深地影响着一代又一代的学子。从接到录取通知书那一刻起，哈工大这个名字就融入到每个人的生命里，那个坐落在遥远北方四季分明的校园也刻画在记忆中，当然那群可爱同学的身影也就从此挥之不去了，每每回想起来都觉得特别温暖！今天就专门聊聊大学宿舍，我们共同生活四年的家！

1992年，刚入学的大学生们是青涩的、懵懂的，带着刚刚离开家的自由和洒脱。报到的场景很热烈，高年级的师兄（少有师姐）们早早在宿舍楼下摆好桌椅等待新生，跑前跑后帮忙提行李送到寝室。无比兴奋的是那些操着各地口音的新生，带着家乡的仆仆风尘，脸上洋溢着欣喜和憧憬。或在父母陪伴下，或三五老乡一起，就这样进入了大学生活的第一站——哈尔滨工业大学第一学生公寓。说起第一公寓，虽然已成为历史，却承载着很多哈工大学子四年的朝夕相处，见证了每个人的点滴生活。睡觉吱吱响的床铺，值日前堆积如山的寝室垃圾，熄灯后最繁忙的水房，无聊又乐此不疲的卧谈，考试前挑灯夜战的走廊，含蓄的友寝活动，偶尔有女生探访时左邻右舍的频频出现，都发生在这里，也定格在记忆里。

必须要提的是自习归来，晚上八点半开始的夜宵，尤其是冬天，冒着充满诱惑的香气！包子里有粉条，烤饼外焦里嫩，简直是人间美味。在自习室一晚上的苦读，傍晚四五点钟吃的晚饭早已消耗殆尽。回来后几乎人手一个包子或烤饼，边吃边回到寝室。有很多同学甚至为了夜宵提前结束自习回到宿舍，怕晚了吃不上，那味道今生难忘。第一公寓外面有摆小摊的，也有铁皮房炒菜的，夏天尤其热闹。有条件的同学偶尔改善一下伙食，坐在拥挤的小板凳上，吃得满嘴油汪汪，两瓶啤酒下肚又你好我好地口若悬河。有心的同学还打包剩下的饭菜带给寝室的老幺，或者每天只吃馒头咸菜的小伙伴。虽然是不经意的举动，却也蕴含着满满的体贴和尊重。

一舍曾被誉为亚洲最大的学生宿舍，同学们也经历了一段四层接盖两层的艰苦岁月。住在四楼的同学不容易，叮叮咚咚盖楼声不说，时不时的状况也让大家应接不暇。有个宿舍的老幺是睡在上铺的兄弟，深夜嚎叫着连滚带爬跌下来，其他人被惊醒后以为他梦游了，其实是天棚一块带着砖头的水泥掉在了床上。那个兄弟惊出一身冷汗，自然也就不敢睡在自己床上了。还好下铺的哥们收留了他，兄弟俩甜蜜地同床了几晚。其实那个年代睡眠都很好，小插曲一过转眼就天亮了，寝室从此也就开天窗可以夜晚洒满星光了！终于苦尽甘来，五楼六楼装修好了！竟然分给了女生做宿舍。一舍成了混寝，而且五六楼还有自习室。可想而知会有多么拥挤和火爆，以学习为目的的当然不用走远就可以自习了；但狭隘地猜测，大多数人是向往五六楼的神秘，因为那是女生生活的楼层。有时明知道自习室不会有空座，还是忍不住上去转一圈，然后带着满足再走出一舍奔向教学楼自习！当然这种混寝也带来不少糗事。炎热的夏天正在水房冲凉的同学，忽然听到女生说话的声音，迅速将盆子挡在身前，靠墙而立，一场虚惊。然而也有不虚的，女生从容地步入水房，旁若无人地把水果洗完缓慢地走出去，那几个靠墙而立的哥们只剩下一脸滑稽的苦笑！

大学留给每个人的是成长的经历，是一段在人生最宝贵年华里的体验，而宿舍则是这段旅程的驿站！每天爬过无数次的楼梯，无论是当他们累了一步步走上来的，还是三阶并作两步飞跃上来的，慢慢地都将搭建起通往未来的阶梯。宿舍里的嬉笑玩闹，考试前的紧张准备，也为后来迎接人生更大的挑战编织了战衣！寝室里班级间的沟通与相处，铺陈了每个人未来的处世之道。当然每次考试的英雄重排座次，也带给每个人对未来的思考与定位！

夜深了，本科毕业24年后的生活是平静的，进入不惑人生，经历过起起伏伏后已知天命所在。心静了，却也更加怀念大学宿舍里那份独特的喧嚣！第一公寓已经成为历史，但那个家，那段朝夕相处的生活，那段激情燃烧的岁月，将永远驻留在每个人的记忆深处。在母校百岁华诞之际，谨代表个人送上最诚挚的祝福！感谢哈工大的培养，感谢所有授业恩师的教导，感谢同学们的友情！岁月如歌，祝母校基业长青，桃李满天下！

（二）张学英——电气之光与航天精神

张学英

920652 的四朵金花之一，辽宁人。从 1992 年的金秋时节走进哈工大的校园起，她就开启了学霸模式，每个学期的成绩不是班级第一就是班级第二，拿了无数的奖学金后以班级第一名的成绩保送本专业硕士研究生。

硕士毕业后，她到中国运载火箭技术研究院工作，从事运载火箭地面测发控系统设计工作长达 20 年。现任"长征五号"运载火箭主任设计师，是新一代大推力运载火箭研制的骨干力量。

乐在学习中　扎实基本功

在紫丁香花盛开的校园里，每一个自习室都留下过张学英的身影。松花江风吹拂下的阳光，照亮了每个扎实奋进者脚下的路。她的绝大部分时间都花在了教室和自习室里，她徜徉在知识的海洋里乐此不疲。每一次上课，她都不迟到，认真听讲认真做笔记；每一次作业，她都一丝不苟，不留下疑点；每一次考试，她都融会贯通，建立体系。

随着课业的推进，她逐步体会到"规格严格，功夫到家"的意义。在人才培养上，哈工大选择的是通识教育与专业教育相结合。学校在加强基础教育的同时适当拓宽学生的知识面，但又不是无限地拓宽，而是要求学生在打牢一定基础后在专业上深入学习，要求学生具备较好的专业知识和较强的专业能力。

打基础，基础要宽厚，包括自然科学基础、专业基础、技术基础甚至人文和艺术修养等综合素质，打基础的目的是使专业更加出色。在专业教育上，坚实的基础理论和系统的专业教育使学生养成了理性思考、求真务实、严谨审思、认真细致的科学思维方法和开拓创新的品格作风，同时造就了学生不断学习、不断完善自我、提高综合素质的本领。专业教育就像解剖麻雀，可以举一反三、触类旁通，通过高标准、严要求地学深学透一门专业，掌握科学的学习方法、提高创新思维和创新能力，从而在相关专业甚至不相关的领域也能做得非常好。深邃之处见素质，细微之处见功夫，哈工大人，从做学术到做人，都有这样一种优秀的品质，这是哈工大的传统和精神使然。

哈工大校训在航天研制中的溢彩

1998 年 8 月，张学英硕士毕业后来到中国运载火箭技术研究院总体设计部工作，从事运载火箭测发控系统设计工作。

作为一名航天新兵，工作之初，她就很努力很认真。她要求自己看懂每一张图纸，读懂每一份文件，连好每一根电缆，做好每一项操作。从工作中学习，从实践中成长，她做得很踏实很快乐。跟着带她的老师学习遥测供配电系统设计，她积极主动、不挑活、不怕琐碎、不怕辛苦、不怕累，深受老师好评，在老师的耐心传授下，张学英掌握了运载火箭供配电系统工程设计方法，打下了良好的运载火箭电路设计基础。

2003 年，新一代运载火箭的立项论证工作进行得紧锣密鼓，电气系统一体化设计是关键技术之一，亟须组织研制队伍开展攻关工作。这时她面临着两种选择，一是继续做现在的遥测供配电系统设计，二是从事电气系统一体化设计。电气系统一体化设计是开拓性的工作，研制难度大，研制周期长，存在较大不确定性，是一项极具挑战性的工作。很多人选择稳妥、风险小、周期短的工作，而对张学英来讲，她更喜欢有挑战性的工作，她选择了一条少有人走的路。随着关键技术攻关工作的推进，电气系统一体化的方案也在不断完善并趋向合理化，在这个过程中，她更深地体会到中国航天系统工程的真谛。系统工程的主要任务是根据总体协调的需求，把自然科学和社会科学中的基础思想、理论、策略和方法从横的方面联系起来，应用现代数学和电子计算机等工具，对系统的构成要素、组织机构、信息交换和自动控制等进行分析研究，借以达到最优化设计、最优控制和最优管理的目标。总体最优是航天系统工程的真谛，一切围绕和服务于整体目标。

最美火箭和最美设计师

从事长征五号运载火箭的研制，是一项无比光荣自豪和充满挑战性的工作。长征五号运载火箭又称"大火箭""胖五"，是我国从航天大国迈向航天强国的重要标志。其研制之难和风险之大，并非一开始就能认识和全面识别的。航天人凭着特别能吃苦、特别能战斗、特别能攻关、特别能奉献的载人航天精神，实现了国家重大高新工程的成功。

张学英从事地面测发及指挥控制系统设计工作，负责测发网络、动力测控子系统的设计工作。她设计了高可靠高性能的地面测发局域网系统，构建了地面测发信息的高速公路，实现了火箭测发设备的互联互通、远距离高可靠测发控制。她在传统功能的基础上，积极推进技术创新，进行统一测发控关键技术、网络监控技术、健康监测技术攻关，大幅度提高测发网络的可靠性、自动化水平和智能化水平。胖五火箭的动力系统异常复杂，有 3 种新型低温发动机，测试发射控制复杂可靠性要求极高，研制中不得不采用大量新技术。在攻关研制中，张学英秉持哈工大校训的真谛，坚持功夫到家的原则，所有问题均刨根问底，做到技术减低，风险可控。随着研制工作的进展，张学英在测发控专业的广度和深度也在不断扩展和加强，成为型号研制的骨干力量。她在具体的设计和试验中，积累了丰富的工程经验；她通过型号研制的三个阶段，做到了吃透规律，掌握了航天系统工程方法；她不断地总结和反思，坚持理论和工程相结合相促进，提高了分析和处理问题的格局和效率。

由于工作能力突出，张学英于 2015 年被提拔为型号的主任设计师，成为分系统技术的第一负责人，她需要完成从高绩效个人向带一个高绩效团队的转变。为了能快速适应岗位职责要求，她自学了大量的团队管理知识，在实干实战的基础上提高团队管理的理论水平，掌握科学的管理方法。在她的带领下，分系统团队工作态度积极主动、工作作风严谨细致、工作方法持续改进科学有效，工作能力、工作效率不断提高。在历次的胖五发射任务中，她带领团队精心设计试验项目，创新研究数据判读的方法，确保了高可靠发射。随着能力的不断提升，张学英被任命为室专家组组长，主持研究室设计工作的技术把关。她通过审查及评审工作，加强了室内的学术沟通氛围，提高了设计质量；她带领专家组进行研制经验总结，实现知识和工程经验的提炼和传承；通过她的努力，研究室的设计质量不断提升，设计效率大幅度提高。

感恩母校

哈工大一百周岁了，在各个战线奋斗的哈工大学子们，都在努力工作，为学校争光，为母校的百年校庆献礼。

（三）付强——初心与坚守

付 强

920651 班，哈尔滨人。首批本科学生党员之一。学生党支部书记，研究生师从刘思久教授。毕业后投身国企，在国企的二十几年中，他从中盟集团部门负责人、集团副总经理、总经理、董事长直至成为黑龙江省七大产业集团新产业集团党委副书记、总经理、副董事长、省政协委员，一路创出了扎实的业绩。他说："母校给予我们太多太多，'规格严格，功夫到家'这句校训，不仅铭刻在哈工大校园之中，而且铭刻在每个哈工大人的心上。"

以下，是付强的感悟——

1998 年硕士毕业，吴林书记轻轻拨动我学位帽的黄色穗子。2015 年，我重回母校，参加哈工大首届龙江高端培训班，从王树权书记手中接过结业证，不禁感慨："时光都去哪了？"

1992 年，我进入电气工程系工业自动化专业 920651 班，迈入哈工大校门。入学时，穿过施工工地来到一舍；2017 年，哈工大一舍拆迁，我赶回哈尔滨，跑回一舍，拍下老宿舍 4058 室的照片，发到校友群，瞬间感到对哈工大的眷恋多年来从未淡化。而母校教给我们的学识和治学理念，母校八百壮士的奉献精神和哈工大毕业学子的业绩激励我从校门走入国企，在国企工作 22 年，在自己的工作岗位践行初心。

求学时光之 1992—1998

我在哈尔滨工业大学本科（工业自动化专业）和研究生（电力传动及其自动化，专家系统设计方向）期间系统地学习了各种基础课程，在"电路""电机学"和"自动控制理论"等专业课程以及"高等数学""概率论"和"数值分析"等经济学基础课程上进行了认真的学习，为工作后从事投资和企业管理工作打下了良好基础。在校期间我辅修了计算机应用专业，对现代计算机技术进行了较为系统的学习，为在企业管理中引入计算机分析和管理等做好了知识储备，取得了辅修结业证书。在校期间担任共青团年级团总支书记工作，负责 9 个团支部 300 余名团员青年的组织和管理工作；本科期间和研究生期间担任学生党支部书记工作，负责近 20 名学生党员的组织学习工作。在校期间被评为哈工大 1996 年度优秀毕业生、共青团哈工大 1996 年度优秀团员标兵，并获得哈工大 1997 年度硕士生光华奖学金。

国企履职之 1998—2020

1998 年从哈工大 6 系电力传动及其自动化硕士毕业后，我来到国企黑龙江省经济贸易开发集团总公司工作。到 2000 年，国有企业授权经营，黑龙江省经济贸易开发集团总公司成为黑龙江省政府首批授权经营的 7 家国有企业之一，更名为黑龙江中盟集团有限公司。到 2019 年 1 月，黑龙江省委省政府组建省级 7 大产业集团，公司进入黑龙江辰能集团重组为黑龙江新产业投资集团有限公司。一路走来，我在同一家国有企业的不同岗位上，践行国企员工责任，不负母校培养之情；也在不同岗位上，感受到能够取得成就均得益于母校的精心培养。我曾参与热电公司的组建，参与多家电力项目的管理，主持公司信息化建设，推动公司项目资本运营工作，主持公司经营管理。公司与国开投、中电投、一重集团、哈电站集团等多家央企展开合作。目前集团控股绥化热电公司等两家热电企业，控股中盟龙新化工等四家化工企业，控股两家水电企业，两家生物质发电企业，参股省内华电、华能、大唐多家电力企业，在建 7 家生物质发电企业，其中 2019 年省百大项目 6 个。拥有辰能地产、中盟地产两个地产品牌。

这些年，我历任黑龙江中盟集团投资管理部职员、企业管理部职员、信息中心副主任（主持工作）、资本运营部部长、集团总经理助理兼资本运营部部长、集团副总经理、党委委员、集团直属党支部书记，集团党委副书记、总经理、副董事长，集团党委书记、董事长。2006 年取得高级经济师任职资格，2008 年进入省管企业班子序列，任副总经理。2012 年被评为省学习型领导干部标兵，2017 年任黑龙江中盟集团总经理，2018 年任黑龙江中盟集团董事长。2018 年成为省十二届政协委员，2018 年经组织推荐当选首届省青年企业家协会副会长。2019 年担任黑龙江新产业投资集团有限公司党委副书记、总经理、副董事长。

其间，企业经营取得良好效益。集团连续入选省百强企业，带领经营班子强化管理，开拓市场，化工企业产品产销量创历史新高，热电企业持续稳定运营，房地产项目建设取得新突破，推动权属企业三项制度改革，化工企业入选国家"双百企业"。权属企业被授予省级文明单位标兵，省级和谐劳动关系单位。

难忘瞬间之母校情结

结识一生的朋友。首届原 6 系"寝室文化节"，通过宿舍 8 位兄弟携手努力，一舍 4058 寝勇夺冠军；哈工大 829# 信箱是 920651 班同学对外联系的窗口；终生受益于老师教诲，常忆班主任韩伟老师"只需进取，莫问前程"的教导，本科毕业指导老师冯勇教授言传身教的指导，硕士导师刘思久教授严谨治学的态度，洒脱随性的管理。专业知识的如影随形，热电企业的 DCS 控制，风电企业的机电结合，水电企业的信息管控，两新产业的项目投资风控，乃至热点 AI、区块链的研究，都能从母校所学中求得解决方向。

成长的过程来自于不断的学习和组织的培养。校训"规格严格，功夫到家"指引我从一个课堂走入另一个课堂：2002 年参加黑龙江省经济干部管理学院 "国有企业领导人员工商管理培训 "；2008 年参加中国延安干部学院"黑龙江省国资委省管企业党委书记培训班"；2009 年参加中共黑龙江省委党校"第 37 期省管干部进修班"；2010 年参加中国浦东干部学院"进一步实施东北地区老工业基地振兴战略"专题研究班（第 6 期）；2014 年参加井冈山省国资委党建理论培训班；2015 年重返母校参加哈尔滨工业大学"首届龙江企业高端培训班"；2017 年参加大连高级经理学院 "东北地区企业经营管理人员专题研讨班（第 2 期）"；2017 年受黑龙江省委组织部选派，作为首批龙江学员参加了广东省委党校市厅级领导干部进修班；2019 年参加北京大学光华管理学院中组部推动国企混改专题研讨班。学习之余，我能够认真思考总结，在《集团经济研究》《北方经贸》等多家期刊发表文章。

当听到母校一校三区的新闻，当听到新增院士名单传来，当工作中遇到师兄师姐的礼遇，当企业招新求录学弟学妹而不得，每每感到从未离开哈工大。在熟悉而又陌生的校园，走过依然古朴的电机楼，看着毕业季走过六食堂奔赴世界各地的年轻学子，想起首次在《哈工大报》发表文章，稿费8元买回一舍门厅的包子与舍友共享。哈工大的味道，只有哈工大人懂得！相识于年轻之时，与哈工大共成长，百年哈工大，您正年轻，您的学子愿您永葆青春！

（四）黄瀚——四年恩 一生情

黄 瀚

920641班，辽宁人。赴美留学获工学博士学位，2011年入选中组部千人计划（青年项目）回国，现任国家电网全球能源互联网集团有限公司经济技术研究院副院长，全球能源互联网发展合作组织经济技术研究院副院长，国网公司特聘专家，央企侨联留学人员联谊会副会长，"千人计划"专家联谊会副秘书长，北京欧美同学会常务理事。主要从事能源电力发展战略与规划的研究，包括能源电力规划、智能电网技术及其应用、国际能源治理合作的机制与平台等。

以下是黄瀚的心声——

离开学校24年了，但我在哈工大所受的四年教育像滋润我成长的泉水，存在我记忆的最深处。"规格严格，功夫到家"的校训不时地提醒我、鞭策我、为我指明前进的方向。

哈工大四年给予了我执着追求的恒心。在哈工大学习期间，我有幸加入了纪延超老师的课题组，开展电力系统谐波消除的研究，从此踏入了科学研究的神圣殿堂。摆在面前的问题是"残酷"的，懵懵懂懂的我无从下手，纪老师和师兄们引导着我紧紧围绕问题、时刻追求真知，水滴石穿，终于初探真谛，取得了良好的研究成果。我以一个本科生的身份，在毕业前发表了两篇 EI 收录的会议论文。

之后，我留学美国，继续从事谐波消除的研究。在攻读博士学位期间，正是在哈工大学习时锻炼的不畏难、持恒心的劲儿，让我将复杂的数学问题剖析分解，彻底破解了难题，形成了创新的独具特色的算法系列，先后发表了近 20 篇 SCI/EI 检索论文。

2011 年回国发展后，我投身的研究领域是智能电网综合评价、政策研究及其决策支持关键技术。这是一个崭新的多学科交叉领域，国内外在该领域的相关研究均属于起步、试点阶段。该领域的研究成果将为我国电力工业的发展、为相关产业链的优化与整合提供有力的决策支撑。面对国家和行业的迫切需要、领导们的期许，我深感肩上责任重大。

"明知山有虎，偏向虎山行"。经过 3 年的科技攻关，我和团队在智能电网领域的政策量化模拟分析方面取得了突破，创新性地提出了基于博弈论的互动规划、效益联动测算、评估指标的关联与解耦、评估不确定性概率理论及调整计算、评估结果时间外推与空间外推等一系列理论和方法，在研究中引入了成熟度的概念，构建了基于技术成熟度、项目成熟度和区域智能化水平的坚强智能电网指标体系，建立了智能电网关键元素商业运营模式的市场模型和面向电力系统运营分析的智能电网政策与技术的技术经济模型，提出了典型电力市场运行模式下，各利益相关方投入产出效益及优化的分析方法和坚强智能电网政策实施路径效果仿真和发展情景推演分析新方法，并完成了坚强智能电网政策评估与模拟分析平台的开发和实证应用。该平台在江苏、浙江、河南等省得到了很好的示范应用。团队因此先后获得省部级科技进步奖 3 项，在国内外重要会议和期刊发表论文 20 余篇。

回望个人的发展，这颗执着追求的恒心是一步步取得点滴成绩的基础。

而它，源于哈工大这个熔炉的初加工，以及校训精神的持续锤炼。

哈工大四年启蒙了我不忘初心之志。和很多学子一样，我也有一个开阔视野、为自己插上国际翅膀的梦；有一个在异乡开疆拓土，为国人争气的梦。2001年我赴美国Polytechnic University（现合并入纽约大学）攻读博士学位。在纽约亲身经历了9·11事件和美国金融危机后，在见证了美国在经济低谷借助其创造力和技术储备仍主导世界经济发展的现实后，我愈发意识到掌握核心技术和先进理念对于一个国家、一个民族发展的战略意义。

作为美国老牌航空飞行器用供电电源企业Avionic Instrument第一个中国设计工程师，作为掌握美国电网规划与运行核心技术、熟悉美国电网构架的系统规划者，享受着高薪和优厚待遇的我心中那浓浓的"中国"二字时时提醒着我。虽然身在地球的另一端，但我的心仍然驻留在那片生我养我的土地，那是我的家、我的根。恍惚然回想起在哈工大求学时的我，在导师面前不知天高地厚地展望未来、为祖国的成绩骄傲流泪，下定决心：要将自己的一切奉献给祖国和人民。

国外生活的十年里，我一直有一个梦，一个随着时间推移而越来越强烈的思"家"、思"乡"、思"国"梦，一个随着自己专业水平和领域影响力的提高而越来越清晰的归国报效梦，一个希望利用自己的专业特长为祖国人民提供可靠、清洁、高效、价廉的优质电力服务的中国梦。在中央"千人计划"政策的感召下，我进一步坚定了奉献自己、报效祖国的决心。离家十载磨一剑，我毅然放弃国外的全部，2011年10月入选首批中央"青年千人计划"，回国工作。

哈工大四年开启了我探索创新的大门。归国前我在美国纽约电力局从事电网规划与控制及新能源发电与并网等方面的工程实践和技术管理工作。可以说，生活是安逸的。回国后的生活是忙碌的，但同时也是充实的、快乐的。2015年8月，我调任国网能源研究院能源战略与规划研究所所长，主持能源电力结构和布局、可再生能源消纳，以及能源环境经济政策等方面的研究。能源乃国计民生之源，只有创新突破、改革转型才能保证社会可持续发展。2016 年 8 月，我调任全球能源互联网集团有限公司，同时被派驻到全球能源互联网发展合作组织工作。成立全球能源互联网发展合作组织作为落实习近平主席 2015 年 9 月 26 日在联合国大会上向全世界提出的"探讨构建全球能源互联网"中国倡议的具体举措，是中国第一个正式注册的能源类国际组织，没有先例和经验，工作面广且杂，外部环境复杂而缺乏资源。要创新，要摸索，要使我们的"中国倡议"屹立在世界之巅。

我先后率领团队研究编制了《2017 全球能源互联网发展与展望》《全球能源互联网发展指数 2018》《全球能源互联网促进环境可持续发展行动计划》《全球能源互联网对接巴黎协定行动计划》等近 20 项创新研究成果，积累了崭新的经验基础，形成了一系列独创的研究方法和分析工具，助力"中国倡议"抢占国际能源治理的制高点。是哈工大的学习生涯打开了我渴求新知、探索未知的大门，让我初窥了学科的世界，为我的想象插上了翅膀，让我体会到创新的艰难和甜蜜。

哈工大四年记录了我人生中斑斓的色彩。爱好文艺的我从小有一颗登上舞台的心，在哈工大的四年里，我圆了我的"明星梦"。进入学校的迎新演出，时任团委书记的韩伟老师发现了我"不算跑调"的特长，给了我以一首《让我欢喜让我忧》展示的平台，从此唱歌这个业余爱好就在我这个有着浓重沈阳口音的"歌手"身上发展起来了。年轻、随性、激烈、热情，我和刘雪龙、杜剑锋、李侠、林志强、何大阔、王柏森、朱桐、蔡宇一群爱好音乐的小伙伴志同道合地走到了一起，成立了哈工大历史上第一个摇滚乐队——"首班车"乐队。从简陋的乐器设备到专业的"家伙"配备，从缺乏理解到欢呼雀跃，乐队经历了一个个扒谱子的日日夜夜，自虐般地每首歌几十甚至上百遍地练习、排演，从《真的爱你》到《无地自容》，从《赤裸裸》到《男儿当自强》，所到之处掀起了一阵阵共鸣的浪潮。1995 年乐队举办了专场演唱会，至今我还清楚地记得那 15 分钟门票一抢而空，台上、过道里站满观众的盛况。如今，乐队的老成员们都在坚守着奋斗的那颗心，做了国企高管、有了自己的酒庄、开了自己的公司、当上了报社主编、成了名校的教授……他们都离开了挚爱的音乐。唯一欣慰的是乐队的主音吉他手刘雪龙，仍然坚守着摇滚的大旗，在业余时间重组"首班车"乐队，写歌、演出，不断引起轰动，真想和老伙伴们再演上一场！玩儿音乐的这段"光辉岁月"是我最浓重、最有色彩的记忆，而哈工大是盛载这段珍贵回忆的那艘船。

培育我的母校，给了我科研的初心，给了我勇攀高峰的信心，给了我不断创新的本领，给了我多彩的生活，给了我无数的甜蜜回忆。我像一只小小的蚂蚁，用我的工作、我的汗水培育我心中的哈工大人之梦、中国能源梦、经济与社会可持续发展梦。

（五）杨殿才——创新创业路漫漫

杨殿才

920652 班，山东人。92 级 6 系里唯一敲过上市钟的山东汉子，毕业之后就走上了一条实业之路，24 年辛苦磨剑，作为两个上市公司的管理团队核心成员，如今正在第三次创业。

1.青涩成长的校园生活（底子薄）

1.1 报到

他，一个农村的孩子，以名不见经传的山东高密五中高考全校第二名的成绩，自红高粱的故乡高密辗转上千公里，来到哈尔滨工业大学。上大学是他第一次坐火车出远门，因需结伴和老乡同行，他提前到了哈尔滨火车站后无接站车，问了七次路人（典型山东腔别人戏称像唱歌），别人才听懂他要到哈尔滨工业大学报到。自己到了学校之后，一舍门口登记完在学长的引领下到宿舍，出去返回后居然记不起自己的宿舍（1-4063），只好再到报到处寻求帮助。他每每谈起来，表情傻傻的，心里暖暖的。

1.2 学习

他，永远铭记班级920652。来到梦想中的象牙塔，牢记母校"规格严格，功夫到家"的校训。记得凌晨起床冰天雪地里多次摔跤，只为在大教室上课提前占个座；记得为了同窗不挂科不留级，陪学陪练陪考陪着找老师陈情；记得英语口语虽差，然而成绩班级第一且六级提前通过；记得学科专业排名第一，放弃保研只因父亲病重；记得思想积极要求进步，成为自己梦寐以求的学生党员；记得因五音不全，无缘加入学生组织，然后积极通过家教和推销来锻炼自己，自己亦未能想到毕业十年后会负责上市公司的市场营销体系工作。

1.3 就业

他，念念不忘感恩母校。毕业前的春节，放弃学校提供的就业机会，在学校品牌背书和校友指导帮助下，签了包括青岛"五朵金花"在内的六份企业就业协议，而城市增容费（8 000 元）和航天出部费（10 000 元）让其望而却步，在母校老师的指导帮助下，成功和教育口换取免费就业名额；毕业后的 7 月，带着父母的嘱托和最后一次资金 300 元，来到青岛科技大学（原山东化工学院）的一个不到 10 人的课题组，开始自己白手起家的一次创业之旅。

2. 艰苦卓越的一次创业（肯努力）

2.1 校产

他，1996 年，毕业进入青岛科技大学校产公司下不到 10 人的课题组，薪资在同学中几乎是最低的。年底课题组成立了学科性公司，主要依托母校学科理论和技术功底，借助该校在橡胶轮胎行业的学科优势和强大的校友资源，技术改造消化吸收转化国外（德国 BUHLER、英国 C·R 等）高端工艺技术，孵化熟化成化学校的科研成果，成功产品化国产的辅机系统，自此之后结束几乎以黄金价格计量的国外进口设备系统，开启了国产化。

2.2 创业

他，1998 年，因团队与学校经营理念有分歧，跟学校协商后和团队（计 40 余人）选择集资（50 万元）合伙创业，送给学校 25% 的干股（上市之后贡献给学校 20 多亿元），为的是关系留在学校和传承学校基因。在斜交胎向子午胎转型升级之际，开启了艰苦卓越的一次创业之旅。在国内最大橡胶轮胎企业，秉承母校顽强的攻坚精神，像民工一样吃住在现场百余天。项目改造涵盖了德国物料输送、英国配料辅机以及美国混炼等系统，技术涵盖了德国 SIEMENS、美国 ROCKWELL 以及日本三菱等控制系统，创造了六项行业第一。创业期间虽月薪比同学们一直低几千元，他却坚持梦想小目标，一直认真低头拉车，诠释母校精神。

2.3 上市

他，2006 年（毕业 10 年），与人合伙创业的软控股份有限公司（股票代码：002073）成为青岛市第一家民营上市公司，实现了自己的价值转身。借势橡胶轮胎行业子午胎井喷式发展，借助资本市场，业绩连续八年蝉联全球行业第一位，同时产业下游做了主板第一家行业民营上市公司，实践了校企产学研模式、打造了行业产业链模式、开创了既当运动员又当裁判员的商务模式以及机械控制软件工艺四位一体的核心优势模式。

3. 激情梦想的二次创业（小目标）

3.1 客观

他，客观上审时度势。抓"创新驱动、转型升级"之机遇、顺"大众创业、万众创新"之时势、以"珍惜感恩、创业升值"为宗旨、用"拿自己钱、做自己事"新体制，积极拥抱知识经济、共享经济、科技引领、大有可为的新时代，坚定不移抓科技、脚踏实地做企业、心无旁骛干实业。

3.2 主观

他，主观上积极进取。跨学科在职攻读浙江大学能源与环保的工程博士，与上市公司的一批创业型核心高管内部二次合伙创业，创办科技创业熟化平台，牢牢把握"知识密集型"人才红利的时代脉搏，定位于高科技、轻资产、重联盟，紧跟共享经济时代步伐，立足于新材料、新智能、新能源、新环保国家战略新兴产业方向，致力于高新技术企业产业孵化，目前已经成功孵化熟化成化五个板块公司。

3.3 梦想

他，梦想中又有小目标。坚持"自愿组合、自筹资金、自主经营、自谋发展"的团队组建原则，坚持"空杯心态、归零状态、共创形态、共享姿态"的坚定决心态度，坚持"以创业者为本、以创新者为圣、以创富者为王"的公平用人原则，坚持"价值驱动、价值创造、价值分配"的价值导向原则，坚持"联邦聚集、联盟发展、联合舰队"的合伙共享原则，全面推动"科技、市场、资源、资本、供应链"五位一体的合伙人发展模式，坚持"只有利润中心、没有成本中心"的活力驱动原则，坚持"自信阳光、自强不息、自由快乐、自在不羁"的奋斗目标和价值追求，致力于做强知识密集人才红利时代的高新科技产业运营平台（孵化、熟化、成化，投管引资、开路搭桥），助推科技成果产业化、助力科技实业资本化。

他，创新创业在路上，期望在时代的大势潮涌下，在母校的基因驱动下，在校友的联合助力下，梦想实现旗下四个板块公司的资本运作小目标，更好更大更多地回帮校友、回报母校、回馈社会。

（六）邓峣——挑战自我 勇敢前行

邓峣

920642班，哈尔滨人。学生党员，研究生期间成为92级唯一的赴日留学交换生。工作后，他把"规格严格，功夫到家"的校训精神落实在每一件小事上。他的各个人生阶段都有故事，他不断地挑战自我，战胜困难，向着自己的理想和目标勇敢前行。

学海无涯

1992年9月初的一天，对于邓峣来讲是个非常重要的日子，因为他进入了心中向往的学府——哈尔滨工业大学，成了一名大学生。初到校园，当他看到"规格严格，功夫到家"的校训时不禁有些茫然，年轻气盛的他自觉颇有文艺气息，比较欣赏其他院校"自强不息，厚德载物"之类的校训；而对哈工大的校训是有些不解的，觉得既不朗朗上口，也不气势磅礴。但是他没有想到，这朴实无华的八个字，会对他后来的人生有多么大的影响，甚至他儿子的名字中也有母校校训的烙印。

在第一次班会中，他被任命为920642班的班长，这让他有些措手不及。不善言辞的他，在之前的学生时代，虽然是班级干部，但是从未担任过班长一职。他深知这个职位的重要性，要么不做，要做就要做好，他下定决心。他坚信只要怀着一颗为同学服务的真诚之心，就能获得同学们的理解和支持。在接下来的四年中，他兢兢业业地履行着班长的职责。

同学们来自五湖四海，在哈尔滨这个寒冷的城市中难免常有思乡之情。

为了尽快和同学们打成一片，在大一的时候，家住哈尔滨的他周六周日都很少回家。在寝室，在教室，在球场上都可以看到他与同学一起学习、活动的身影。他还时常把同学邀请到自己家里做客，也常常带着同学在哈尔滨本地游玩，组织班级近郊春游。同时，他还积极组织同学参与院系和学校的活动，带领同学们在系里组织的新生拔河赛、辩论赛中取得优异的成绩，并在大三时成功承办学校级别的羽毛球比赛。他通过组织各种活动，使同学们在学习之余的校园生活变得丰富多彩。同时，班长工作也使他的组织能力、协调能力和领导力得到了初步的锻炼，为日后的工作奠定了坚实的基础。

邓峣在思想上积极要求进步，积极靠近党组织，积极参加院系级及学校组织的各种政治学习和活动，并在 1995 年 11 月 2 日光荣地加入了中国共产党。

大学四年，在哈工大严谨的教学态度影响下，在负责班长工作及院系提供的各种社会实践锻炼下，邓峣无论从专业能力、学习能力、管理能力还是认知能力上都有了质的飞跃，圆满地完成了大学四年的学业。

赴日深造

在考取本专业的硕士研究生后，邓峣在哈工大研究生院学习了半年左右，适逢一个赴日的机会。日本电元自动化公司与日本千叶工业大学合作的人才项目，每年从日本千叶工业大学的姊妹学校哈工大的硕士研究生中，选一名品学兼优的学生赴日深造，先到日本千叶工业大学读两年硕士研究生，然后再到日本电元自动化公司工作三年。邓峣有幸获得推荐，并顺利地通过面试，取得了赴日深造的机会，改变了人生轨迹。

初到日本，邓峣从语言到生活学习完全不适应。由于学习日语时间较短，他连读写都非常吃力，上课更是基本上一句都听不懂。面对困难，他没有退缩。他给自己定了一个非常难以实现的目标，四个月后参加日语一级考试。在那段时间里，"规格严格，功夫到家"的哈工大校训在他身上体现得淋漓尽致。在几乎自学专业课程的同时，他每天早到学校一个半小时学习日语，晚上坚持参加外国人日语学习班，放弃使用英文，跟老师、同学用蹩脚的日文沟通，甚至在电车上也与素不相识的日本人练习对话……功夫不负有心人，在短短几个月中，他的日语水平突飞猛进，并在当年顺利地通过了日语一级考试。经过近两年的努力，他以优异的成绩获得了日本千叶工业大学的硕士学位。

硕士毕业后，按照合同他到日本电元自动化公司赴任。他面临的是一个全新的领域：嵌入式软件开发。由于有扎实的计算机编程基础，加上自身的刻苦钻研，他在工作上轻车熟路，不到一年，已经成为软件开发部的主力成员。他参与了公司多个产品的研发，并承担主要角色，深受开发部长的赏识。在三年合同结束时公司一再挽留，他却做出了一个令人意外的决定，不再做软件开发工作，转而向全球化市场方向发展。当时中国正处于高速发展的初期，日本的全球化发展也到了一个新的阶段，邓峣正是在这样的背景下做出了决定。他选择的是日本的世界 500 强企业日本电气公司 (NEC)。

NEC 成立于 1899 年，是日本老牌的电气公司。以电话交换机起家，高峰时行业全球市场份额曾经超过 50%。当时全球员工近 11 万人，在电子设备生产制造、IT 解决方案、网络解决方案等方面在日本处于领先地位。NEC 的手机、电脑在日本的市场份额每年都高居前三位。但是这个庞然大物在全球化的趋势中也面临着不小的危机。与中国企业合作，进入中国市场已经是当时 NEC 迫在眉睫的选择。

邓峣进入 NEC 后，参与的第一个项目就是在上海与华为共建开放实验室 (Openlab)。当时国内的运营商还没有拿到 3G 牌照，更没有开始商业化运营。但是 3G 发展的趋势已经呼之欲出，各大电信厂商纷纷进行 3G 产品和市场的布局。华为当时还没有手机部门，只有 3G 的核心网技术，无法实现点对点的业务连通，NEC 希望能够通过与华为的合作切入中国的 3G 市场，所以双方以 NEC 的 3G 手机及内容服务 + 华为 3G 核心网的模式在上海电信大楼共建 3GOpenlab，邓峣是日方的项目副组长。他面临的问题实在太多了：陌生的行业，陌生的技术，在 NEC 时日尚短还未掌握公司的做事方式，对项目管理还知之甚少……他面临困难没有退缩，他的信条就是只要用心，下足功夫，就没有攻克不了的难关。他从学习电信技术开始，学习网络技术，学习项目管理，学习沟通谈判，并付诸实践。在不到半年的时间里，他已经从一个门外汉成长为一名合格的电信技术内行和管理者，而且项目取得了很大成功，这是当时世界上第一次在真实环境中实现 3G 网的点对点连通。NEC 通过此项目打开了中国电信市场的大门，华为也通过 Openlab 开启了 3G 海外拓展之旅，当年就在阿联酋和俄罗斯获得 3G 订单（此实验室的事迹已被收录在《华为经营管理智慧》一书中）。

通过这个项目，邓峣也在 NEC 公司中站稳了脚跟，在之后的几年里越战越勇，先后取得了在鞍山网通实现 NEC 软件在中国的第一个订单、在广东移动的彩铃业务实现全球最大用户量（当时 1 400 万用户）、临危受命让香港和记电讯项目起死回生并一直做到第四期、把法国 Bytel 电信公司的项目做成规模最大的海外项目等突出成绩，也因此获得 NEC 事业本部颁发的贡献奖银质奖章。

回国发展

随着工作和在日生活的逐渐稳定，邓峣的事业已经发展到了一个平稳阶段。NEC 属于典型的日本企业，终身雇佣制度和论资排辈等不良风气所导致的成本偏高、效率低下等问题日益突出，使得企业的国际竞争力逐渐减弱，海外事业增速减缓。是在大企业中继续稳定舒适地生活，还是挑战自己，另辟蹊径？已经做到了外国人能做到的最高职位的邓峣，经过半年多的深思熟虑，终于做出了决定：放弃高薪稳定的工作，回国发展。

邓峣这次选择的城市是美丽的滨海城市大连，在世界 500 强企业纬创集团公司的软件企业任副总经理。由于总经理是总部人员兼任，他实际上担当的是总经理的工作。回国初期，他又面临着各种各样的困难和挑战。

由于没有在国内企业工作过，企业文化和工作习惯完全不同；在一个陌生的城市中几乎从零开始，他仿佛回到初到日本的情境；在日本做的是项目管理，这次要经营一个数百人的企业……面对千头万绪的问题，他还是用从校训获得启示的"理思路，找办法，下功夫"的方式从容面对。在他来之前，这个职位已经有五六个人做过，最长的做不到半年就黯然离开。但是他就凭着一股韧劲儿，在高层的支持和自身的努力下，用半年多的时间就将公司的团队和业务整理得井井有条，整个公司面貌焕然一新，业务也逐渐走入正轨。不到两年时间，公司的各条业务线都有了不同程度的增长。尤其是他主导承接了一个大型长期稳定的项目，为公司未来几年的高速发展奠定了坚实的基础。

在公司走向正轨后，他在不断地思考一个问题，就是自己回国的目的究竟是什么？对日软件行业虽然稳定，但是却处于产业链的中下游。在与总公司反复沟通公司的发展方向后，他决定继续挑战自己，走创业的道路。

自回国以来，他深深感受到食品安全问题已经成为中国的社会问题，所以他决心进入农业行业，为国内的食品安全事业尽一份绵薄之力。就这样，在回国后的第四年，他与合作伙伴成立了创业公司，开始了互联网与农业结合的创业之旅。创业之路虽然异常艰难，但他和他的团队克服重重困难，三年内在沈阳做了近百家农超合作店，并在辽宁、山东、河北等地建立了四百余家农业服务站，成为辽宁省新型农业的典范。创业之路并不平坦，人才问题、资金问题，对于新模式农户不理解不支持，消费者不买账……虽然各种问题纷繁复杂，虽然行业前景起伏不定，但是邓峣和他的团队一如既往地在疾风骤雨中不断战胜困难，挑战自我，向着梦想勇敢前行。

未来，任重而道远；未来，变数会很大。但是邓峣坚信，只要有哈工大精神的继续支撑，只要团队不懈地努力和进步，未来和命运一定会掌握在自己手中。

（七）古春江——难忘青春大熔炉

古春江

92062 班，四川人。在北京打拼多年，做自主研发的民营企业家，在工业计算机、测试、控制、仿真等方向的计算机整机平台立志和国外同类产品竞技。

下面是古春江的故事——

1992 年的 6 月，四川省当年的高考是先填志愿后考试，在乡镇中学上高中且从来没有出过县界的我，就想着能跑多远就跑多远。之前听过王刚播讲的《夜幕下的哈尔滨》，于是所有的第一志愿全都选择了哈尔滨的学校。没有任何人给我填报志愿的建议，因为在我就读的中学，考上大学是不太可能的事。当时对哈工大一无所知，只是在学校名录里，看到它的名字有"工业"两字。虽然已经过去了将近 30 年，我仍然对于混进哈工大十分恍惚。生长在四川山沟里的我，1992 年高考最大的愿望是能考个中专就行，可以转城市户口。拿到录取通知书的那天，有个老师拍了拍我的肩膀说：这所学校很牛的，是全国知名的重点大学。

哈尔滨离四川很远，以当年的交通条件，中间一点不耽搁，单程也需要 4 天半的时间。人生的轨迹，随着大学时光悄然发生着变化。宿舍 8 个人，来自 7 个省市，大家各自的特点深深地影响着我。带着京味的小子，一进门就是"大家好，我叫沈立，来自北京"，天子脚下的自信啊；入学时偷偷流眼泪的，大连人孙世峰；普通话极难听懂的，湖南人刘思瑞；经常带好吃东西的，七台河人梁冬；书生气的航天子弟，陕西人许广柱；总是很大方的，哈尔滨人张华；身形玉树临风的，江苏人班长王柏森。在哈工大的四年，宿舍的氛围，班级的凝聚力，学术严谨的校风，都深深地影响了正在性格形成的我。无忧无虑的大学生活，除了长知识、见识，体重、酒量也是大有进步。有一首歌叫《永远的兄弟》，我觉得它充分表达了我对大学生活的感受：曾经的日子闪亮又明媚，你我一起分享了青春的美味；曾经的日子伤感又苦涩，你我一起承受了身心的疲惫；曾经的浪漫让你我几度沉醉，曾经的沧桑让你我不再纯粹；分手时我不知你的去处，也没有说我和你何时再相会……

大学毕业时，班长柏森问我想不想去北京，有个机会，是一家做测试相关的公司，专业对口。我来到北京，一上手就参与一个 300 万的测试系统项目，接触的产品都是全球最先进的，大长见识，也从此开始了在这个行业的职业生涯且从未离开。第二年，公司因权力斗争，我不得已重新找工作，进入了做国外产品代理的公司从事销售工作，一干就是 8 年。这 8 年里，中国的高科技公司开始崛起，许多公司从代理国外产品转为自主研发，包括现在如日中天的联想、华为。

2005 年，离开做国外产品代理的公司，选择加入朋友的公司开始创业，走自主研发之路。从商业的角度讲，民营企业的自主研发是条很苦的路，因为所有的研发投入都需要自己去挣。测试、控制、仿真这个领域是个基础行业，基本上是欧美公司的天下，市场小众，技术没有长时间的积累很难成熟，这也是国内客户经常选择国外公司产品的主要原因。在创业之初，我和团队选择了以客户需求为导向的定制开发商业模式，在国外产品应用的边角寻找生存之路。在我接触的哈工大人中，务实是一个重要特点，也正是这个品质，让企业生存了下来。公司产品线越来越丰富，客户群也不断地拓展开来，渐渐地在军工行业里站稳脚跟。2009 年开始，班长加舍友柏森加入到公司，我们并肩战斗十年如一日。在中美在高科技领域较量的当下，我和柏森说我们应该在行业里扛一扛大旗，为国产自主可控出点力。2018、2019 年两年，柏森带领他的团队在工业计算机、测试、控制、仿真等方向的计算机整机平台上实现了良好的突破，在与国外同类产品的竞争中也有了一定的发言权。

从哈工大毕业已经有20多年，早已进入不惑之年的我也常常陷入沉思：哈工大这个大熔炉到底给了我什么呢？思考良久，除了专业知识之外，应该还有兄弟般的同学情、校友情、冰雪哈尔滨的豪情，更有哈工大人"规格严格，功夫到家"的气质。创业以来，自己目睹了行业内无数的创业者来来去去，也相信会有更多的人加入其中。作为70后的这一代人，历史给了我们很好的机会，只是吾辈努力不够。哈工大人有一种不服气的劲儿，更有为中国伟大复兴而奋斗的情怀。既然有的大学是厚德载物，我想哈工大就是自强不息吧。一首《仁者》送给努力中的哈工大人：人生困窘，如同在一条不知首尾的长廊行进，四周都见血迹；仁者之叹，不独于这血的真实，尤在不可畏避的血的义务。

今年，哈工大迎来了百年校庆。很荣幸，自己是哈工大的一员。

（八）刘雪龙——为音乐梦想坚守

刘雪龙

92063班（后92034），黑龙江人。刘雪龙是热爱音乐的哈工大人，他和他的小伙伴们在校园舞台激情绽放——"首班车"乐队不仅是他自己青春记忆里最亮丽的色彩，也是92级哈工大人共同的拥有。毕业后的23年间，哈工大92级的兄弟姐妹们行色匆匆，各有辉煌，而刘雪龙书写的是一份坚持和执着。我们何其荣幸，毕业23年后，哈尔滨的音乐节上仍有"首班车"乐队的音乐响起、传递。

以下是刘雪龙的故事——

毕业后的刘雪龙，顺利进入哈尔滨的一家国企，拥有了一份安逸而体面的稳定工作，正如所有初出校门的大学生一样，他满怀着青春的热血，开始书写自己的奋斗历程。

学生时代的"首班车"乐队成员，右二为刘雪龙，右一为黄瀚

这些年，他工作拼搏努力，在哈尔滨这个寒冷的北方城市娶妻生子、安居乐业，"平凡的美好"萦绕着刘雪龙的幸福生活。但在他的心底，仍然闪耀着那个不曾磨灭的音乐梦想。

这些年，他"琴耕不辍"，从未停止对音乐的执着追求，每当他独自拿起吉他，脑海中总会浮现出自己大学时作为"首班车"乐队吉他手站在聚光灯下的画面，恍若如昨，不胜唏嘘。

这些年，他陆续参加过许多大大小小的演出，加入过许多各种风格的乐队，然而却从没有以"首班车"乐队的名义真正站在舞台之上。因为他知道，"首班车"是他和他大学时队友们共同的青春印记。

这些年，"首班车"乐队原班人马大学毕业后天各一方，在不同的城市，甚至不同的国度里，奋斗拼搏，燃烧青春，秉承着哈工大"规格严格，功夫到家"的校训，在各自的领域里打拼出了属于自己的广阔天地。

正如许巍在《那一年》中唱的那样："怎能就让这不停燃烧的心，就这样耗尽，消失在平庸里……"

进入不惑之年的刘雪龙意识到，哈工大时期的"首班车"乐队原班人马再次重组是一个几乎不可能实现的梦，但他可以用另一种形式将"首班车"的精神发扬传承。在征求了其他乐队成员的同意后，刘雪龙决定以"首班车"的名字重新招募队员，组建乐队。

毕业 23 年后，新"首班车"乐队参加哈尔滨摇滚音乐节的火爆场面。刘雪龙依然是吉他手

蛰伏多年后，全新阵容的"首班车"乐队鸣笛起航。乐队以吉他手刘雪龙为核心，依旧是传统摇滚的三大件配置，在不失金属本色的同时，尝试融入多种风格，形成了自己独有的音乐特色。

刘雪龙作为乐队的主创人员，陆续创作出了《你说》《生活的模样》《多拉》等多首原创作品。其中，歌曲《你说》强势登陆网易云音乐、QQ 音乐、酷狗音乐等各大音乐平台，得到了广大乐迷的一致好评。

为了将"首班车"的精神传承和延续下去，刘雪龙把如今乐队的演出海报发到了"工大首班车"的微信群中，群成员都是"首班车"乐队的元老，那些曾经意气风发的摇滚少年，如今都已为人君、为人师、为人父，身在五湖四海，拿着手机，看到演出海报中赫然醒目的"首班车"三个大字，不由得热泪盈眶。

在刘雪龙的带领下，重装上阵的"首班车"乐队陆续驶入了青春制躁摇滚大趴、再见2018原创音乐现场、纪念臧天朔演唱会、哈尔滨松浪音乐节、魔方音乐节、麦浪音乐节等各大音乐现场。

聚光灯下，刘雪龙手持吉他，身后LED屏幕上"首班车"三个大字耀眼而夺目，亦如他的音乐理想一样，炽烈火热、生生不息，看着台下山呼海啸的乐迷，他演奏着"首班车"乐队的名曲——《生活的模样》。

韶华易逝，不负春光，什么才是你的理想？

繁华落尽，如梦一场，什么才是生活的模样？

（九）编后语

一起欣赏了这8位校友精彩的人生之路，是不是还有些意犹未尽？编者也有同样的感觉。其实对于200多人的92级6系大家庭，我们只能通过这里的几位代表管中窥豹。由于篇幅和时间有限，我们非常遗憾不能在这里分享更多精彩片段，希望通过这次百年校庆活动，以及无处不在的互联网和区块链技术，可以搭建起大家沟通和交流的平台。新时代、新平台、新视角，每个哈工大人都可以在自己升级打怪的同时，分享自己的故事，获取他人的经验，一同书写走向未来的华丽篇章。

（供稿：吕恒、张学英、付强、黄瀚、杨殿才、邓峣、古春江、刘雪龙；

编辑：朱桐、赵民、魏明宇）

支教电气人

中国青年志愿者扶贫接力计划研究生支教团，是由团中央、教育部联合组织实施的青年志愿服务者扶贫接力计划全国示范项目。支教团从1998年开始组建，1999年开始派遣，采取自愿报名、公开招募的方式，每年在全国部分重点高校中招募一定数量的应届本科毕业生或在读研究生，到国家中西部贫困地区中小学开展为期一年的支教志愿服务，同时开展力所能及的扶贫服务。

哈工大研究生支教团由第一届的7人发展到现在的一届30人，284名研究生支教团成员薪火相传，带着沸腾的青春热情和永恒的哈工大精神，扎根西部土壤，在25 000多名西部孩子的心中播下梦想、播种希望，累计志愿服务时长达到了近45万小时。

哈工大研究生支教团的队员们能力突出、吃苦耐劳，得到了当地教师、家长和学生的一致好评，他们的先进事迹也先后被黑龙江电视台、山西电视台、《中国教育报》、《中国青年报》等20多家媒体报道。研究生支教团先后获得"黑龙江省十大杰出志愿服务集体""全国百优志愿服务集体"等荣誉称号。

对他们而言，支教是一种神圣而又庄严的使命。这284名支教团成员在祖国最需要的地方，贡献着哈工大人的青春和力量。17年来，36名电气人经过学院与学校的层层选拔，加入了支教团的大家庭。他们在6个省份默默耕耘，默默奉献，先后担任8任队长，在支教团队伍中扮演着不可或缺的角色。

教学上，队员们经过在校的高强度培训以及多次的经验交流，在支教地开展的很多教学工作中都取得了突出成效，这得益于一个"严"字。严于律己，严于教学，使哈工大支教团威名远扬，成就了全县闻名的"哈工大班"。许多队员还获得了教学方面的荣誉，如"教学优秀教师"等。

支教团的队员们关心关爱着每一个孩子，不让任何一个孩子掉队，激发他们求学上进、走出大山的渴望。

队员们还通过听课培训、经验交流、总结反思等途径，不断探索适合当地实际的教育教学方法，先后开创了哈工大支教团"基础＋拓展教学法""循环教学法"等教学方式，所教授的班级成绩均有不同程度的进步和提高，赢得了当地学校和老师的肯定和好评。

17年来，支教团电气人在西部6省份共为80余个班级授课，涵盖初中、高中、高职、大专等各教育类型，并且在支教地组织开展了许多卓有成效的活动，教学惠及西部孩子达9 000余人次，先后有10余名队员获得县级以上优秀教育工作者称号。

2014年3月27日，首届"中国科技梦·工大航天情"系列科技巡展活动在四川省宜宾市南溪五中正式启动。随后的两个月时间里，支教队员带着实验器材以及18块展板，分别到各县的学校，介绍哈工大与中国航天、航天科技发展历程等内容，让不同年龄段的学生接触科技、了解科技、感悟科技。

为了丰富农村学生的课余生活和精神世界，开阔农村学生的眼界，哈尔滨工业大学研究生支教团陕西队在杏林初中开设了"紫丁香讲坛"，使得杏林初中成为扶风县第一个拥有德育大讲堂的初中学校。

在2018年5月，广西队在金秀瑶族自治县民族高中开展了成人仪式活动。在活动中，同学们进行了象征着步入成人行列的庄严宣誓，以此督促学生们履行作为一名成年人的责任和义务。他们还联系了哈工大紫丁香小卫星团队，邀请韦明川博士为同学们书写祝福，并向高中献礼。以上活动均延续至今，成为哈工大支教团在服务地的品牌活动。

在开展活动的同时，支教团电气人始终不忘扶贫任务，充当着扶贫活动的组织者和联络者。

为帮助贫困学生继续学业，实现梦想，自2009年起，支教团云南队就创立了"索玛芬芳·爱满凉山"一对一奖助学金项目。该项目的所有款项全部来自社会捐款，项目的启动不仅在一定程度上解决了孩子们的生活困难，也让孩子们感受到社会的温暖和社会的关怀。

哈工大研究生支教团与未来图书馆和熊猫直播共同发起的"让爱点亮梦想"支教活动与"中国梦·西部情"西望基金，将召集更多社会爱心人士一起携手前行，为西部基层教育做出更大的努力和贡献，用以激励成绩优异、家庭困难的学生，开展"紫丁香圆梦之旅"让山区孩子走进哈工大。

17载韶华倏忽而逝，回首过去，这是西部地区快速发展的17年，也是祖国更加繁荣富强的17年；这是36名电气人扎根西部的17年，也是在基层实现自我教育的17年。也许他们在支教大军中只是一朵浪花，但正是这无数浪花才构成了时代的洪流！用一年不长的时间做一件终生难忘的事。他们，是电气之光！

青年当有志，立志在四方。

祖国需要处，皆是我故乡。

磨砺心灵

——第二届研究生支教团　李蕾

在开始上课的几天里，我由于水土不服，加上空气不好、气候干燥，身体几乎吃不消，十分难受。不知为什么，像我这种自认为没有什么耐心的人一踏上讲台却充满了热情和灵感！虽然我教的不是什么所谓的主科，却从未懈怠！我十分自信，通过我这个媒介，让他们产生了对外界更加强烈的渴求。他们喜欢我其实是喜欢我带来的气息！我不由自主地对这些小孩子产生了感情，记得好多孩子的名字和特点。

孩子再小也是独立的个体，他们现在人格的构建已经悄悄开始。我会用自己的言行去潜移默化，去尊重激励他们，去培养他们对自己的信心。

孩子们处在花季的年龄，有年轻的资本去设想未来。而我，只是将一扇窗户轻轻打开，给他们创造一点眺望风景的机会。

支教的生活像一杯清茶，没有华丽的色泽和醇厚的味道，淡淡清香却让人回味无穷。人生几何，岁月匆匆！感谢生活让我有这种经历，平和自然的心态让我过得安然。

我始终认为志愿者就是一群普通得不能再普通的人，他们的所为无须什么华丽词藻的装点，全然凭内心意愿的流露。但毫无疑问他们是对生活充满希望、充满责任感的人。知识厚重的平台之上被赋予理性的思考，他们极有可能找到了自己的定位，继而去做该做的事，这或许更是一种能力。

当被问及：你后悔吗？

我答得淡然：从来没有……

在最初的面对里，这是自己对自己的验证与回答。一个全然崭新的环境，一种未知的岁月，在感情上，我们在与自己的胆怯较量。虽然这种考验不是山雨欲来风满楼，在一点一滴的感受与思索中，我们越来越清楚地意识到：仅仅有热情与梦想是远远不够的，我们不能一厢情愿地向在这里生长

李蕾参加第二届研究生支教团出征

的孩子传输他们无法领悟的东西。只有融入其中，才能真正实现互动与交流，我们拥有的知识才会有用武之地。在既照顾到当地学生的实际情况又能发挥我们的优势这个值得长久关注的问题上，我们无一例外地开始换位思考。

教育要贴近生活。老师应该是寻找宝藏的人，在学生心灵的土地上，寻找生命的精神资源，并把这种潜在的资源发掘出来，变为精神财富。老师不仅要发现学生的闪光点，而且要引导他们自己去发现其闪光点，让他们相信自己是最好的，生命的发展需要自爱！于是，在我踏上讲台的最初的两个月里，我带领我的学生度过了十分美妙的时光。

鉴于这里孩子表现出来的腼腆、胆小的情况，我引导学生写"我爱我的理由"。让他们发现自我、欣赏自我、推销自我的能力得到锻炼，并根据每位同学的内容写上启发、鼓励性的评语。此法收效显著。我有幸见证了一个个有血有肉、充满思想的灵魂。很多同学随即发生改变，上课积极

发言，更乐于表现自己！有的孩子小心翼翼地把这张小纸条珍藏起来，让我感动不已。

有趣的、让人感动的事情还有很多，还在继续。把它们穿起来就是一串串美丽的星星，闪耀着清澈的光芒。我们是一群普通的西部志愿者，不同的是，在我们的生命中将长存几百名孩子的喜怒哀乐。他们的眼神、笑脸流淌着生命中最为原始纯粹的爱，会让你不经意间泪盈双眼，笑意漾在嘴角。我想说，也想让很多人了解，拥有这样一段经历，我们是幸运的。这是最好的奖励，也是难得独特的锻炼。我想，在这个大环境下，我们几个人的力量稍显单薄。但我们可以做孩子心灵之窗的开启者，射进一束阳光，照亮一片心灵的土壤，使梦想的种子生根、发芽！我知道我们的青年朋友都拥有美好的梦想，我们的时代需要你们。如果你正在寻觅适合自己施展抱负与才华的舞台，做一名志愿者会让你无悔青春。年轻是我们的资本，在这么年轻的时光，我们有幸成为肩负神圣使命的队伍的一员，成为一名志愿者，该是一种多么值得骄傲的经历！

愿这片土地永远都能被眷顾

——哈尔滨工业大学第十二届研究生支教团　陈靖宇

2014 年 7 月下旬，从哈尔滨几经辗转到达兰州以后，我与赴藏志愿者陕西队汇合，登上了驶往拉萨的列车。正值旅游季，卧铺票十分紧俏，我把卧铺让给同行的女志愿者，跟其他几名志愿者在列车长的帮助下，在餐车找到位置，一坐就是 20 多个小时。车上除了几百名志愿者，大多是赴藏的游客，车厢里充满着混杂了兴奋与紧张的躁动气氛。随着海拔的持续爬升，不断有人出现高反，同时也不断有人跑到窗边记录沿途景色。同行的志愿者当中有学画的艺术家，有抱着吉他唱民谣的大学生，路过德令哈时有人在朗诵海子的诗。这一切也使我兴奋异常，仿佛这是一场与某个从未谋面的姑娘的约会。

由于同期赴藏的志愿者多达两千人，自治区政府安排我们在西藏大学接受培训。不知道是心理作用还是水土不服或者休息不好，第二天起床，我手脚冰凉，浑身发酸，感觉自己感冒了。因为听到过许多关于高原感冒的恐怖传言，一触即发的可怕念头与理据充分的自我说服交替争锋。任凭思绪波澜翻卷，我故作镇定，而后竟也莫名地好了。初到高原，我们几个都很小心，乖乖地一周没洗头，更不敢剧烈运动，只是每次上课，爬楼梯到教室门口的时候，偷偷看下指甲，嗯，紫色的。旁边中山大学的妹子更是武装到牙齿，在教室上课都戴着口罩，因为"屋里紫外线也多"。几个月后再见，她已然是个骑着电动车风驰电掣的女汉子。一周的培训，培训的内容并没有记下多少，反而是对这份初到高原谨小慎微的滑稽模样印象深刻，这恐怕也是广大"高原新人"的共同记忆吧。

对于支教的理解，印象与现实往往存在较大的偏差。我们服务的学校是一所大学——西藏藏医学院，一所颇为少见的民族医药学院，全院一千多名学生，几乎都是藏族，其中绝大部分来自西藏本地。因为我们无法承担专业课的教学工作，我跟凯超教起了英语，松松教化学。除了教学，我主要承担藏医系学生管理工作，相当于辅导员。这也就使我有机会接触到一些学生家长。很多父母不会说汉语，见到我这样的汉族老师，基本上先是显出掩盖不住的愕然，被我让进办公室以后，就是面面相觑的尴尬，等着藏族老师来救场。每次接待来自牧区的家长，他们大多眼神闪烁，神情质朴，甚至流露出不似成年人的羞涩。

虽然孩子们有着很多优秀可贵的品质，但成长过程中，环境的相对闭塞，使得他们的综合素质尤其是思维活跃程度与内地学生存在着很大差距。而我们错过了他们成长的最关键时期，一年的时间又太短暂，虽然认准了把内地高校的丰富经验嫁接到这里，由表及里地影响他们，可是摸着石头过河，犯了错，吃了亏，积累了经验，接力棒也就要往下传了，努力的成果自然很难显现，小小失望免不了时时涌上心头。不过改变还是在发生，支教接近尾声的时候，低年级的孩子中有些已经能够熟练地操作电脑；学生干部们的工作想法越来越多，不断给我们惊喜；越来越多的学生找到我们学习各类技能，让我们愈发期待着今天这一点浇灌，有一天会结出硕果。

临别的时候，学生跟同事们送的哈达挂了整整一脖子。去火车站的路上，有学生在半道拦我，塞给我两大杯牦牛酸奶，我抱着带着冰碴的酸奶，心里热乎乎的。这份认可和尊敬，就是我的收获。

时常听到其他各队谈起中学生们如何骄纵难管，每天上课如履薄冰。其实，所谓贫苦孩子早当家或许不假，然而默认每个苦孩子都求知若渴，自制力与成绩都能在同龄人中超群，实在是看客们隔岸观火般的一厢情愿。跟同龄人一样，他们调皮，他们开朗，他们单纯，他们狡黠，而周遭的环境与纷繁的诱惑却更能直接影响他们。愈是困窘，就愈是要求短的回报周期，读书这样的长投资慢回报，当然就不是第一选择。从育人的角度来讲，一个教师能做到的往往有限，学业与家境、地域，大多存在着残酷而冰冷的关系，放牛班不可能总有春天，更多的则可能是统计学上的小小注脚。每每想到这里，我遗憾也庆幸，那里可能有一段关于理想、无奈、惊喜甚至愤怒的更加五味杂陈的故事。

虽然身处在祖国西部的各个角落，我们的处境各有不同，然而却都被现实督促着去思考、去改变，默默地在那里留下痕迹。快乐的事情当然会记得，甚至倒过的苦水假以时间都会发酵成甘美的琼浆。相信队友们都会怀念支教的青山绿水，蓝天白云。对于我来说，与西藏这片土地算是结下了缘，留下了根，打了个解不开的结。愿这片土地，永远都能被眷顾。

终生的宝贵财富

——哈尔滨工业大学第十二届研究生支教团 赵玉林

一年的支教生活转眼已经过去，每天都会思念起在南溪的生活。可不知道为什么，就是不愿意去回想太多关于支教、关于孩子的东西，尽管它在我心里扎得很深，但我却不知道该如何表达。语言似乎就是这样的空洞无力，一些触动心底的微妙感觉就发生在那一瞬间，你可以任由心中的五味瓶肆意翻动，甚至你感受到了这种翻动所带来的不适，可就是找不到任何词去将它形容得贴切、真实。

南溪五中在大观镇的镇郊，到镇中心还有十分钟步行的路程。你看不到城市的繁华璀璨，更看不到丝毫的新气象。藏在绿山之中，似乎被熟悉的城市生活抛弃了。

在这里，初来乍到的我丝毫没有陌生感。当地老师对我们都和对自己朋友一样，镇上居民听到我们是支教团来的也都无比亲切。我的角色是老师，初一年级副班主任并教一个班级英语，初三两个班英语（因为缺老师我们几个都临时代教英语了）。孩子们大多是留守儿童，家长会那天是爷爷奶奶来开会，个别的父母还穿着有破洞的旧衣服。很多家长操着一口我听不太懂的四川大观方言，告诉我要照顾一下他们的孩子，我显得很无力。我时常在想，支教的一年你到底能带给他们什么呢？是新鲜的授课方式，是快乐的陪伴，还是我们口中所谓的知识？随着时间一天天地过去，你会抱怨语言的苍白无力，责怪自己知识的浅薄，因为你太想把自己的所知全部教给这些孩子；你太想要将那个山外世界描绘得精彩生动；你迫不及待地想要激起这些孩子对山外世界的美好憧憬，让他们走出大山，走向那个未知却又鲜活的世界。或许这些都不是，他们真正渴望的是一种关爱，一种不被忽视的关爱，他们渴望知识，但更渴望爱！只要你给予他们一点点的关注，哪怕只是千分之一，那么，那一刻的你就会变成这个孩子心中的唯一，众多的学生中，他是你的其中之一，而你却是他心中的那个唯一。现在才刚开始，无论是初一的班主任班级，还是初三的最差班，都要努力去做，让他们有自己的改变。

在四川，关爱留守儿童是我们一项重要的活动内容。对于经济困难又学习成绩优异的同学，我们会给予经济上的资助。但我还是觉得经济上的资助和支持是次要的。在资助的时候，我明确说了，资助他们不是因为他们穷，而是觉得他们有骨气、有能力、有拼劲，可以成为一个堂堂正正的有用的人。资助更多的是一种督促和鞭策，一种刺激和鼓励，不让他们自暴自弃。其实贫穷大多数时候不是一笔财富，而是一种灾难，资助不是救穷而是救灾。在贫穷中挣扎的人，无非两种，一种是不甘平庸不信命运地拼搏，心怀梦想，不被暂时的贫穷磨掉棱角；而另一种，则在物质的贫穷中，精神也变得荒芜贫乏。经济上的困难很容易改变，而精神的平庸却是致命的。

临走的那几天非常仓促忙碌，很遗憾，和很多人都没能说一声道别。临走的那天正好赶上暴雨，孩子们还是不肯回家，想要送我们，最后拗不过我们先回家了。走的时候，我强忍着泪水，告诉他们要好好学习，我们有机会还会再见的。在回家的路上不停地有孩子问候我们，说想念我们。我总觉得我们这样有些残忍，平白无故打入孩子们的生活，刚刚让他们看到生活的希望就又头也不回地走掉了，剩下的只有思念和难过。但是对我们来说，因为有他们，所有的劳累、所有的烦恼不开心、无数昆虫的叮咬就都不算什么了。

一年的支教生活中，其实真正的老师并不是我们，而是那些纯真无邪的孩子。虽然他们很多人都家境贫寒，但他们用自己最质朴的笑容、最简单的言语和最纯粹的感情向我们诠释了生活、诠释了乐观。与其说我们传授了他们知识，不如说他们教会了我们如何拥抱生活：无论我们身处多么恶劣的环境之中，都要微笑着面对！

支教的日子里有太多的愕然、辛酸、感动。你无法想象每个微笑里所隐藏的艰辛与不易。这一年我感受很多，成长很多，支教的宝贵经历，将成为我终生的宝贵财富。

第十二届研究生支教团合影

附录一：部分电气学院支教队员支教感悟及日记选段

电气学院 02 级本科生、第四届研究生支教团山西服务队　张宾瑞

支教生活清苦而快乐。我可以肯定地说，我无悔，我选择支教。

电气学院 02 级本科生、第四届研究生支教团西藏服务队　雷磊

我们是一群普通的西部志愿者，不同的是，在我们的生命中将长存几百名孩子的喜怒哀乐。他们的眼神、笑脸流淌着生命中最为原始纯粹的爱。会让你不经意间泪盈双眼，笑意漾在嘴角。我想说，也想让很多人了解，拥有这样一段经历，我们是幸运的。这是最好的奖励，也是难得独特的锻炼。我们可以做孩子心灵之窗的开启者，射进一束阳光，照亮一片心灵的土壤，使梦想的种子生根。

电气学院 04 级本科生、第六届研究生支教团山西服务队　乌英嘎

支教一年，有成功的喜悦，也有失败的酸楚；有与孩子们一起的快乐，也有让工作烦心的惆怅。有一种生活，你没有经历过就不知道其中的艰辛；有一种艰辛，你没有体会过就不知道其中的快乐；有一种快乐，你没有拥有过就不知道其中的纯粹。支教一年是我一生无悔的选择！

电气学院 10 级本科生、第十二届研究生支教团四川服务队　赵玉林

人生就是一段阅读的旅程，而支教的一年就是我人生厚厚的一本无字的书。当老师，让我懂得了如何与孩子沟通，如何帮助孩子们树立梦想；当班主任，让我学会了如何真正地去教育一个孩子，规范他们的习惯。这本书，将成为我未来人生道路上的不竭动力。

电气学院 12 级本科生、第十四届研究生支教团四川服务队　彭敏

来自学生的认同感让我总是感到很幸福，也常常让我成为队友羡慕的对象。这些小小的孩子，却常常会做出大人般的举动。每次上课前，总有几个孩子飞奔到办公室帮我拿书拎包，会把电脑早早打开，会把讲台收拾得干干净净。课堂上他们的眼神总是那么清澈透明，这种坚定的信任常常会让我备受感动。还有人则会一上来就紧挽着我的胳膊怕我走掉，然后迅速形成一个包围圈开始七嘴八舌地发问。他们会问你写的英文怎么那么好看，你说的英语怎么那么好听，你穿的衣服怎么那么漂亮，他们也会关心你周末在宿舍干些什么，有没有觉得无聊，宿舍里有没有觉得很冷，等等。他们神情中的关切还有崇拜是治愈疲劳的良药。无论我出现在哪里，只要被他们看到，他们一定会大声喊着"Miss Peng"百米冲刺般扑过来。只要在下课时间，一定不会孤单不会冷清，总会有好多个娃儿过来找我"耍"，他们便是这世上最温暖的暖气了。

电气学院 13 级本科生、第十五届研究生支教团广西服务队　霍东

天下没有不散的筵席，转眼间到了分别时刻。支教的日子里，每天迎着霞光，披着晚霞，很辛苦却很充实。从迎新到第一天接触学生，与其说我们来这里支教，不如说是一次对我们深刻的锻炼。能够将自己生命中美好的一年奉献给祖国的西部建设，奉献给广西大瑶山，奉献给 1705 班让人又气又爱的同学们，是我作为一名志愿者的荣耀！

电气学院 13 级本科生、第十五届研究生支教团云南服务队　贾绍华

最后一节课铃声响起，我知道这为我的教师生涯画上了句号。在过去的 360 多个日夜里，我一直在思考究竟怎样做才能成为一名合格的老师。虽然有的时候会被学生气到发飙，但每当学生们愧疚地看着你和你道歉的时候，自己还是卸掉了所有的埋怨，耐心地和他们讲道理。我会怀念在宁蒗的这些日子，怀念和老师学生们相处的时光。希望我的学生们好好吃饭，好好长大，来日方长，总有一天我们会再见！

电气学院 14 级本科生、第十六届研究生支教团云南服务队　陈应奇

曾经思考为什么来支教，支教是简简单单的教授知识吗？

现在我逐渐找到了答案。在支教中，知识是一方面，更多的是一种思想的碰撞，一种观念的传递，一种能量的传播。

当看到自己的学生一天天在改变，突然感觉一切都是值得的。很欣慰能够作为一名老师为我的学生服务，虽然努力可能改变不了什么，但不努力一定什么都改变不了。

电气学院 14 级本科生、第十六届研究生支教团四川服务队　孙超

临行之前，千言万语涌上心头，却又凝噎。人生就是一次次幸福的相聚，夹杂着一次次伤感的别离。我不是在最好的时光遇见了你们，而是遇见了你们，我才拥有了这段最好的时光。

附录二：历届电气学院支教队员名单

届别	支教年份	姓名	性别	本科专业	服务地
第二届	2004 年—2005 年	李 蕾	女	楼宇自动化	山西省临汾市 浮山县浮山中学
第三届	2005 年—2006 年	李开聪	男	自动化	山西省临汾市 浮山县寨圪塔乡初级中学
第四届	2006 年—2007 年	雷 磊	男	电气工程	西藏自治区 拉萨师范高等专科学校
第四届	2006 年—2007 年	张宾瑞	男	电气工程	山西省临汾市 浮山县浮山中学
第五届	2007 年—2008 年	朱宝峰	男	电气工程及其自动化	山西省临汾市 浮山县第二中学
第五届	2007 年—2008 年	周剑华	女	光电信息工程	西藏自治区职业技术学院
第六届	2008 年—2009 年	乌英嘎	女	电气工程及其自动化	山西省临汾市 浮山县第二中学
第七届	2009 年—2010 年	刘 彬	男	光电信息工程	云南省丽江市 宁蒗县民族中学
第八届	2010 年—2011 年	李 婧	女	电气工程及其自动化	山西省临汾市 浮山县第二中学
第九届	2011 年—2012 年	赵 昊	男	光电信息工程	云南省丽江市 宁蒗县民族中学
第九届	2011 年—2012 年	郝潇潇	男	测控技术与仪器	云南省丽江市 宁蒗县第一高级中学
第十届	2012 年—2013 年	韩 亮	男	电气工程及其自动化	云南省丽江市 宁蒗县民族中学
第十届	2012 年—2013 年	明 麟	男	电气工程及其自动化	四川省宜宾市 南溪职业技术学校
第十一届	2013 年—2014 年	杨 爽	女	测控技术与仪器	云南省丽江市 宁蒗县民族中学
第十一届	2013 年—2014 年	王 鹏	男	电气工程及其自动化	四川省宜宾市 南溪区第五中学
第十二届	2014 年—2015 年	陈靖宇	男	自动化测试与控制	西藏自治区藏医学院
第十二届	2014 年—2015 年	杨晓炜	男	电气工程及其自动化	陕西省宝鸡市 扶风县太白初级中学
第十二届	2014 年—2015 年	张希月	女	电气工程及其自动化	陕西省宝鸡市 扶风县杏林初级中学
第十二届	2014 年—2015 年	赵玉林	男	电气工程及其自动化	四川省宜宾市 南溪区第五中学

届别	支教年份	姓名	性别	本科专业	服务地
第十三届	2015年—2016年	王睿	男	电气工程及其自动化	云南省丽江市宁蒗县民族中学
	2015年—2016年	马欢	男	测控技术与仪器	云南省丽江市宁蒗县民族中学
	2015年—2016年	李彬齐	男	电气工程及其自动化	四川省宜宾市南溪区第五中学
	2015年—2016年	郑帅	男	自动化	四川省宜宾市南溪区第五中学
第十四届	2016年—2017年	毛红杰	男	测控技术与仪器	云南省丽江市宁蒗县民族中学
	2016年—2017年	宋宏宇	男	电气工程及其自动化	云南省丽江市宁蒗县民族中学
	2016年—2017年	程达	男	电气工程及其自动化	陕西省宝鸡市扶风县杏林初级中学
	2016年—2017年	宗翰林	男	电气工程及其自动化	云南省丽江市宁蒗县民族中学
	2016年—2017年	彭敏	女	测控技术与仪器	四川省宜宾市南溪区第五中学
第十五届	2017年—2018年	霍东	男	光电信息科学与工程	广西壮族自治区来宾市金秀县民族高中
	2017年—2018年	贾绍华	男	仪器科学与技术	云南省丽江市宁蒗县民族中学
	2017年—2018年	刘璇	女	测控技术与仪器	云南省丽江市宁蒗县民族中学
第十六届	2018年—2019年	陈应奇	男	电气工程及其自动化	云南省丽江市宁蒗县民族中学
	2018年—2019年	孙超	男	电气工程及其自动化	四川省宜宾市南溪区桂溪中学
	2018年—2019年	姜悦	男	光电信息科学与工程	云南省丽江市宁蒗县民族中学
第十七届	2019年—2020年	陈彦博	男	建筑电气与智能化	云南省丽江市宁蒗县民族中学
	2019年—2020年	刘洋	男	电气工程及其自动化	广西壮族自治区来宾市金秀县民族高中
第十八届	2020年—2021年	孙吉旭	男	电气工程及其自动化	截至发稿尚未出征
	2020年—2021年	陈州元	男	电气工程及其自动化	截至发稿尚未出征
	2020年—2021年	唐伟铭	男	电气工程及其自动化	截至发稿尚未出征
	2020年—2021年	王文武	男	电气工程及其自动化	截至发稿尚未出征

附录三：媒体聚焦

哈工大研究生支教团十年服务西部

——做一件终身难忘的事

（2013年12月5日《光明日报》）

"初中3年，是改变我命运的3年。这3年里，我第一次见到了投影仪，第一次看电影，第一次参加英语竞赛……毫不夸张地说，改变我命运的不仅是知识，更是这些可爱的老师。"12月2日，在哈尔滨工业大学研究生支教团成立10周年暨"西望"基金启动仪式上，谈及支教研究生们对自己的帮助，如今已考上大学的赵英英几度哽咽。

10年，西部5省，90多万元爱心善款，8 000余名学生受益，117名研究生志愿接力，哈工大研究生支教团默默托举着山村孩子上学的梦想。

从80后到90后的精神传递

"索玛花开，映红了一张张年轻坚定的面庞。雏鹰飞翔，他们为远乡僻壤的孩子点上智慧的烛光。繁华喧嚣的城市，他们离开了。艰苦贫瘠的山区，他们到来了。正青春，去支教。"这是哈工大2013级硕士研究生李声勇拍摄的支教纪录片《青春的选择》中的话。该片真实记录了学校5名队员在云南省宁蒗彝族自治县支教，深入山区开展公益助学活动的点点滴滴。

虽已过去10年，但第一届研究生支教团成员王振峰总会怀念那一年的支教生活。"毕业后，队员们常在一起讨论，应该再做点什么。后来，在第三届支教团胡君的建议之下，我们在哈工大教育发展基金会设立'西望'基金，寓意'西部的希望'，用于学校研究生支教团项目发展和志愿者奖励支持，首批已募集10万元。"王振峰说。

第八届支教团成员杨云峰去宁蒗县支教的理由很简单，因为他就是从那里走出来的。"现在，每次回家，家乡的老师总会很期盼地问：'明年你们哈工大支教团还会来吗？'"

随着支教队员的更新，支教团主力逐渐由80后变成了90后。"无论是80后，还是90后，一定秉承学校的精神，传递好接力棒。我会努力，争取成为哈工大支教团下一个10年中的一员。"航天学院一名90后新生在微博上这样写道。

在坚持与放弃中博弈

陈苏是哈工大第三届研究生支教团的队长，也是我国首位博士生支教志愿者。对于他去支教，身边的许多同学不解："放着好好的博士不念，去做什么志愿者？"志愿者选拔面试时，陈苏向评委谈了自己对志愿者工作的认识，谈了自己博士课题的进展。"我愿意用一年的时间，去圆一个儿时的梦想，去做一件终生难忘的事！"他的一席话打动了评委。

选择支教，是在人生节点上进行"坚持"与"放弃"的博弈。而他们的选择和坚持，成为一场爱的接力。大学期间一直在团委担任学生干部的李欣然、马楠坦言，她们受到当时校团委书记陈苏潜移默化的影响，大四那年放弃了出国、保研的机会，毅然选择了支教。

"当我听说你们放弃了年薪十几万元的工作而去支教的时候，我是多么感动；当我看到你们带病坚持给我们上课的时候，我是多么感动……现在我也是一名大学生了，我也会像你们关心我那样关心其他的孩子。"赵英英的话代表了很多受教学生的心声。

由传授知识到点燃梦想

"第一次上英语课，我让他们写出自己的梦想是什么，没有人写。后来我了解到，他们中很多人想初中毕业后外出打工挣钱。"曾在四川南溪三中教英语课的李欣然说，"我们要做的不仅是传播知识，更要让他们对未来有梦想。"

2007年12月25日，山西省浮山县寨圪塔中学的孩子们收到了让他们惊喜不已的礼物——哈工大第五届浮山支教团爱心图书馆成立了。房间虽然不大，但书架上各类书籍摆放得很整齐。图书馆筹备人、第五届研究生支教团队长朱宝峰说，他永远忘不了学生们走进图书馆时的惊喜。

10年来，哈工大研究生支教团动员学校及社会力量，共为家庭贫困学生募集善款90多万元，发放"爱心文具"2万余套，捐助新桌椅120套，修建了3个"爱心图书馆"、1个水泥操场、1座饮水井，还有一所希望小学在建。

哈尔滨工业大学党委书记王树权说："习总书记在五四青年节号召，青年学子要'敢于有梦、勇于追梦、勤于圆梦'，让青春梦与中国梦共振，为实现中国梦注入青春正能量。哈工大的育人传统和文化始终围绕着'爱国、求是、团结、奋进'，哈工大人的梦想始终围绕着国家的发展，坚持自身发展与社会担当并重，在国家发展建设中实现自己的青春梦。"

哈工大研究生支教团：
十年支教路　撑起西部教育一片天

（2014年1月9日　中国青年网）

5个西部省份的奉献坚守，10年支教教师的讲坛耕耘，116名志愿者的志愿接力，8 000余名受益儿童，90万元的爱心善款……数字的背后是哈工大研究生支教团走过的10年历程。

2013年，哈工大研究生支教团迎来了10岁生日。10年时间说起来也不算长，却对哈工大青年志愿服务工作具有里程碑的意义。从第一届研究生支教团的"蹒跚起步"，到如今茁壮成长为在全国高校共青团系统有一定影响力的志愿服务团队，哈工大研究生支教团已成为一个标杆、一面旗帜。

十年支教为西部教育事业撑起一方晴空

10年前，"研究生支教团"在哈工大校园是陌生的字眼，以至于看到招募通知的人都会问"什么是支教？到哪里支教？支教是干什么？"自从向山西省浮山县派出第一届研究生支教团起，一届又一届的优秀学子满怀青春梦想奔赴西部最艰苦的基层，足迹遍布山西省浮山县、云南省宁蒗县、四川省宜宾市南溪区、西藏拉萨市、新疆富蕴县，用自身的坚守、付出和真诚改变着当地落后的面貌。

10 年间，从哈工大研究生支教团走出了一批又一批优秀人才，他们有的仍然活跃在青年工作第一线，有的毕业后投身到航天事业中，还有的在科学研究领域刻苦攻关，很多已经做出了不俗的成绩。透过他们的成长途径可以看出，支教这段人生经历对青年的发展产生了至关重要的影响。

10 年后的今天，在哈工大校园再提"研究生支教团"几乎无人不知，"研究生支教团"已成为志愿服务的品牌，报名参加支教团的同学逐年增加，当初的支教主力也由"80 后"变成了"90 后"，越来越多的人加入到了志愿服务的行列。回顾 10 年支教走过的历程，有艰辛也有快乐，有感动也有收获，这无疑是一笔宝贵的精神财富，也是下一个 10 年继续前行的精神动力。

8 年间在太行山乡村播种梦想和希望

在山西省浮山县教育界，说起哈工大研究生支教团几乎无人不竖起大拇指。从 2003 年开始，学校每年选派研究生到浮山县的中学支教，从 2005 年起，学校研究生支教团在全国 78 个支教团中率先从县城下到乡里，从高中下到初中，在太行山最基层的乡村中学里向孩子们播种梦想和希望。

山西省浮山县是享受西部扶贫政策的贫困县，全县 13 万人口，寨圪塔乡是距离县城最远的一个乡，当年八路军总部曾设在这里，是地地道道的革命老区。据了解，浮山县每年能考上本科的学生不足 10 人，一个乡几年也出不了一个大学生。乡里的初中很多还是"代教"老师。2005 年 9 月，学校里来了两名哈工大的支教队员陈苏和李开聪，其中陈苏还是我国首位博士生支教志愿者。从此，寨圪塔中学一点一点变了。用校长卫俊剑的话说："从有哈工大的支教研究生后，寨圪塔中学就实现了华丽转身。"

时间转眼过了 8 年。2011 年 7 月，张剑桥和其他 6 名队员结束了在浮山为期一年的支教生活，他们成为哈工大向当地派出的最后一批支教队员。由于服务地的调整，学校研究生支教团在浮山服务的年数定格为"8"。这 8 年来，变化最大的就是寨圪塔中学。这个乡镇级中学，8 年前教学成绩在全县排名一直靠后；哈工大研究生支教团来了后，学校排名逐年上升，2011 年，初一年级在全县排第一，初二年级在全县排第三，升学率更是年年递增。更可喜的是，受支教队员们的影响，这里的学生心里都有了更高的学习目标，不仅要考大学，还要上研究生。不少学生还说："将来我也要上哈工大。"

支教，服务的是他人改变的是自己

坐落在青藏高原、海拔 3 650 米的拉萨，是世界上海拔最高的城市之一，一座有着 1 300 多年历史的古城。拉萨在藏语里意为"圣地""佛地"。每年数以万计的游客因其"神圣"慕名而来。来此的青年志愿者也逐年增多，他们有着更为神圣的使命——支教。从 2006 年至 2009 年的 3 年间，哈工大先后派出 3 届 9 名研究生支教队员到拉萨支教。

成立于 1989 年的西藏藏医学院，是中国第一所高等藏医药院校。隋海鹏便在这里支教，是学校成立 20 年来第一个来此支教的大学生志愿者。这里的每个人都亲切地称呼隋海鹏为"小隋"。在西藏藏医学院团委书记拉巴次仁看来，隋海鹏非常能融入当地生活。在 8 小时工作之外，他会在茶余饭后向当地的老师请教藏语，周末时他还会跑到八角街和那里的藏民交谈，了解藏族的文化和习俗。一年下来，这个东北的小伙子已能随口说出日常用的藏语敬语。

"这些汉族老师为藏族学生提供了一个看世界的窗口，带来了知识和文化，也为学生工作注入了活力。要改变西藏教育落后的现状是一个漫长的过程，可这些支教队员却用一年时间让它大大改观，太了不起了。"拉萨师范高等专科学校学工处处长拉巴旺堆感慨地说。

支教不仅带来了当地的改变，也使支教者自身发生了巨大变化。"这些支教的大学生刚来时，我对他们说，你们在工作、学习和生活上有什么困难，可以随时跟我说，可一年下来没有一个人给我打电话。"团区委权益部王慧文部长的话语里充满欣慰，"在他们身上，我看到了老西藏精神在闪光。他们在这里支教一年比在内地工作十几年得到的锻炼和收获都要大。"

位于四川省南部的南溪，素有"万里长江第一县"之称，有着 1 500 多年的建城史。2011 年，经国务院批准，南溪成为宜宾百万人口大市的一个新区。同年 8 月，哈工大第九届研究生支教团四川服务队 6 名队员首次踏上南溪这片土地。闫欢、刘鑫岩、李家强、郑凯4人服务于南溪职业高级中学，李欣然、马楠两名女队员服务于南溪第三中学。

"他们的到来，足足顶起了4个专业教师的上课任务，不仅缓解了学校教师不足的矛盾，而且给课堂注入了活力。他们深受学生的欢迎和爱戴，成了学生的良师益友、老师们尊敬的对象。"南溪职业高中副校长邓方钦对支教队员赞赏有加。

一年远在他乡的支教，让这些从小在城市里长大的80后大学生在不知不觉中发生着"蜕变"。大学期间一直在团委做学生干部的李欣然、马楠坦言，她们受到当时的校团委书记陈苏潜移默化的影响，大四那年放弃了和大多数同学一样出国、保研的机会，毅然选择了支教。马楠用"摸爬滚打"来形容自己这一年的支教生活。由于南溪三中地处乡镇，停水停电是经常的事。不到半年的时间，她和李欣然已经习惯了"灰头土脸"地去给学生上课。

承载着"让更多的孩子走出大山"的梦想，通过一届又一届队员的努力，大山里正在发生着巨大变化，志愿者们将个人理想与国家需要紧密结合在一起，为落后山区带来了知识和希望，唤醒了当地孩子走出大山的梦想和信念，只要不断地有志愿者到西部奉献自己的青春，西部各项事业就能一点点地迎头赶上，就会有越来越多的孩子走出大山。

支教到底有没有意义？

（2019年2月24日 共青团中央公众号）

该文章综合整理自知乎用户@木楠的回答，@木楠作为哈工大第一届支教团所教学生，毕业后也选择成为一名教师，她在文中回忆了与支教团相处的点点滴滴。

是的，我就是那个发丝随风凌乱，脸蛋晒得黑里透红，眼睛里充满求知欲望的女孩；我就是那个在支教老师要走的时候，涕泗横流，追逐远送，需要他们用"虽然我们不在同一块土地，但我们共看一片蓝天"来安慰的女孩；我就是那个因为他们的到来，第一次看到火箭模型，第一次摸到足球的女孩。而他们的到来产生的影响，是我们班 71 个人都有了自己的英文名字："英雄""大卫""珍妮""希拉里"……

哈工大第一届研究生支教团出征

他们和我们踢球滚成一团。

太多欢乐的回忆。

孩子成长的路上，需要的不是一个板着脸教自己守规矩，一题不对就怒目相对拳脚相加的老师，而是一个可以陪她成长、分享知识、经验和见解的哥哥姐姐。在电话刚刚开始在农村安装，大头电脑还只是用来玩扑克的岁月，这些支教的哥哥姐姐送来了望远镜，不仅仅让我们透过它清晰看到对面山头院落里的老母鸡，更向我们展示了他们所看到的世界。

作为哈工大派出的第一届支教团，他们来到我们大山的时候，徐本禹还没有感动中国。

他们七个人，四个去了我们县最穷的乡，三个留在了我们学校。队长孙老师，要签他的公司年薪给出了十来万；我们的班主任程磊父母身体都不好，勤工俭学补贴家用；隔壁班的张献峰，妹妹当时刚上大学，生活费需要他出……

每个人都面临着种种机遇和挑战，但他们来了。每个月 700 元补助，用最美好的青春陪我们一年的成长。程老师下课总是待在教室里，最后走的时候才说，一是怕下课打闹出事，二是希望多些时间可以和我们在一起。

他的这番话深深印在了我的脑海里。后来，我初为人师，站上三尺讲台，才发现它是那么有魔力，看着孩子们的成长是多么欣喜。

长空凝蓝，尽西风笑，

东风残弱，天涯晓寒望断。

竟回眸，笑语喧喧。

足踏黄土铿锵。

忆来时，

豪情倒海万重山。

这是那个 1.85 米高，皮肤黝黑，时常斜挎着个背包，大大咧咧的程磊写的，写在他寒假开始，将要与我们小别的时候。回家，背着半麻袋老乡们送的山货——核桃、枣、酸枣，甚至有家长打听了他们几个脚的尺码，做了黑布鞋。

"常常沉浸在巨大的痛苦和幸福之中！也许有一天我什么都失去了，我想在祖国的西部，我还拥有这样一群可爱的孩子。"

这样的感动无时不在。胡君在做报告时认识了一个初三的女孩，一次，羞涩的女孩在寒风中等待了两个多小时才鼓足勇气走进胡君的宿舍，进来将平安果递给他。胡君一时感动得语塞，小女孩说是上届队员程磊的学生。很想念程老师。

摘自新华网黑龙江频道《西部烛光：哈工大第三届研究生支教团纪事》

我就是那个"羞涩的"小女孩。

这个"信誓旦旦"的学生就是我。

可惜考哈工大的愿望并没有实现。被大学录取那天给程老师打电话，他很开心，一个劲儿问大家长高了没，问了这个问那个，我似乎已经听到他那爽朗的笑声了。

是的，你们还有我们。

点亮小桔灯　传递大爱心

——"小桔灯党员爱心群体"纪事

　　少年儿童是家庭的寄托、国家的希望、民族的未来。让每一名少年儿童接受教育、健康成长、快乐生活，是社会的责任和义务，2010年，电气学院2009级本科党支部为增强党员责任感，以此为宗旨展开"小桔灯"助学工程，"小桔灯"源于冰心散文，寓意点亮希望。

电气学院小桔灯助学工程爱心暖冬行

四川彝族自治州是崇山峻岭中与外界隔绝的地方，那里没有摩天大楼，没有车流涌动，有的只是崎岖的山路，原始的大自然。那里的孩子不知道牛奶是什么滋味，没见过网络的神奇；读书就成了他们最简单却又奢侈的渴望，但大山和贫困阻挡了他们求知的脚步。2009级本科党支部书记侯华东的家乡就在那里，通过不懈奋斗走出大山的他，想帮助更多孩子见识到外面的精彩。经过深入了解情况与讨论筹划，党支书侯华东和张依同学向全体党员发出倡议，每人每月省出10元钱，为四川省大凉山区的盐源县一中贫困学生解决生活费问题，得到党员们的热烈响应。随后，各班党员通过主题班会的形式，向班内同学讲述四川彝族自治州的艰苦环境与当地贫困儿童对知识的渴望。本着自愿捐款的原则，09级385名同学参与活动，占年级人数94%，第一批筹集捐款达21125元，以班级为单位共捐助28名小学生和高中生。所有受助学生资格、学习成绩均经过党支部成员严格把关，同时为保证整个捐助过程公开透明，党支部还制定了捐款收取制度、过程公开制度、定期反馈制度，召开报告会公布捐款使用情况。每一次捐款由受助人本人签收，并由本人、家长签字确认，学校盖章，现场拍照记录，保证其真实性；每年将捐款使用记录、学生信件反馈至捐资人，建立起受助学生与参与同学的长期联系。

　　随后通过电气学院学生党总支面向全院党员发起倡议。越来越多的党员成为"小桔灯"群体里的一员，党员们加入其中，奉献其中，成长其中。10级、11级本科党支部接过学长的火炬，再接再厉，相继资助云南宁蒗一中、四川大凉山的贫困学生，并设立助学金，同时组织相关助学活动，如：开展担当者行动，为哈市永和小学、和平小学、民强小学、荣升小学、民利小学等小学购置新书和标准书架。开展班班都有图书角活动，捐赠了"小学生百科趣味知识""英语学习卡"等相关书籍共计1 226本，组织志愿者同学讲授音乐课、英语课，并与各小学建立合作关系，帮助孩子圆梦。组织助力科技梦小学科技普及之旅，通过"阳光使者，爱与责任"活动到智障儿童燎原学校进行志愿者服务。"小桔灯"助学工程自2010年启动以来，经过不断传承，累计有347名师生党员参与其中，筹集捐款60 000余元，资助100余人。

　　"爱心结对、阳光助学"活动是由黑龙江省慈善总会、哈尔滨市残疾人福利基金会、哈工大电气学院青年志愿者协会合作举办的大型志愿服务活动。阳光助学活动旨在为哈市各社区中家庭生活困难但渴望知识的学生提供免费的补课服务。活动开展3年，共进行6季，300余名志愿者参与其中，共计为200余名哈市残疾人子女义务补课，累计3 000学时，阳光助学活动成为黑龙江省慈善总会的优秀志愿服务项目。2010级硕士生党支部以"小桔灯"的名义在研究生中发起"阳光早餐基金"为远道起早补课的孩子和志愿者提供阳光早餐。受到同学们爱心接力的鼓舞，2013年7月1日，电气学院教职工党员爱心基金成立，号召全院教职工每人每月捐出10元钱，用于资助"小桔灯"助学工程和阳光早餐计划。为了进一步深化"小桔灯"品牌，电气学院党委制定了详细的爱心基金管理办法，成立了基金管理委员会，在校基金会单独建卡，每学期公开账目，精细到每一笔款项的去向。截至目前，爱心基金得到全院285名教职工的大力支持，共筹集善款47 000余元，师生共同点亮"小桔灯"成为佳话。爱心基金除支持以上两项活动外，还构建平台、积极引导，鼓励各教工党支部参与青年志愿者工作，组织电力系统党支部、电工实验中心教工党支部于2013年起每年定期为哈尔滨市永和小学、香和小学留守儿童进行生动精彩的科技之旅，组织孩子们参观校园、航天馆、博物馆、享受哈工大食堂、感受国家级实验中心，学院创业俱乐部。在孩子们心中播下种子，助力少年们的科技梦想。

2015年11月25日，"小桔灯"助学工程在云南省丽江市宁蒗县昔腊坪完小对接完成第一批物资捐助。昔腊坪完小处在偏远的山区，离县城中心较远。从县城出发，往返需要6个小时的车程。由于当地海拔较高，农作物产量较低，加之交通问题，当地农村家庭的主要收入来源是依靠养殖家禽家畜以及到外面打短工赚钱，当地学生多为留守儿童。学校基础薄弱，学生的住宿、学习、生活用品以及学校的图书馆建设要依靠自己解决。只能三十几个人居住在窄小的宿舍内，生活条件极差。昔腊坪完小这样的现象尤其突出，但学生们渴望学习知识的愿望很强烈。电气学院"小桔灯"助学工程通过研究生支教团云南队成员前期调研，确定与该小学进行对接，为昔腊坪小学的110名孩子发放了文具套装和零食，还将进行帮扶对接，陆续进行助学工程，如"爱心冬鞋"、图书角搭建、多媒体教室筹建及后续文具物资捐助等相关工作。

每学期组织学长交流会总有"小桔灯"群体的身影，学院组织专场先进事迹报告会宣传他们的事迹，"小桔灯"的温馨与爱心就在精细的管理中不断得到传承。"小桔灯"爱心群体的事例还有很多很多。"小桔灯"的发起者侯华东也与四川结下了不解之缘，毕业后，他毅然选择去四川雅砻江电站工作，继续为这片热土贡献力量。从2010年到现在，"小桔灯"已经激励了越来越多的电气学院师生党员参与，成为党性教育的平台，爱心在这里集结，涌现出一大批优秀党员与优秀党支部。而如今，小桔灯既已点亮，爱心仍在传承。

电气学院张依老师为受助学生发放物资

新时代的生力军

菁菁校园，莘莘学子，每年的7月是告别的季节。难忘学苑楼可口的饭菜，难忘夏日馥郁的紫丁香，难忘奔腾不息的松花江，更难忘朝夕相处的师长与同窗。一批批电气人告别在母校的青葱岁月，带着对校园的不舍，带着对未来的无限憧憬，走入社会，迎接全新的生活。昔日的学子也将正式拥有一个新的身份——电气校友。近年来，一批批新的电气学子奔赴祖国各地，在各个行业发光发热，成为新时代的生力军。

1401301班是电气学院光电信息科学与工程（光电仪器方向）专业一班。大一至今，班级实现全班零挂科。班级平均学分绩始终位于全系第一，全院前三，仅大二一年就有12门课程获得全院第一名，班级7人位列专业前10，在大三仍然成为"零补考"班级！拾穗行歌，天道酬勤。1401301班获得了校首届十佳学习型班集体，校优秀团支部标兵，校三好班级标兵，校优秀学风班等荣誉称号，1401301班还曾作为先进班级代表，在"青春的选择"事迹报告会上做主题演讲，分享班级建设经验。

哈工大智能车创新俱乐部，成立于2010年，基地位于主楼305。俱乐部以"为学校培养技术优秀型和能力综合型人才"为宗旨，追求卓越，锐意进取，已走出了上百位理论扎实、工程实践能力过硬的复合型人才。自俱乐部成立至今，已连续六年参加全国大学生智能汽车竞赛，累计获

1401301 班合影

哈工大智能车创新俱乐部合影

得国家特等奖一项，国家一等奖 12 项，国家二等奖 11 项，以及东北赛区一等奖若干项，2016 年更是获得两项全国冠军，创造了哈工大参赛以来最好成绩，实现了特等奖零的突破。然而俱乐部在追求技术创新的道路上从未停下脚步，他们将不断创造属于哈工大智能车的辉煌。

"小桔灯"助学工程由电气学院 2009 级学生党支部发起，每人每月捐助 10 元钱，用于资助西部贫困山区的孩子。10 级、11 级本科党支部接过学长的火炬，再接再厉，相继资助云南宁蒗一中、四川大凉山的贫困学生。2013 年 7 月 1 日，电气学院教职工党员爱心基金成立，号召全院教职工每人每月捐出 10 元钱，用于资助 "小桔灯"助学工程，师生共同点亮小桔灯成为佳话。"小桔灯"源于冰心散文，寓意点亮希望。从 2010 年到现在，"小桔灯"已经激励了越来越多的电气学院师生参与，爱心在这里集结，涌现出一大批优秀学子与优秀党支部。而如今，小桔灯既已点亮，爱心仍在传承。

电气之光

李 策

　　李策，中共党员，哈尔滨工业大学电气学院17级博士。哈尔滨零声科技有限公司联合创始人、零声科技（苏州）有限公司董事、黑龙江省新锐青年企业家，现担任零声科技CEO。先后获得中国创业大赛优秀企业、互联网＋大学生创新创业大赛全国银奖等国家级、省部级奖项24项，累计获奖金近100万元。2018年公司营业额突破500万元，并获高新技术企业认证和联想创投500万元战略投资；2019年完成苏州公司筹建，实现南北两地战略布局。

常涵宇

电气_{之光}

常涵宇，电气学院11级本科生，15级硕士生。他用自己的实际行动证明，"爱工大"不是一句空话，曾为母校的主页提出新的方案。他总能找到学习和兴趣的平衡点，曾多次获得学校、企业奖学金和荣誉称号，获得全国大学生数学竞赛一等奖、研电赛二等奖等。课余时间，他还为自己设计了中单翼的航模飞机、碳纤维材质自行车等，充分映射出哈工大学子乐于实践的品质。他总是保持着钻研的热情和乐观的心态，并且坚信"宁静致远，行胜于言，厚积薄发"的道理。

电气之光　　　高京哲

　　高京哲，电气学院13级本科生。对于科技创新，他始终保持着一颗炽热的心。从大一年度项目训练计划一等奖到大学生创新创业项目训练计划一等奖；从第十届全国大学生智能汽车竞赛国家级一等奖到哈尔滨工业大学首届春晖创新成果奖，他在追求极限的道路上从未停歇。作为哈尔滨工业大学智能车创新俱乐部的主席，他认真负责，和参赛队员一同攻坚克难，在第十一届全国大学生智能汽车竞赛中带领队伍斩获国家级特等奖一项、国家级一等奖四项，创造了哈工大历史最好成绩。在未来，他将继续牢记"规格严格，功夫到家"的校训，坚定地在科研之路上奋力前行，不断地超越自我！

电气之光

李 强

　　李强，电气学院11级本科生，15级硕士生，计算机学院18级博士生。学习上，他恒者行远，思者常新；科研上，他博观约取，厚积薄发；活动上，他躬行实践，力学笃行。学路漫漫，他在挑战新角色的道路上从未停歇：担任毕业生代表，为校长领导献智献策；担任社团主席，为后浪学子指点迷津；担任校刊责编，为母校荣誉撰写诗篇；担任科研中坚，为打破封锁磨剑十年。尽管家境苦寒，他却一直坚持，无怨无悔。摆过地摊、修过系统、发过传单、当过家教，曲折坎坷与艰苦磨炼，让他凤凰涅槃、浴火重生。一步一个脚印，他在大学期间取得了傲人的成绩，完成了华丽的蜕变。信念，又鼓舞着他去追寻新的希望、新的梦想。他先后获得中国仪器仪表学会奖学金一等奖（全国7人，近四年哈工大首个一等奖）、"李昌"奖学金提名（全校获奖5人、提名10人/两年）、大学生自强之星（全校10人/学年）、优秀干部标兵（全校20人/学年）、省级三好学生和国家奖学金等；曾任《哈工大研究生》责任编辑、技术协会主席，参加"龙愿"香港交流营（全校3人，队长）和阳光国际交流营（全校15人，队长）等。目前他的课题研究方向为"基于深度学习的生物成像方法与理论研究"，参加国家优青基金、面上基金等科研项目等，共发表高水平SCI 7篇（累计影响因子24），授权发明专利11项，参编英文专著一部。

电气之光

万梓燊

　　万梓燊，电气学院14级本科生。他，凝神贯注于每一堂课，工整的笔记，折射收获的欣慰；冥思苦想于每一道题，不懈的钻研，洋溢顿悟的喜悦。勤于动手，繁杂的演算，不以为烦；勤于思考，深奥的证明，不畏其深。字里行间，他将记笔记树立为一种态度，坚持为一种习惯，内化为一种修养。因为他时刻铭记：传承八百壮士精神，做哈工大规格的践行者！

光阴荏苒

哈工大电气校友时光小记

电气之光

我们眼中的
哈工大电气工程系运动员

电气工程系（简称 6 系），历来都是运动场上一道亮丽的风景线，有着优良的传统。在 1978 年 4 月 26 日举办的 1977 级新生运动会上，团体总分 7765 班获得季军，7762 班获得第四名的好成绩。同时 6 系的领导也非常重视学生的体育运动，在完成繁重学习任务的同时，体育锻炼一直常抓不懈。其中一些运动员不仅运动成绩突出，学习成绩也名列前茅，起到了很好的带头作用。他们为系里争光，也是校队的主力队员，为学校也取得了很多荣誉。由于年代久远，统计起来不是很全面，请师哥师弟，师姐师妹见谅，在这里主要是体现电气工程系的永争第一的精神面貌，是整个 6 系运动队的荣誉。94 级以后由于学院合并，就没有统计在内。

（一）运动员名单

77 级

男篮：韩晓明 7761、李连继 7762

女篮：张燕云 7762

田径：艾抗 7762

游泳：韩晓明 7761、丁健 7762

羽毛球：蔡曼玲 7761

78 级

男篮：华林 7860、谭志强 7863

男排：陈冲 7860

女篮：王梅芳 7860

女排：姜华英 7860

足球：唐降龙 7863、鲍立新 7862

田径：王梅芳 7860、邹文颖 7862、姬敬 7862、于红 7863、
　　　唐降龙 7863、华林 7860、谭志强 7863

羽毛球：孙健羽 7862

游泳：孙健羽 7862、江晓春 7863

射击：张映萍 7862，李彦君 7862，苏丽娟 7862

冰球：赵承杰 7862、徐哈夫 7862、谭志强 7863、焦滨 7863、
　　　张宏 7861、赵春贵 7863、吴世和 7860

79 级

女篮：陈宁 7962、张亦慧 7961、李欢 7965

女排：李欢 7965

田径：王宁 7965

速滑：张亦慧 7961

游泳：邓泳琴 7961

冰球：林宵舸 7962

80 级

男排：张智 8065

田径：刘彤敏 8062、金宵

83 级

男排：孙长江 8365、韩晓春 8365、于涛 8365

田径：张彦 8361

84 级

女排：马立新 8462

田径：马立新 8462

85 级

男篮：李永清

田径：姜华、杨蕊寒、金雷

86 级

田径：孟龙根

足球：盛宇兵（校足球队长）

乒乓球：申亦兵

87 级

男篮：曲志铭 87611、张振宇 87612

女篮：李萍 87651

男排：官涛 8763、刘桦 8763、朱彤 8763

女排：修艺 8761、刘悦 8761

田径：田大伟 87651 、石向宇 87652、马玉红 87652、陈维静 87652、
刘洁 8763、王昕竑 87652、曲志铭 87611

乒乓球：石向宇 87652

速滑：王昕竑 87652

88 级

男篮：王恩 88611、谢宇新 88611、齐欣 88611，宋立伟 88612

足球：王恩 88611、江华伟、闫小强 88611、朴永哲 88652

男排：江华伟、谢宇新 88611、徐智远 88652

田径：李硕 88651、徐智远 88652、王恩 88611

89 级

男篮：韩强 89651、宋茂群 89651

女篮：刘冬妹 8963、张园园 89651

男排：韩强 89651、陈光甡 8961

女排：刘冬妹 8963、张园园 89651、张炜 89642

田径：汪丽华 8962、李春雨 89652、韩强 89651、刘冬妹 8963、
张园园 89651、张贵军 89652、王晖 8962

足球：李殿林 89651、蒋海涛 8963、鲍仁弘 89651

90 级

男篮：白刚 9066、谷仲凯 90651

女篮：任陆荣 90652

男排：白刚 9066

田径：胡欣 9063、李萍 9063、张慧宇 90651、康辉 90651、
任陆荣 90652、白刚 9066、谷仲凯 90651、王平 9062、朱宁、杜红宇、
李冬庆 900662

91 级

男篮：杨贺见 9166

男足：杨贺见 9166、徐冰亮 9164、郭鹏 9165、陈成远 9165、
韩军杰 9165

田径：杨贺见 9166、徐冰亮 9164、郭鹏 9165

羽毛球：王涛 91 研

92 级

男篮：郭雨名 92651

男排：刘一强 92652

田径：陈欣 9264

93 级

男排：王北虎 930602、张亚林 930602、荆丽辉 930602

女排：吕昆 930602

田径：潘海燕 930602、张东卓 930602

94 级

男篮：唐立杰 940602

足球：郑春雨 940602

田径：马铭杰 940602、任丽娜 940602、郑春雨 940602、陈宇 940602

（二）运动成绩

1974 年 6 月 9 日，哈工大田径运动会上，7365 班获得团体第四名。

1975 年 6 月 3 日，哈工大田径运动会上，7365 班获得团体比赛第一名，7361 班获得团体第六名。

1977 年 8 月 13 日，哈工大游泳运动会上，6 系获得教工团体第四名。

1978 年 4 月 26 日，77 级新生运动会上，7765 班获得第三名，7762 班获得第四名。

1978 年 5 月 6 日，哈工大越野长跑比赛中，学生男子组，7762 班获得第四名，7765 班获得第五名；学生女子组，7661 班获得第四名，7665 班获得第五名，7765 班获得第六名。同时，教工男子组，6 系获得团体第一名。

1978 年 5 月 17 日，田径运动会上，6 系获得女子团体（115 分）总分第一名，学生男女团体总分第二名，教工男女团体总分第二名。

1978 年 7 月 15 日，游泳运动会上，6 系获得学生男女团体总分第二名，教工组团体总分第三名。

1978 年 11 月 11 日，新生田径运动会上，7860 班获男女团体第一名，7862 班获得第二名，7863 班获得第四名。

1979 年 4 月 29 日，哈工大环校越野接力赛中，6 系 7862 学生女队荣获接力比赛第一名。

1979 年 7 月 8 日，哈工大游泳比赛中，6 系学生组获得男女团体总分第一名，6 系教工组获得男女团体总分第四名。

1979 年 9 月 22 日，第十八届田径运动会上，6 系获得男女学生组团体总分第二名，7965 班获得 79 级新生男女团体总分第一名，7962 班获得第五名，同时还获得教工男女团体总分第五名。

1979 年 12 月 16 日，哈工大乒乓球赛上，6 系男女队都获得第三名。

1980 年 4 月 26 日，春季越野接力赛上，全程一万一千米，学生组，7862 班获得第三名，7762 班获得第四名，7861 班获得第五名，教工组 6 系获得第三名。

1980 年 9 月 27 日，第十九届田径运动会上，6 系获得老生男女团体总分第一名。

1980 年 10 月 18 日，第三届"三好杯"排球赛上，6 系男排获得冠军，女排获得亚军。

1981 年 4 月 18 日，哈工大迎春接力赛上，6 系 7862 班代表队以 30 分 30 秒的成绩跑完一万一千米，获得第一名，7861 班二队获得第三名，7762 班获得第四名，7863 班一队获得第五名。

1981 年 5 月 21 日，"三好杯"足球赛上，6 系男子足球队获得第三名。

1981 年 5 月 23 日，第二十届田径运动会上，6 系以总分 163 分获得男女团体第二名，教工组以 47 分获得第三名。

1981 年 6 月 13 日，在哈尔滨市第十六届高校田径运动会上，哈工大以 311.5 分的总成绩，连续三年荣获学生组团体总分第一名，其中 6 系姬敬（7862）以 52 秒 8 的成绩打破了男子四百米的纪录，邹文颖（7862）在女子 4×400 米接力赛中，也打破了纪录。

1981 年 9 月 27 日，81 级新生田径运动会上，8162 班以 51 分的优秀成绩荣获团体总分第一名，8165 班以 35 分获得第三名，8161 班以 26 分获得第六名。

1981 年 9 月 27 日，第三届"三好杯"排球赛上，6 系女排获得冠军，男排获得亚军。

1981 年 12 月 20 日，哈工大速度滑冰比赛中，6 系获得第一名。

1982 年 5 月 15 日，第二十一届田径运动会上，6 系以 158 分获得团体总分第二名。

1982 年 10 月 9 日，82 级新生田径运动会上，8263 班获得团体比赛总分第二名。

1983 年 5 月 21 日，第二十二届田径运动会上，学生组男女总分 6 系以 165 分获得第二名。

1983 年 10 月 9 日，83 级新生运动会上，6 系 83 级研究生班获得团体总分第三名，8361 班获得第六名。

1984 年 1 月 10 日，速度滑冰运动会上，6 系荣获团体总分第一名。

1984 年 4 月 28 日，迎春越野接力赛上，6 系获得女子团体第二名，教工组获得男子团体第三名。

1984 年 10 月 7 日，第二十三届田径运动会上，6 系获得男女团体总分第二名，84 级新生团体 8463 班获得第三名。

1984 年 11 月 24 日，哈工大第一届"雪花杯"越野赛上，8465 班获得男子团体第二名。

1985 年 1 月 13 日，哈工大冰上运动会上，6 系 83 级研究生班获得男子团体第一名，8363 班获得男子团体第三名。

1985 年 6 月 16 日，第二十四届田径运动会上，6 系以 371 分的优异成绩，夺得了学生男女团体总分冠军。

1985 年 10 月 5 日，85 级新生运动会上，6 系研究生班获得男女团体比赛第一名。

1986 年 4 月 28 日，哈工大"三好杯"足球赛上，6 系获得第三名。

1986 年 5 月 18 日，第二十五届田径运动会上，6 系以 259 分获得男女团体总分第一名。

1986 年 10 月 2 日，首届哈工大羽毛球大赛中，6 系获得团体亚军。

1986 年 10 月 12 日，86 级新生田径运动会上，8665 班获得团体第三名，8662 班获得第六名；6 系以 43.5 分获得研究生组男女团体总分第三名。

1986年12月，6系研究生部代表队获得研究生速度滑冰混合接力赛冠军。

1987年4月30日，哈工大第六届"三好杯"篮球赛上，6系获得男子组亚军。

1987年5月7日，学生羽毛球赛上，6系获得团体第一名。

1987年5月7日，全研羽毛球"冠军杯"大赛上，6系获得团体第二名。

1987年5月27日，第二十六届田径运动会上，6系以297.5分获得团体比赛第一名。

1987年10月11日，哈工大87级新生运动会上，87652班获得本科组团体总分第一名，8763班获得第六名；另外6系还获得研究生组第五名。

1987年10月25日，"三好杯"足球赛上，6系捧走三好杯。

1987年10月30日，乒乓球赛上，6系获得女子组团体冠军，男子组亚军；石向宇获得女子组单打冠军。

1987年12月27日，速度滑冰比赛中，6系获得团体第二名，87级新生王昕竑获得女子500米、1 000米两项第一，王振刚获得男子1 000米第一名。

1988年5月12日，"三好杯"篮球赛上，6系女篮获得冠军。

1988年6月9日，第二十七届田径运动会上，6系学生代表队第四次捧回冠军杯，87611班曲志铭打破撑杆跳校纪录。

1988年10月20日，第二届研究生体育月全研乒乓球赛中，6系获得团体第一名，申亦兵获得男子单打第一名。

1988年10月23日，"三好杯"排球赛上，6系获得男排第二名，女排第三名。

1988年11月5日，第六届"三好杯"足球赛上，上届冠军6系成功卫冕。

1988年11月15日，第八届"三好杯"乒乓球赛上，6系男女队双双捧杯。

1989年10月22日，哈工大第六届"三好杯"排球赛上，6系获得男子组第一名，女子组第二名。

1990 年 5 月 23 日，第二十八届田径运动会上，6 系获得男女团体总分第二名。

1990 年 5 月 30 日，哈工大首届十佳运动员评选中，6 系王昕竑（87652）、田大伟（89651）入选。

1990 月 6 月 2 日，"三好杯"篮球赛上，6 系男女篮分别战胜航院和一系，双双获得冠军。

1990 年 10 月 20 日，第七届"三好杯"足球赛上，实力雄厚的 6 系足球队再次卫冕成功，实现了三连冠的愿望。

1990 年 11 月 13 日，哈工大第十届"三好杯"乒乓球赛上，女队获得冠军，男队获得亚军，王萍获得女子单打冠军，申亦兵获得男子单打亚军。

1991 年 5 月 22 日，第二十九届田径运动会上，6 系男女队双双获得冠军。其中 6 系曲志铭（87611）男子撑杆跳，谷仲凯（90651）跳高，任陆荣（90652）铁饼，张慧宇（90651）跳高分别打破校纪录。

1991 年 5 月 31 日，1990 年度十佳运动员中，6 系李萍（9063），王萍，张园园（89651）入选。

1991 年 6 月 6 日，"三好杯"篮球赛上，6 系男女队双双获得冠军。

1992 年 5 月 9 号，哈工大第十一届"三好杯"学生篮球赛上，6 系男女篮分别在决赛中战胜 9 系和管理学院，双双获得冠军。

1992 年 5 月 20 日，哈工大第三十届田径运动会上，6 系男女队都以较大优势战胜对手，荣获第一名，捧走"田径杯"。

1992 年 5 月 30 日，1991 年度校十佳运动员中，韩强（89651）、任陆荣（90652）、李萍（9063）、王萍、白刚（9066）、谷仲凯（90651）6人入选。

1992 年 6 月 6 日，在哈尔滨市高校篮球联赛上，以 6 系运动员宋茂群（89651，队长）、韩强（89651）、白刚（9066）为主力的哈工大男篮在决赛中以 54：52 战胜哈尔滨船舶工程学院（现哈尔滨工程大学），喜获冠军；以 6 系张园园（队长）、刘冬妹（8963），任陆荣（90652）为主力的哈工大女篮在决赛中以较大优势战胜哈尔滨船舶工程学院，获得冠军，创出"三连冠"的佳绩。

1992 年 9 月 1 日，在黑龙江第七届运动会上，校"十佳"运动员，6 系学生白刚（9066）在撑杆跳比赛中获得冠军，同时打破黑龙江省纪录。

1992 年 10 月 16 日，第九届"三好杯"排球赛上，6 系男排战胜 1 系获得冠军，女排获得亚军。

1992 年 10 月 16 日，在武汉举行的第四届全国大学生运动上，代表黑龙江的 6 系运动员白刚（9066）在撑杆跳比赛中以 3.8 米的成绩获得甲组第六名，谷仲凯（90651）以 2.00 米的成绩获得男子甲组跳高比赛第九名，成为哈工大唯一的国家一级运动员；李萍（9063）获得女子甲组 400 米栏的第十一名。

1992 年 11 月 30 日，6 系获得"三好杯"乒乓球赛女子组冠军。

1993 年 5 月 19 日，在第三十一届田径运动会上，6 系男女队以总分455.5 分的成绩，又一次捧走"田径杯"，再获三连冠殊荣。

1993 年 5 月 28 日，1992 年度校十佳运动员评选中，6 系白刚（9066）、李萍（9063）、任陆荣（90652）、谷仲凯（90651）、韩强（89651）、葛淑艳 6 人入围。

1993 年 9 月 19 日，第十届"三好杯"排球赛上，6 系男队获得亚军。

1993 年 12 月 10 日，

从左起：陈宁（7962）、李欢（7965）、张亦慧（7961）

"三好杯"乒乓球赛上，6系第四次蝉联女子组冠军，6系王萍获得女子单打冠军，王萍和李芳获得女子双打冠军。

1994年5月13日，在第十四届"三好杯"篮球赛上，6系获得男子组亚军。

下面左边第一：姬敬（7862）

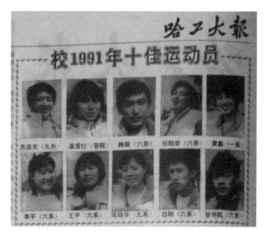

校1991年十佳运动员中6系占6席

1990年获得"三好杯"篮球冠军的6系男篮

最后一排左起：曲志铭（87611）、李忠生（87611）、李硕（88651）、宋茂群（89651）、王恩（88611）、韩强（89651）、张振宇（87612）

第二排：杨威（团委）、宋立伟（88612）、齐欣（88611）、谢宁新（88611）、田大伟（87651）

第一排：陈泽进（副主任）、冯国华（副主任）、冉树成（副主任）、臧春香（书记）、刘祥文（主任）、王铁成（副主任）

1990 年获得"三好杯"排球冠军的 6 系男排
第一排左起：韩强（89651）、徐智远（88652）、朱彤（8763）、 刘桦（8763）
第二排左起：左一李硕（88651）、左三 潘长东（8761）、左四陈光蛀（8961）、
左五官涛（8763）

1994 年 5 月 30 日，第三十二届田径运动会上，计算机与电气工程学院以 359 分的总成绩，位居学生组男、女团体总分的榜首。

1994 年 9 月 24 日，第十一届"三好杯"排球赛上，计电学院获得男子组亚军，女子组季军。

（三）优秀运动员代表

王昕竑 （87652）

1987—1991 年在哈尔滨工业大学 6 系 65 专业学习，研究生在管理学院工业管理专业就读。德智体全面发展，曾担任 6 系学生会主席，6 系学生会文体部部长，班级团支部书记。

学习优秀，多次获得奖学金，1990 年带领班级获得三好班级称号。1991 年 5 月 10 日，获得首届哈工大石山麟教育基金。在学习和学生会工作之外，一直坚持体育训练，体育成绩斐然；1991 年 1 月 10 日，作为主力队员，带领校速滑队在黑龙江省速滑赛上获得女子团体冠军，并多次打破 1 500 米速滑黑龙江省高校纪录。同时还参加学校田径队训练，多次获得中长跑和跳高冠军，并在 1990 年 5 月 30 日入选哈工大首届十

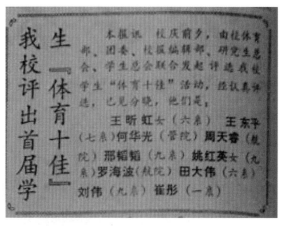

王昕竑获哈工大首届"体育十佳"第一名

佳运动员，并名列榜首。毕业后分配到航天部二院，很快成为业务骨干和优秀党员。积极投身于航天事业，获得部级合理化建议二等奖；1998 年开始独立创业，目前为中节能中咨环境投资管理有限公司总经理，教授级高工。获得主持论证国家绿色发展投资基金工作。曾任国家标委会委员，各级科技成果评定专家等。

李硕（88651）

1988 年进入哈工大电气工程系工业电气自动化专业，学习成绩一直名列前茅。1990、1991 年度两次获得校三好学生称号，同时带领 88651 班获得三好标兵班级称号，同时作为 6 系体育部长，带领 6 系运动队，多次获得田径运动会冠军，篮球、排球、足球也多次取得好成绩。同时还坚持校田径队投掷组训练，曾打破校铁饼纪录，并获得运动会铅球和铁饼第一名。1992 年毕业分配至中科院沈阳自动化研究所工作至今。在工作期间，获得硕士和博士学位。现任中科院沈阳自动化研究所副所长，研究员，博士生导师。

长期从事水下机器人研发与应用，致力于推动我国水下机器人谱系化发展，先后参与或主持完成了多项国家"863"计划和中科院等项目。曾参与我国首台 1 000 米"探索者"、6 000 米"CR-01"等自治水下机器人研制工作。曾主持国家"863"计划"北极冰下自主 / 遥控海洋环境监测系统"

2017 年李硕参加中科院海洋先导专项南海综合海试

研制,参加了我国第三次、第四次北极科考。作为项目负责人,曾主持中科院海洋先导专项项目一项,现主持国家重点研发计划项目和中科院先导专项项目各一项。

还有很多优秀的运动员代表,在这里就不一一赘述了,无论在学校里的学习生活还是在以后的工作中,他们都取得了优异的成绩,这也和 6 系领导多年的关怀和培育是分不开的。在这里,祝愿 6 系的领导和老师们,身体安康,幸福快乐!也衷心希望电气工程系越来越好,最后也祝所有 6 系现在和曾经的运动员生活美满,幸福安康,再创辉煌!

难忘的 8763 班

　　1987 年 9 月，31 位来自全国 20 个省份 24 个城市的优秀学子走进了哈尔滨工业大学，素不相识的他们组成了一个新的集体，拥有了一个共同的标签——8763。在这个共同的光环下，他们一起度过了人生中最重要的一个时期。在四年的时间里，他们共同学习、共同欢笑、共同成长、共同蜕变。这里成为他们未来人生腾飞的摇篮，而这个集体、这个标签、这份经历与回忆也一直伴随着他们，成为他们人生之中最值得怀念、最值得骄傲的一段岁月。

（一）集体画像

唐降龙

　　8763 班主任。1982 年和 1986 年分别获得哈尔滨工业大学学士、硕士学位，1995 获哈尔滨工业大学计算机应用技术学科博士学位。在校期间品学兼优，是著名的田径短跑运动员，长期保持校纪录。目前在哈尔滨工业大学计算机学院任教授、博士生导师，人工智能与信息处理博士学科点带头人，模式识别研究中心主任。获国家科技进步一等奖 1 项、省部级科技进步一等奖 2 项、二等奖 5 项。

看着每个人入学时和毕业时的照片，能够感受到这四年的洗礼在每个人身上产生的蜕变。入学时迷茫、期待的眼神变得坚定、睿智；男生精心修饰的发型和笔挺的西装显示出即将步入社会的自信。六朵金花更是出落成青春靓丽的知性淑女。四年大学生活让每个人焕然一新，更让他们筑牢了人生腾飞的基石。

（二）难忘的校园生活

在 8763 这个集体里，这群青春洋溢的年轻人，一起度过四年的美好时光。忘不了 1987 年 9 月在富拉尔基"大胡子师长"所在师团进行新生军训的"艰苦岁月"，回校后幸福的第一顿肉片；忘不了与船院"友好班级"团建时的欢乐与尴尬，群魔乱舞尽显钢铁直男本色；还有端午松花江边踏青，肩并肩披着淡淡的晨曦；松峰山春游，手牵手迎着料峭的春寒；新年之夜我们一起共度良宵；暑期实习我们远赴上海，乘车一路欢歌笑语；

一排左起：马勇、王铁成、赵日华、冯国华、冉树成、刘祥文、强金龙、杨士勤、徐近霈、许承斌、高金泰、郭子海、臧春香、郭桂云

二排左起：张云贵、唐降龙、苏晓凤、金蔓莉、刘洁、袁方、贺骊、张厚泉、胡晓武、官涛、宫亦农、谢克豪、陈见悦、何庆、潘毅、朱慧、朱彤

三排左起：刘振林、何亚琼、石大明、刘京、江建光、周国军、王志玉、王考寿、孙宏伟、李明锁、黄忠东、朱朝晖、耿启虹、刘桦、郭炜

运动场上协力合作、实验室里潜心钻研……这四年，是从稚嫩走向成熟的时光，是生命中最灿烂、最浪漫的年华。

回顾一下 8763 这个集体共有的属性：

学霸集体

哈工大的学风浓厚是大家公认的，新生接受的第一个教育就是占座。上课前如果不占座，你只能远远地坐在后排的角落；晚自习不占座，你只能背着书包一个教室一个教室寻觅空位，有时最后还不得不悻悻然打道回寝室。

良好的学风在 8763 班同学的身上也得到了深刻体现。每天从早上离开寝室到熄灯前返回，他们几乎都泡在教室里，认真学习直到深夜。去食堂吃饭成了唯一的休闲，有的人连周末都是如此。这样刻苦的结果就是公共课考试成绩全校年级排名第一，班里以潘毅、孙宏伟、夏夜同学为代表的学霸级人物多年垄断着一等奖学金的名额，其他人只能勇争第二。到了后期晦涩难懂的专业课阶段，江建光、胡晓武、朱朝晖、李明锁、石大明等同学崭露头角形成群雄并起局面。这些同学在毕业后继续深造，都已成为专业领域的领军人物。

专业实习合影——上海东海计算机厂 (1990 年)

荣誉集体

不仅在学习成绩上优秀，8763班更是一个积极进步的集体，在班级建设上也一直走在年级的前列。在校四年期间，获得过1988年度校级"三好班级"、1989年度系级"三好班级"、1990年度系级"优秀支部标兵"、1990年度省级"优秀团支部"。这些荣誉让8763这个标志变得更加辉煌，让每个8763的成员为之骄傲和自豪。

把一个个完全陌生、充满个性的人中龙凤凝聚成一个优秀的集体，作为班级干部的朱彤、袁方、官涛、郭炜、刘桦、夏夜、何亚琼、孙宏伟、刘洁、宫亦农等功不可没。精心策划每一次活动、关心每一个同学、调动所有人的热情，集体的荣誉和同学们的拥护、支持是对他们最好的回报。这种过程的历练也潜移默化地影响着他们，让他们的能力、胸怀、境界得到锻炼和提升，为他们今后成为治理一方的领导者、优秀的企业家和高级管理人才打下基础。

多才多艺、个性张扬

8763还是一个多才多艺、个性张扬的群体，吹拉弹唱、诗歌、书法、绘画、篆刻、武术、舞蹈，各种爱好和才艺，在培养兴趣、提高修养的同时也让每个人的天性得到释放。每届的学校文艺演出都能看到刘洁、苏晓凤动人的舞姿，那是多少男生心中的女神！官涛、刘桦、宫亦农、郭炜的朦胧诗，充满时尚气息、青春的骚动和稚嫩的人生感悟。除了经常在比赛中获奖的袁方，张厚泉、石大明、朱彤的书法也叫人惊艳。还有贺骊、谢克豪、王志玉的篆刻，何亚琼的长篇小说。运动场上和球场上，一直闪耀着他们矫健的英姿：官涛、刘桦、刘洁、郭炜、王志玉、孙宏伟、刘京、

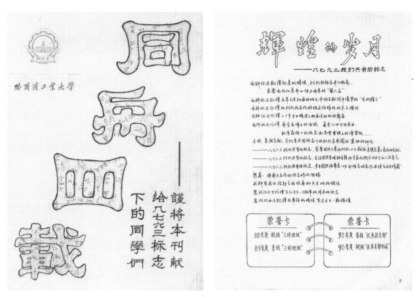

8763班毕业纪念册

贺骊、朱彤、宫亦农、胡晓武……当然接地气的麻将、扑克牌也是必不可少的回忆。

二龙山春游——彻夜跳舞(1990年)

（三）走向社会，栋梁之才

"规格严格，功夫到家"，四年熏陶让哈工大的校训刻入骨髓。8763这群优秀的学子，经过四年的学习和积淀，离开母校走向各自的辉煌。他们用自己的努力开创出一片天地，让自己成为学校的骄傲。让我们看看其中的部分代表：

袁方，中共党员，1987年9月—1991年7月在哈尔滨工业大学电气工程系信息处理显示与识别专业学习，1991年7月—1996年1月任中煤三建干部处干事、人才交流中心副主任，1996年1月—1997年9月任中煤三建团委副书记，1997年9月—2000年3月任中煤三建党委工作部部长、公司党校副校长，2000年3月—2000年12月任中煤三建三十处党委书记，2000年12月—2002年10月任中煤三建三十处董事长、党委书记（1998年9月—2001年7月参加中央党校在职研究生班经管专业学习），2002年10月—2003年9月任宿州市质量技术监督局党组书记、局长，2003年9月—2009年7月任安徽省质量技术监督局党组成员、副局长（其间：2007年6月—2009年7月挂职任安庆市委常委、副市长），2009年7月—2011年12月任亳州市委常委、市政府副市长，2011年12月—2015年8月任亳州市委常委、蒙城县委书记，2015年8月—2017年10月任淮南市委常委、市政府常务副市长，2017年11月—2019年8月任安徽省人民防空办公室党组书记、主任，2019年8月任马鞍山市委副书记，市政府党组书记、市长。

朱彤，1991年获哈尔滨工业大学学士学位，1994年获航天工学硕士学位，2016年获得清华大学博士学位，国务院特殊津贴专家，教授级高级工程师。毕业后进入航天部二院工作，其间获得国家科技进步一等奖。后自主创业，成立天融环保科技有限公司，2008年并购进入中国节能环保集团公司，现任中国节能环保集团公司党委委员、中节能环保装备股份有限公司董事长、总经理。热心校友工作，担任哈工大北京校友会副会长，哈工大校友创业俱乐部导师。

李明锁，1991年7月毕业于哈尔滨工业大学，获学士学位；2002年毕业于南京航空航天大学电子与信息工程专业，获硕士学位；2013年毕业于南京航空航天大学系统工程专业，获博士学位。自1991年起，先后担任中航工业光电所火控计算机研究室副主任、主任/支部书记；光电所电子部副部长；光电所综合计划部部长/党支部书记；所长助理/副总经济师；所长/党委副书记。先后参与多个型号作战飞机航空电子技术，信息处理与显示识别技术研究和产品研制工作，获国家科技进步奖、国防科技进步奖、航空科技进步奖多项；被中航工业授予"航空报国金奖""航空报国优秀贡献奖"。

何亚琼，博士后。1993年7月—1997年2月哈尔滨工业大学管理学院管理信息系统专业在职研究生学习，获工学硕士学位；1997年3月—2000年11月哈尔滨工业大学管理学院管理科学与工程专业在职研究生学习，获管理学博士学位；2003年10月—2005年12月清华大学公共管理学院博士后。1992年4月—2000年9月任哈尔滨工业大学人事部副部长、离退休干部党总支代书记；2000年9月—2006年5月任哈尔滨工业大学软件工程有限公司副总经理、哈尔滨工业大学首创科技股份有限公司副总经理；2006年5月—2008年9月任信息产业部政策法规司综合处正处级干部；2008年9月—2009年11月任工业和信息化部政策法规司政策研究处调研员（主持工作）；2009 年 11 月—2016 年 12 月任工业和信息化部运行监测协调局经济运行处处长；2016 年 12 月—2018 年 5 月任工业和信息化部运行监测协调局副局长，2018 年 5 月至今，任中共辽阳市委常委、副市长。

胡晓武，1991 年 7 月就职于中国科学院软件研究所，参与研制 CAD 软件系统，2008 年 8 月加入微软亚洲研究院，先后参与必应地图、必应搜索、必应词典等项目开发，参与创建微软人工智能教育与学习共建社区。业余时间喜欢音乐，组建了微软乐队，创作了《我们》等多部音乐作品。现任微软亚洲研究院高级研究员。

石大明，1997 年获哈尔滨工业大学机电控制学博士学位，1997—1998 年任哈尔滨工业大学讲师，1998—1999 年于新加坡国立大学做博士后研究，2002 年获英国南安普敦大学计算机科学博士学位。2002—2009 年任新加坡南洋理工大学助理教授，英国伦敦米德萨克斯大学终身学监；2011 年任哈尔滨工业大学计算机学院模式识别研究中心教授，博士生导师。主要从事模式识别、图像处理和语音合成等方面的研究。

孙宏伟，研究员，中共党员。1991 年 7 月毕业于哈尔滨工业大学，取得学士学位；1994 年 3 月毕业于哈尔滨工业大学，取得硕士学位；2007 年 7 月毕业于哈尔滨工业大学，取得博士学位。先后任航天五院 502 所七室工程组副组长，502 所科技处调度、经济师、处长，综合经营部规划计划处副处长，航天东方红卫星有限公司投资部经理，经营发展部市场经营处副处长，院经营发展部规划处／基础条件建设处处长，研究发展部部长业务助理，科研质量部副部长，天津基地管委会主任，518 所所长兼五院天津基地管委会主任；2018 年4 月至今，任航天神舟投资管理有限公司党工委书记兼副总经理兼五院天津基地管委会主任。

郭炜，1969 年5 月出生，1991 年8 月—1992年10 月任航空航天部青云仪表公司工程师；1992 年10 月至1994 年9 月任北京科保计算机公司工程师；1994 年9 月至2002 年3 月任北京康孚环境控制有限公司副总经理；2000 年5 月—2002 年6 月任加拿大康斯培克公司高级经理；2002 年6 月至今，任中科天融（北京）科技有限公司副总经理；2004 年4 月—2010 年5 月任六合天融（北京）环保科技公司副总经理；2010 年6 月—2018 年2 月任中节能六合天融环保科技有限公司总工程师、工会主席；2018 年2 月至今，任中节能环保装备股份有限公司总工程师、工会主席；2017 年4 月至今，任中节能天融科技有限公司董事长。

潘毅，1991 年毕业于哈尔滨工业大学，获学士学位。1997 年毕业于哈尔滨工业大学，获博士学位。现就职于中国电力科学研究院有限公司，教授级高工，院高级专家。长期从事电力系统调度自动化和电力市场领域的研究工作。曾获中国电力科学技术奖、国家能源奖和其他省部级奖多项。

王志玉，1991 年毕业于哈尔滨工业大学信息处理与模式识别专业。1993 年 5 月加入中国银行股份有限公司，历任烟台出口加工区支行营业部主任、副行长，中国银行烟台分行办公室主任、高级经理兼公司金融部主任、高级经理协管人力资源和公司金融，2019 年 6 月至今，中国银行济宁分行党委委员、纪委书记。

夏夜，1987 年入学后，作为学校优秀本科学生代表去美国大学交换学习，1993 年 6 月获哈佛大学电气工程学士学位，1994 年 6 月—1996 年 8 月在朗讯科技贝尔实验室工作，1995 年 2 月获纽约哥伦比亚大学电气与计算机工程系硕士学位，2003 年获得加州大学伯克利分校电机工程与计算机科学系博士学位，现任美国佛罗里达大学计算机与信息科学与工程系教授。

江建光，1991 年 7 月毕业于哈工大。1991—1996 年在北京航空工艺研究所，参加柔性制系统研制，获得部级科技进步一等奖、二等奖。1996 年至今，先后在多家国际知名公司从事驱动和嵌入软件、视频会议系统和终端、交互白板和智能大屏开发工作，担任开发部经理、主任，2018 年至今，在 PCET Foxconn，做企业级云系统和终端，开发部主任。

官涛，1991 年 7 月毕业于哈工大。曾就职于中国网通集团辽宁省分公司，担任企业信息化部经理。2014 年加入国美集团，现担任国美极信通信公司

总经理。公司打造以 5G 和 AI 为基础的"通信 +"和"+ 通信"生态圈。

其他还有一批博导、研究员、公司高管、自主创业者。他们是 8763 的骄傲，更是哈工大的骄傲。

最后，以石大明所作的一首词代表 8763 班贺母校百年！

卜算子·哈工大百年校庆

石大明

苦短夏春秋，冬令寒风啸，

紧闭寒窗昼夜搏，钻研功夫到。

建校一百年，犹是风华茂。

火箭飞船导弹星，严谨规格造。

大学时代 8865-2 班

1988 年 9 月 1 日，我们 31 个男生和 5 个女生，从四面八方来到哈尔滨工业大学，展开我们一生的梦想。在这里，我们留下欢笑、眼泪、失败、成功、争吵、友谊，当然还有爱情。

8865-2 班获哈尔滨工业大学"三好标兵班级"荣誉称号

（一）军训

当我们坐在闷罐车里跨过滚滚的松花江，冒着夜雨穿过富拉尔基车站，互相呼喊着排好队开赴虎尔虎拉，我们第一次真正感到 8865-2 这个崭新的班级是个集体。虽然我们新奇的目光还未认全其他同学，就被打乱分配到军训的各个训练班。旷野中，我们知道世界上还有如此巨大而嗜血的蚊子；广阔的菜地里，也品尝了刚从黑土中拔出的生萝卜；虽然饿得肚子咕咕叫，还要扯开嗓门大吼"这力量是铁，这力量是钢"，为的是早进食堂，吃 5 个馒头和四分之一盘青菜；睡眼惺忪地在营房门口站岗值班，知道北国的夜还真是清冷；我们排着方阵，怒吼着正步踢过广场，比着接受检阅；我们与教官争吵，但离别时是泪眼蒙蒙。

（二）元旦晚会

回到西大直街再细看哈工大巍峨的主楼，我们真正是大学生了。课后在各个宿舍乱窜，忙着认老乡，结识新同学。当然也少不了浏览校园内五花八门的广告和社团通知，各自按自己的需求和兴趣参加各种讲座，大一的菜鸟逐渐融入哈工大独特的学校文化。时间飞快，3 个月过去了，在冰天雪地中，元旦悄然而至，同学们彼此很融洽了，很多人成为朋友，我们需要一场联欢来证明点什么，实际上证明什么不重要，青春是一桶汽油，给个火花就燃烧。教室被女同学布置得温馨浪漫，按照时代的烙印，我们围坐在教室的墙边，表演擅长的节目，玩人名接龙游戏；男生用书桌抽屉从食堂打回各种菜肴(我们爱东北第一食堂)，开吃了，也少不了尝试一下啤酒甚至白酒，有人醉歪歪了，清醒的说着糊涂话，糊涂的说着明白语，沸腾的教室进入了高潮，至今那金字塔一样的合影总能让人梦回北方的天空下……

（三）大课抢座

大学，当然最主要的还是接受教育，上基础课、专业基础课和专业课。专业课就不用说了，本专业的彼此大多认识，教室相对固定。基础课在大阶梯教室，多专业有时跨系一起上课，爱学习的要在前几排，不爱学习的要在后几排，也有因特殊目的而找固定座位的；两三百人呼啦啦前后不一，拥入教室，一般相安无事，却也有特殊时刻而发生争执甚至口角，我们都曾目睹或亲历过类似情况。事情本身没什么可说的，但它是进入社会的预演，有时我们为了进步去争夺。

（四）冰灯与太阳岛

当我们越来越融洽的时候，便有了一致的想法，去看独特的冰灯。南方同学很少见到冰，何况是冰灯，北方同学除哈尔滨学生外，也绝少有机会见识这不同凡响的景致。龙狮虎豹，亭台楼榭，花草树木，应接不暇；晶莹剔透的世界闪耀着五彩的光芒，让我们热爱这座东方巴黎，热爱我们的大学。零下二十多度却不觉寒冷，只有兴奋和热切。当然最不怕冷的是南方同学，越往南的同学穿得越少，真是奇怪。直到今天还是不能理解其中道理，所谓物极必反吧。

太阳岛如明珠天降，嵌于玉带，寄出无限情思。太阳岛是被歌声传唱到全中国的名胜，哪能错过呢？夏天滔滔的松花江水环岛东流，苇浪倾天；江边的防洪纪念塔让人热血沸腾，思绪千里。当漫天飞雪，银装素裹，冰车飞驰，衣带飘飘时，我们在这里打雪仗，堆雪人，笑声穿过枝头的积雪，再纷纷落下，弥漫在空气中久久不肯散去……

（五）舞会和电影

大学里经常举办舞会，这也是青年男女增进友谊认识新朋友的好途径。当然不是所有同学都会跳舞，都参加舞会。女同学都是"舞林大会"的高手，班里的男同学能与时俱进的不多，天资可能差些，真是一大遗憾！定期去大礼堂看电影是普通大众的娱乐，在这里见识了古埃及、古罗马，欧洲的风情、美洲的粗犷，上古的智慧，今世的发达，斯巴达克斯高昂的头颅，出水芙蓉的绝世华章，当然最令人激动的还是祖国日益的发展和开放。

（六）包子、捞面及食堂

哈工大的食堂是令人很难忘记的，东北第一大学食堂的肉片每份1.1元，至今想起仍流口水；食为天，对于靠父母供养上大学的莘莘学子来说，好吃不贵的食堂是一大幸事。让我们再次对增加我们体重的哈工大食堂说声谢谢！对于那些在教室遨游书海、日下三关的夜归同学以及某些吃货来说，宿舍门前的夜点包子和捞面真是一大享受，想一想捞面老板狡黠的笑，幸福是以付出为代价的，我们付出金钱，他们付出劳动。

（七）学业与政治进步

以学习为己任是本分，但也要付出汗水和辛苦，向当年不辜负国家和父母期盼的同学致敬。任何时代都需要兢兢业业者，他们是国家的脊梁，大多数好学生今天也在各自领域成绩斐然，这是逻辑上的必然。20岁，我们渴望参与成年人的社会活动，也尝试政治上的思考和进步。心灵的通道和归处不尽相同，但友善和担当让我们始终保持团结和向上的风貌，校三好班级是对我们4年最好的评价，多年后仍以此为傲。班主任王卓军老师是我们团队最好的指导者和力行者，我们集体向您敬礼，谢谢您教诲我们知行实践！

（八）年代的梦想

20世纪90年代是江河奔涌、一日千里的时代，经过4年的洗礼我们长大了，带着喜悦、憧憬和一丝困惑茫然，就要离开让我们从心灵和现实都成长的地方；一个城市的梦想，一座大山的梦想，一个家族的梦想，我们带着梦想展开翅膀，飞向全国各地，也有人飞向海外，追寻更高的理想。离别时伤感，分手时痛苦，从此天涯海角，也许有永未能见者，但有永远的思念和祝福。天空是高，大海是广，虽千万人吾往矣！

（九）家庭

成为社会人的时候，我们也渐渐离开养育我们的家庭。几年后联系，有人恋爱结婚了；再几年联系，有人做爸爸做妈妈了。当我们奋力前行时，可曾知道我们的角色在悄悄改变，学生时代慢慢成为逐渐模糊的回忆，有一些片段是铭刻于心的，却不再连贯。欣喜于为人父母，为人夫妻，为人恋人；奋战在柴米油盐，领导同事，业务和技术中。偶尔收拾东西，拣起学生时代的旧物，看看再轻轻放下收好，翻一翻旧相册，大家仍然没变，未待想起什么，电话响了。同城的同学偶尔聚会一下，这是打探其他同学近况的最好途径。我们30岁了！

（十）新世纪的渴望

又一个10年，我们的变化更大了。孩子上学了，父母老了，社会的要求更高了，时代的浪潮更急了，泳技好的人向潮头立，差一些的人多到岸边休息，喜欢安定找个游泳池可以翻来覆去地游。但我们都需要健康，健康是最大的愿望，是同学间最好的问候。当我们齐聚松花江畔，我们有无穷的力量。现在共同纪念母校百岁生日的时候，我们却少一人，斯人竟逝，韦永忠同学你在天堂可好，遥遥之祝，请聆听我们齐声的呼唤。当年同窗，

你是如此安静，永远有淡淡的笑容，我们永不能忘，也永不会忘。

（十一）我们向何处去

"规格严格，功夫到家"，这是哈工大校训，也是我们一直的师承，是工作方法和力量。哈工大人有清醒的头脑和不屈的斗志，在社会变革的道路上，有责任呼唤正义，我们是国家的中坚，有个人的责任、家庭的责任、社会的责任、国家的责任。居庙堂之高则忧其民，处江湖之远则忧其君。再过 10 年，我们仍将相互记忆；再过 20 年，我们还将记忆。我们为是哈工大学子而自豪，哈工大将以拥有我们而骄傲，我们永远记录下我们的名字。

（8865-2 刘文波、宋博岩供稿）

哈工大电气工程系91级学子群像特写

——混沌世界只争朝夕　砥砺前行不负韶华

题记： 1991是一个特殊的数字，在数学概念上属于完全对称。这年的秋天，哈尔滨工业大学电气工程系迎来了一批来自全国各地的年轻学子，在之后的四个春秋里，他们演绎了自己难忘的青春记忆，在毕业后的25年光阴里，他们又各赴前程，伴随着祖国波澜壮阔的历史潮流，砥砺前行，无怨无悔地谱写着哈工大人的篇章。回顾往昔，正是哈工大给我们这些学子培植了牢不可破的做人准则，也正是母校用温润朴实的风骨滋润了我们的心灵，让我们在前行的路上从不退缩，在良知和利益面前坚守底线。每当我们遇到困难，碰到挫折时，这种内化的精神力量总会帮助我们度过风雨，直达彼岸。

今年正值母校百年诞辰，百年之期，对人而言已属罕见；但对于母校，却正是风华正茂，大放异彩之时。这篇文章如实地记录了我们这批91级电气人在校和毕业后的所经所历，这既是一份薄礼，也是一份答卷。那就是，多年来我们从未忘记初心、失去本色，因为我们永远有着同一个称号——哈工大人。

（一）聚首松花江

1991年在某种意义上是一个划时代的年份，整个世界和中国都经历着深刻的变化。这一年，海湾战争爆发，苏联宣布解体，南斯拉夫发生内战；这一年，粮票和布票宣布作废，北京启动 2000 年申奥，深交所正式开业；这一年，世界上第一个网站发布，Linux 操作系统诞生，Beyond 乐队首登红磡体育场。

可对我们而言，1991 年秋天入学的那个日子才是最值得铭记的。那一天，6 系 91 级六个专业，八个班级，约 230 名学生先后到哈工大校园报到，为期四年的大学本科生活正式拉开了帷幕。当时的 6 系名称为电气工程系，男生全部集中住在一舍四楼，女生住在三舍。宿舍面积不大，除了四张上下铺铁架床和一个杂物柜外，中间就只能放两张木桌了。当 2015 年大家回母校聚会，到一舍旧地重游时，很多人惊讶于当年居然是在如此狭窄的空间里度过了四年光阴，但那份强烈的眷恋和回忆，又让人在这个四层楼的回廊型俄式建筑前久久不肯离去。

对于各地的学子来说，特别是哈尔滨以外的同学，刚到学校时总是会被巍峨雄伟的母校建筑群震撼到，留下极其深刻的印象。主楼、电机楼和机械楼三大建筑群是哈工大的象征，那些尖耸的屋顶、厚重的墙壁、老式木门上的雕花，会让人联想起《巴黎圣母院》的描述，神圣庄严。这里有一种"静气"，不管多燥热的天气，一走进楼内，立刻会感到神清气爽。这里也是占座的主战场，自习时每一个座位都是必争之地。另一个"兵家重地"是食堂，91061 谭映戈现在还记得，下课铃一响便以百米速度冲向六灶，因为晚到几分钟美味的肉片就没了！毕业 20 周年时，他回到母校，又在六灶品尝了这道菜，但总觉得不如上学时香甜。91062 于泳初到学校，看到食堂其他窗口排队太长，只有一个队伍人少，就总在这个窗口买菜，吃了一周的凉菜后才知道，别人排的是热菜窗口。

值得一提的是，当年学校只是象征性地收了每人每年 100 元学费和 10 元住宿费，其他一概免掉，只有伙食费自理。现在看我们这代人似乎是"占了便宜";但查一下 1991 年的中国城镇居民年人均收入就知道,当时的年人均收入只有 1 700 元,换句话说,就是每月 150 元都不到,到了一个学生头上,每月恐怕也就是一百元的花销。当时为了学习英语,几乎人手一台京华牌磁带录放机,要花掉 75 元,相当于半个月生活费,这笔钱当时能换来 200 个肉包子,或 75 瓶哈尔滨啤酒,或是 70 份熘肉片,相当于是一笔"巨款"了。

除了学习生活,91 级电气人在文体上也不甘寂寞。652 蔡宇、651 何大阔和 642 杜剑锋及其他校友共同成立了哈工大历史上第一个摇滚乐队——"首班车"乐队,每次演出时,礼堂里都会挤得水泄不通。在竞技赛场上,61 李旺和吕岩、64 徐冰亮、65 郭鹏、陈成远、韩军杰以及 66 杨贺健,都是球赛和田径队的主力选手。其中杨贺健是系男篮的主力前锋,同时也参加了足球队和田径队,称得上是全能运动员。李旺的 800 米和 1 500 米,吕岩的 5 000 米和 10 000 米,也常能拿到奖牌。

在校期间,韩伟老师担任我们的团委书记,何亚琼老师和宋立伟老师先后担任了我们的辅导员,他们是我们这些青年学生的引路人和良师益友。

韩伟老师毕业于哈工大 87 级管院,在大学时代是校学生会主席,是一个风云人物,毕业后留校任 6 系团委书记,陪伴大家整整四年。从"首班车"的诞生,团委宣传刊物的发行,直到指挥 6 系勇夺校运会团体冠军,都倾注了他极为负责的态度和指挥艺术。我们毕业后,韩老师一直扎根哈工大,贡献着自己的才智。

何亚琼老师毕业于 8763,是文笔出众的才子,91 年毕业后留校任 91 级辅导员。何老师在日常生活中,经常给我们这些新生开会,疏导情绪,指点迷津,他的儒雅风范一直让人记忆犹新。可惜何老师只当了我们 10 个月辅导员,因才能出众,他被哈工大人事处调走,博士毕业后又进入清华博士后站,任工信部运行监测局副局长,2018 年到辽阳市挂职市委常委、副市长。

宋立伟老师毕业于哈工大 8861，曾是校篮球队成员，1992 年毕业后留校任 91 级辅导员，一直到我们 1995 年毕业。宋老师在职期间完成了硕士博士学业，在 61 专业专注于学术研究和教学。

2015 年，电气工程系 91 级毕业生齐聚母校参加了 20 周年聚会，三位老师和我们一起回顾往昔，展望未来。何老师的一句"再当你们 20 年辅导员"，大家倍感亲切，现场掌声如雷。直至今天，在 91 级的微信群里，也经常能看到老师们睿智的发言和丰富的见识，当年是师生，现在则更像是和蔼的老兄长。

四年光阴，一闪即逝，往事似乎就在昨天，回想夏日在太阳岛上烧烤，冬日在露天体育场溜冰，闲时去周边的录像厅看美国大片，闷时与同寝室兄弟在铁皮房一醉方休，我们把最美好的四年青春留在了这里，无悔无憾。

（二）细流归海　各赴前程

1995 年，91 级学生开始面临毕业分配问题。那年恰逢中国第一年施行大学毕业生双向分配政策，从这一年开始，国家对大学生的包分配政策终止，因此大家在毕业时遇到了很多没有先例的情况。除了提前确定读研、留校路线的同学，电气工程系的其他同学大多与国家科研院所及国企、私企单位签约，还有部分同学直接回户籍所在地进行重新分配。按照 91 级毕业后的走向和行业属性，现在大致可以分为几个群体：航天和电力群体，高校群体，企业管理和技术群体，创业群体，政府、银行及金融群体，以及海外群体。

首先是航天和电力群体，其中进入国家航天系统的约 10 人，进入国家电网、能源系统和地方电力、工程系统的约 34 人。在各个群体中，航天和电力部门的发展轨迹最清晰，也最稳固，这和国家几十年如一日地发展航天事业及电力事业的大背景、大浪潮是一致的。他们是默默的前行者，任外部世界惊涛骇浪，我自坐观花开花落，在物质上甘于平淡，精神上却因报效祖国而富足无比。

其次是高校群体，从目前的统计情况看，91级本科毕业后直接读研究生的大约50人，其中在哈工大留校任教的有10人，还有约6人进入其他院校任职，这些人目前大多数已经是博士生导师，学院领导和学科带头人，正在自己的学术道路上奋进。

企业类技术及管理是一个庞大的群体，不论是在华为、中兴这样的科技企业，还是在各类大中型国企、上市公司和私企中，91级电气人都有不俗的表现，他们也无愧于哈工大"工程师摇篮"这一美称。脱胎于这个群体的有一部分创业者，他们在中国经济高速发展的背景下，勇敢创业，历经了许多坎坷，其人数多达17人。他们在机器人制造、新能源电动客车、工业空调及餐饮业等诸多领域创造了卓越的成绩。

除以上几个群体外，目前在各地政府部门任职的91级电气人约5人，在银行、金融证券及保险行业任职的校友目前至少有14人以上，这个群体的成就也是斐然的。可见工大人并非只懂得电气、电路和编程，在其他社会领域，同样能做到行业顶端。

除了在国内发展的同学，还有一部分同学选择到海外发展和创业，目前共计16人：北美9人，澳洲2人，新加坡1人，欧洲1人，中国香港3人。

（三）摘星揽月　乐在其中

国家航天系统是中国近几十年的国之重器，随着一颗颗卫星上天和载人飞行的成功，部分航天人频频出现在新闻报道和大众面前，可绝大部分航天人因为行业原因，至今仍是默默无闻，其中就包含了10位91级电气人。

航天系的同学肩负重任，平时很少在社交群里聊天说话，有时都无法确认他们的近况，但从目前的了解来看，他们都一直工作在一线，默默为航天事业流血流汗。几经辗转，我们终于联系到了91061谭映戈，他用不长的篇幅描述了一段自己毕业后的经历，现部分摘抄如下，他的独白为奋斗在航天事业的91级电气人做了一份优秀的背书：

"时光荏苒，一晃大学毕业二十多年了，从小谭变成了老谭，回想起这些年走过的风风雨雨，也是感慨万千。当时高三毕业填报志愿那会儿，由于不太想在北京上大学，想到外面去看看，一首郑绪岚的《太阳岛上》把我带到了美丽的母校，这一待就是六年的时光。转眼毕业了，找工作，也想去深圳闯闯，到华为、中兴这样的企业，可是觉得离父母有点远，最后还是选择回了北京，到了现在的研究所。

"当时的航天单位，论收入是真心不高，一个月也就几百元，当时社会上流传一句顺口溜：搞导弹的不如卖茶叶蛋的。那时候外企月薪是我们的好几倍。据说，当时有个外企每天都到航天部某院门口开班车拉人。当时手头许多工作也是老同志做过留下来的，没有太多新的项目，我们就是守摊状态。所以，那时候军工单位人才流失比较严重，我也有过跳槽的想法。

"事情的转折，可能是在1999年5月8日我驻南联盟大使馆被炸的事件。此事给了国人一个很大的警醒，也给了军工行业包括航空航天一个机遇，随之我们单位任务也多起来，工资也逐渐开始有了些长进。当时我接了一个技术课题，世界上只有少数国家掌握，因为技术差距大，挑战性高，我们成立了攻关组，调研、查资料、出方案、设计计算、出图纸……可是真正从图纸变成产品，还是涉及很多领域的关键技术，比如电、磁、热、流体、材料、摩擦、真空等多个学科专业。好在中国之大搞什么专业的都有，跑遍了祖国各地，联合研究所、高校，做了无数的实验，经过了几年的努力终于搞出来了。后期从实验室到变成工程产品再到批量产品，每过一道坎都会遇到很多困难和问题，然后再去攻关解决。十年磨一剑，我们的产品终于得到了成功应用，我相信我们每个在航天系统的同学都有这样相同或相似的经历。

"航天系统的同学肯定都知道一件事叫归零。啥叫归零？就是对发现的问题在技术上彻底找到原因并提出解决措施。这个说起来容易，做起来不易。有些故障根本就不知怎么发生的，让人琢磨不透，百思不得其解。但再诡异的问题也要不惜一切代价搞清楚它的机理，揭开神秘的面纱，因为航天器产品是失败不起的，如果搞不清问题，下次要是再出，可能会造成很严重的后果。每个航天人都经历过大大小小的归零。如果下次同学聚会时，某个航天系统的同学说他（她）不能参加，大家可不要奇怪，他（她）大概率可能是在归零中或在归零的路上。

"为啥航天发射的成功率相对比较高，就是因为对每次发现的问题不放过，把它彻底解决掉，并且要举一反三。正是所有航天人一代又一代、一拨又一拨、几十年如一日地负重前行，不畏艰辛，努力奋斗，勇于创新，甘于奉献，才实现了我们国家一个个的航天梦：长征、神舟、天宫、嫦娥、北斗、胖五、东风、红旗、长剑、海鹰……它们就像一颗颗璀璨耀眼的星星挂满天穹。

"在2019年庆祝中华人民共和国成立70周年的阅兵队伍里，有我们航天人参与研制的众多型号产品。当从电视直播看到此情此景，我眼里也是充满泪花，内心感到无比激动和自豪，感觉自己的付出是值得的，国家的强大也有我们航天人的一份贡献。我骄傲，我是一名哈工大培养出来的航天人！"

在西安工作的91063李军红，毕业后一直没离开航天系统，他追忆自己经历的航天事业，也有一段精彩的回忆：

"毕业十年后，我又读了西工大的硕士，但在各类档案、资料上填写毕业学校的时候，还是习惯性地填写哈工大。只要是哈尔滨的新闻、国家年度科技成果发布,包括各机构大学排名,总会不自觉地寻找哈工大的影子。

"本科毕业的时候因为考研差了几分,所以便选择留在家乡西安,至今进入航天系统已经 25 个年头了。我一开始从事军品型号的相关工作。从事民品后,做过硬件设计,设计过程序,现场没日没夜地调试过一个又一个设备。我跑遍祖国大江南北,参与了国家多个重大项目的建设,也帮助多个东南亚、非洲兄弟国家做了很多民生项目,后来做了项目经理、部门经理、总经理助理、副总经理,20 年一不小心就这样过来了。

"2016 年担任公司总经理以来,往往如履薄冰,带领团队不敢有一丝懈怠,总觉得自己是哈工大人,一直有一个声音在警示我:规格严格,功夫到家! 我的理想就是汇聚高端人才,将公司打造成为航天控股股权的多元化上市公司。那时候,我还是会自豪地说:'我是一个哈工大人。'"

两位 91 级电气工程系航天人的独白,为我们揭示了他们内心丰富的情感,不论是在军事领域,还是在民品领域,他们的精神内核都是一致的,那就是以母校的校训为座右铭,艰苦朴素,为国奉献,为民族梦想而奋斗终生。

(四)天堑变通途 中流有砥柱

电气工程系的名称,很大程度上体现了在电网及电力系统方面的特色,电力系统是支持国家经济发展的大动脉,而电力系统及自动化研究专业,也是电气工程系的主要专业学科。91064 的两个班级,毕业后约有 30 人分布在全国各地的电力系统中,地域包括东北三省、北京、深圳、川贵和浙江一带。另有 652 一人,66 三人分别在广东、北京、江苏和浙江的电科院及供电、火电系统。

以上校友中,91642 班长何洋和同班同学杨震的故事非常感人,也比较有代表性,现编录如下:

何洋,1991 年以优异的成绩考入哈工大电力系统及其自动化专业,入学后担任 91642 班长。在同学的眼中，他温文尔雅，长相英俊，是一个很有魅力的人。1995 年毕业，他考入清华大学读博士，后选择去海外深造，并获得了英国的电力市场专业博士学位。因为优秀的能力和素质，当时有不少欧美公司邀请他加盟，但他坚持在国内发展，想为中国的电力事业服务，回国后被分配到国家电监会，一干就是二十多年。

当时国家电力监管委员会刚刚成立，何洋从一个普通办事员开始，兢兢业业地开展着工作。到了 2003 年，正是中国市场经济高速发展的阶段，而国家部委的待遇很一般，甚至可以说是比较低，但何洋一直没有怨言，坚持在电监会继续工作。2008 年他还去了新疆生产建设兵团天富热电公司挂职副总经理 1 年，为祖国边疆的电力企业贡献才智。2013 年，国家电监会和国家能源局重组，何洋担任了国家能源局火电一处处长。当时办公环境也很一般，好多人挤在一个办公室，每天都是各种汇报和琐事，而且当时国家电力行业的改革力度很大，工作强度和压力之大也是可想而知的。三年后，何洋升任国际司副司长，主要负责亚非拉的国际合作事项，重点在中亚、东盟、非洲负责推动"一带一路"能源项目，实现合作落地。2019 年，何洋正式出任国际合作司司长，工作更加繁忙，今年几经联系，才将自己的经历简单写了几笔。

何洋一直以曾在哈工大读书为自己的骄傲，对于母校也有着深厚的感情，对于自己的同学，更是有着很深的情谊。当同班同学杨震突然殉职后，何洋带领 91642 班级与兄弟班级 91641 共同谱写了一曲感人肺腑的亲情故事。

事情发生在 2010 年，杨震夫妻所在的丹东发生了历史上罕见的洪水灾害，为了确保抗洪抢险的胜利，身为丹东电力分公司 500 千伏核心变电站长的杨震同学奋战在第一线。但就在他驾车从宽甸回到单位的途中，却遭遇了桥梁事故，与妻子二人不幸同时落水遇难。噩耗传来，所有的同学都不敢相信这个消息，再三确认后，才知道杨震同学真的与大家永别了！

杨震，出生在辽宁丹东宽甸县一个非常偏僻的深山区，临近鸭绿江，对岸就是朝鲜。小村庄人烟稀少，基本上一家一个山沟子，所有的生活物资除了自己生产就要划小船去外购。杨震家到最近的小学、中学都需要翻越好几座大山，走上几个小时的山路，很多家的孩子都受不了如此艰苦的学习条件而放弃了接受教育的机会。但杨震从小就表现出非常浓厚的学习兴趣，特别能吃苦，经过多年艰苦努力，他最终成了当地村上、乡里第一个考上重点大学的人，在当地的老百姓中成为一个传奇和榜样，他的故事也激励着当地很多的孩子。

上大学后，杨震因为是东北电力局委托培养生，所以毕业肯定要回家乡丹东，他不断加强自己的动手能力和对应用知识的学习，同时进一步强化自己的身体素质。有一次放假，他准备骑车从哈尔滨回宽甸，骑行的距离超过700公里，大家都觉得这个基本上是不可能完成的任务，结果杨震最后用了大概一个星期的时间骑行到家，这段经历让同学们对他深表钦佩，他被称为91642的"铁人"！就是这样优秀的一个同学，却在履行自己的职责时殉职了，虽死得其所，但却成为同学们心中永远的伤痛。

杨震夫妻殉职后，身后还留下了一个不满10岁的儿子。在何洋和641班长陶旭的共同组织下，同学们一致决定要为杨震的儿子做点事情，成立募捐小组。后来由距离较近的同学和何洋牵头，整个64专业如同一家人，共同出钱出力成立了教育基金，同时很多同学都抽出时间去关心杨震儿子的学习和生活情况。在这些不是亲人却胜似亲人的叔叔阿姨的资助和鼓励下，杨震的遗孤发奋努力，品学兼优，在2018年考取了北京邮电大学，告慰了其父其母的在天之灵。这段长达十年的爱心接力，已成为整个91级电气人的佳话。大爱无疆，何洋班长和全体64专业，深深体现了电气学子的侠肝义胆和不朽情义。

除何洋外，经二十多年的发展，还有很多91级校友成为各自单位的领导和专家。如91641班徐冰亮现任黑龙江电科院副总工程师兼电网中心主任，王文龙现任鹤岗供电局书记，孟庆丰现任辽阳供电局局长；91642班吴正武现任华电联合（北京）电力工程有限公司副总经理，汪强现任华能黑龙江公司安全生产部主任；91066班袁瑞铭现任国网冀北电科院计量所领导及专家，何铁明现任浙江华业电力工程公司董事长。他们也都是从基层一步一个脚印地走到了今天，也有非常多值得挖掘的素材，但篇幅所限，就不能全部收录了。

电力系统，关乎国家经济命脉。91级电气人在漫长的成长过程中，每个人都经历过用脚步丈量祖国的土地、用汗水湿透沉重的工作服，中国的电力事业发展，就是由这样一群人用肩膀扛起来的，我们应该向他们致敬！

（五）深耕象牙塔　甘做烂柯人

哈工大一直是为社会培养工程及研发人才的航母级平台，无数的工程师和行业精英从哈工大走向了社会。同时也有相当多的学子留在了母校，教书育人，为母校注入新鲜血液，承前启后，担当重任。

91级电气人中，多年来坚守象牙塔的人数众多，他们包括留在母校任教的10名校友和应聘到其他院校任教的6名校友，以下节选其中一些校友的心声，作为整个校园群体的备忘录。

李浩昱——我是一棵扎根母校的树

李浩昱，1991年考入哈工大64专业，后一直读到2001年博士毕业，在母校连续攻读长达10年之久。2003年博士后出站后，李浩昱留校任教，多年来培养了一大批博士、硕士和本科生人才，行业遍布国家电网、航天科工、科技、中航、中船和华为、中兴等企事业单位。2011年，李浩昱任职电气学院电能变换与控制研究所所长，持续开展电力电子技术相关的教学与科研工作。在学术方面，他先后主持过国家自然科学基金项目、国家

863 项目、黑龙江省科技攻关项目、台达基金项目等纵向科研，以及与航天科技、航天科工、中航集团、中船重工、国家电网等相关企业的横向项目约 30 余项，发表在 SCI/EI 的检索科研论文 50 余篇、发明专利 10 余项。

李浩昱在《我是扎根工大的一棵树》一文中，回忆了自己与母校难以割舍的情怀："一路走来，我的道路略显平淡无奇，既没有同级兄弟里艰苦创业、挥斥方遒的豪迈和拼杀，也没有在商界金融界风光无限的体验，我就像是一棵扎根在母校的最普通的杨树，默默经历着北方的风雨，也得到了这片黑土地的不断滋润。在这里，我收获了友情，收获了爱情，也拥有了一份值得奋斗的事业，这都是母校给予我的。为此，我也用自己的人生和青春做了回报。"

于泳——不折不扣的"工大土著"

于泳，1991 年考入哈工大 62 专业，2003 年博士毕业，后一直在母校任教至今。2004 年受聘为副教授，2014 年受聘为教授、博士生导师。

于泳教授来自吉林省的一个小县城，高考填报志愿的时候，父亲帮他选择了电磁测量及仪表专业。没想到，父亲大笔一挥，使他这辈子与哈工大结了缘。研究生阶段，于泳师从国家级名师蔡惟铮教授，后又师从徐殿国教授攻读博士学位，开启了科研之路。学术上聚焦于电机驱动控制方面的难点问题，与国际大公司及国内一流企业建立联合研发中心，探索先进控制策略和整体解决方案；同时主持了国家自然科学基金项目、国家科技支撑计划项目、国家重点研发计划项目、台达科教基金重点项目等。2019 年，课题组整体搬迁至科学园科创大厦，科研条件大为改观。目前指导的博士生、硕士生、本科生 20 余人。

从 1991 年入学到现在，于泳教授除了作为访问学者到国外交流以外，一直没有离开过哈工大这个家，成为不折不扣的"工大土著"。在学校的日子里，虽然生活平静而简单，但工作繁忙而有序，母校几乎给予了他一切，他也在为母校奉献着自己的青春和热血。

孙凯——经历漂泊后的回归

孙凯，1991 年入读 62 专业，1995 年师从洪文学教授开始硕士生学习，1997 年读博，1998 年底在系领导王祁教授的关怀和帮助下，得到去日本德岛大学留学读博的机会，并在跨学科领域取得了突破。2011 年 4 月孙凯返回哈工大，被聘为市政环境工程学院（现称环境学院）教授和博士生导师。

在孙教授的回忆中，刚进入本科阶段其实并不喜欢电磁测量及仪表专业。但考研的时候却坚定地选择了这个专业，因为不仅了解了这个专业发展的底蕴，还因为专业老师们深厚的功底和不寻常的气场。当时，孙凯特别佩服洪文学老师对新兴热点的敏锐眼光，虚拟仪器、神经网络以及模糊传感器等方向都是由洪老师率先引入学科的。

后来留学日本时，孙教授感受到了身为哈工大人的幸运，因为哈工大与日本德岛大学很早就开展了学生联合培养等交流活动，在德岛大学的口碑非常好。对于一个电气出身的学生，能否在一个物理、化学和生命多学科交叉的实验室坚持下去，谁也不知道。但是日本导师毫不犹豫地替他支付了学费，这是对哈工大学生的无比信任。后来借着刚出国的一股拼劲儿，孙凯很快掌握了生物芯片的加工技术和核酸扩增技术，当时发表的一篇有关 PCR 芯片的论文，至今引用已超 160 次。

后来孙凯发现，每一个学科都浩如烟海，都有诸多待解决的科学问题，跨学科谈何容易。2009 年，工作实现突破后，项目顺利结题了，孙凯决定结束漂泊的生活，是该回家的时候了！他的父亲、哥哥和爱人都毕业于哈工大，这里就是他不能割舍的家啊。2011 年，孙凯返回母校，被聘为环境纳米研究中心和中俄生态环境联合研究中心两个中心的常务副主任。

孙教授最后表示，虽然没有回到老学科，但是在新学科的发展道路上，他一定会把这一棒跑好，并把接力棒交给下一个队员。2017 年孙凯被日本北海道大学聘为特聘教授，同年他把组里的一名学生推荐到北海道大学攻读博士学位，他希望当年自己的故事，可以继续谱写下去。

陆哲明——心在母校的破格教授

如果说以上几位校友代表了91级电气学子扎根哈工大的群体，那么现任浙江大学航空航天学院航空航天系主任的陆哲明教授，就是典型的走出哈工大在其他名校大放异彩的人。

陆哲明，1991年入读62专业，1997年硕士研究生毕业后读博，先后师从孙圣和及潘正祥老师，2001年博士毕业，2003年博士后出站。他1999年任哈工大讲师，2000年破格评为副教授，2003年破格评为教授，是哈工大当时最年轻的教授。2004年，陆哲明评为博士生导师，同年他作为洪堡学者赴德国弗莱堡大学做图像检索方向的访问研究。2006年回国后就职于哈工大深圳研究生院视觉信息分析与处理研究中心，任主任、教授及博士生导师。

后来，陆哲明离开哈工大，先后赴中山大学和浙江大学任教，现担任浙江大学航空航天系主任。

除以上几位校友外，还有很多91级校友在不同的岗位上教书育人，并在研发的道路上坚持不懈地前进着。其中在哈工大任教的有：62专业迟永刚（5系任教）；63专业初佃辉、丁建睿（哈工大威海校区任教）；徐睿峰（哈工大深圳计算机学院任教）；64专业王宇红、蔡中勤均在6系任教；65专业关龙在社科系任教。应聘到其他各地院校的校友为：63专业程战平在德国杜伊斯堡艾森大学任教；65专业何大阔在东北大学任教；史敬灼任河南科技大学电气学院院长；张文宇任辽宁科技大学计算机学院院长；彭伟在内蒙古工业大学任教。

在此文即将写成的前夕，陆哲明教授写来一首《琵琶行》献给母校，表达了自己对母校的不尽思念和绵绵情义：

江南书生逆父意，千里保送哈工大。马路大学无虚名，一道将校隔两边。

主楼巍峨入云端，丁香满园争相艳。公厨满目皆美食，自此发福不停歇。

规格严格劳师生，功夫到家举世闻。百年华诞临近日，重温工大若昨事。

弹指工大十五载，心绪久久不得平。若无母校昔苦育，焉得今朝展宏绩。

深躬难忘工大情，不觉泪涌两鬓湿。誓为母校付绵力，若有未来相报期。

这里，就以这首诗作为高校群体对母校最美好的祝愿和思念吧！

（六）守拙忌巧　扎根企业

社会上一直对哈工大有一个美誉，就是"工程师的摇篮"。91级电气校友中，不论是做企业管理、技术研发，还是创业做实业，都可以算作庞大的企业人群体，他们以来源于母校的独特的求真务实精神，在各自的领域实现着自身的价值，维护了哈工大人在社会层面的良好形象。

以下校友故事，是从众多的事例中节选出的，管中窥豹，虽不能代表全部校友的丰富经历，也可以从侧面展现他们的精彩历程。

陈万春——盐渍子为我证明

91064陈万春初次到南方时，因为没有相关经验，不得不到一家项目管理公司做工程师，当时一些资深的项目经理根本看不起这个门外汉。但半年后陈万春突然被提拔独立带队，成为项目经理，在众人大惑不解时，一个侧面消息透露了谜底：一个年近花甲的公司董事在视察一线时，看到了陈万春的脊背，董事说他从没看到过一个基层工程师的腰带上，会有如此密布的盐渍子，就是这些盐渍子证明了陈万春的努力，给了他机会。现在他早已是公司的中国大区总经理，但那种朴实淳厚的风格仍然保持着。

郑超——本科生的逆袭

91065郑超以本科生的身份在1998年经过层层考验进入华为从事光传输研发。那时候光传输还是一项极其冷门的通信技术，资料全部是英文。

为了看懂资料，郑超往往要看书看到深夜。一年的时间，他已成为项目经理，还带出了七八个项目经理，从而破格升为部门经理，管理四五十号研究生，甚至博士生。2000 年，《新闻联播》上宣布国际领先的中国 100 G 传输设备通过测试，该设备的核心业务板卡，就是他的团队拼搏研发出来的。

矫人全——异地创业的企业中坚

91063 矫人全 1999 年到深圳奥拓电子任职时，仅是一个普通的工程师。当时的深圳，似乎到处都是机会，眼看身边的同学不是去华为，就是在大型国企做得火热，矫人全并没有浮躁，而是在奥拓电子一干就是 20 多年。天道酬勤，2011 年奥拓电子在深交所中小板成功上市，成为中国 LED 光电产业界的优秀标杆企业。2013 年，公司将金融科技板块整体搬迁至南京，矫人全从深圳带领 40 人，在异地艰苦创业，现在的奥拓金融科技板块已有员工 600 多名，销售收入过 4 亿元，矫人全也当选为南京市科技企业家，南京市雨花台区第九届政协委员。

尹大勇——从工程师到创业之星

尹大勇，65 专业研究生毕业，典型的吉林汉子，在深圳行业圈及同学圈都有很高的人气。身边朋友对他印象最深的就是为人豪爽，酒量惊人，和他接触久了，往往会被他身上那种挚诚和豁达所感染，不知不觉就会愿意与他亲近。《淮南子》曾有名言，"大足以容众，德足以怀远"，指的应该就是尹大勇这样的人。

尹大勇毕业后即应聘到深圳华为电气（后被艾默生整体收购），他从一个普通工程师做起，一直做到了艾默生亚太区副总裁，还有望成为艾默生中国区总裁。2015 年，有一个市场机会出现了，在行业朋友们的力劝下，尹大勇决心创业，与伙伴一同成立深圳市艾特网能，专业从事机房空调事业。通过几年的艰苦打拼，企业已经初具规模，并抓住行业的快速成长期实现了扩张。2019 年，艾特网能被地方国企黑牡丹出资 10 亿元全资并购，成为国企控股子公司，已经"成功上岸"。

大佬蔡宇——引领中国机器人腾飞

之所以称蔡宇为大佬，是因为在 91 级的同学里，蔡宇的名头太大。从入学开始，蔡宇就被选为年级团总支书记，后来又成为系学生会主席。他多才多艺，不但是"首班车"乐队的鼓手，还擅长书法和绘画，可以说走到哪里都顶着光环，毫无悬念地成为大学的风云人物。

蔡宇毕业于 65 专业，毕业后去了沈阳中科院自动化所，没几年就成为所里最年轻的处级干部。90 年代末，正赶上沈阳中科院自动化所成立机器人实体公司——新松机器人，蔡宇跟随曲道奎（中国机器人行业最知名企业家）毅然开始创业。作为新松机器人的初创人员，他切身体会到了创业的种种艰辛和不易。2000 年开始，新松机器人筹备上市，这成为蔡宇的主抓工作；在连续冲击三次后，终于在 2009 年成功上市，成为国内机器人行业首家上市公司。

目前，新松机器人成为中国机器人领军企业及国家机器人产业化基地，拥有完整的机器人产品线及工业 4.0 整体解决方案。现有 4 000 余人的研发创新团队，成功研制了具有自主知识产权的工业机器人、协作机器人、移动机器人、特种机器人、服务机器人五大系列百余种产品，累计为全球 3 000 余家国际企业提供产业升级服务。

现在，蔡宇作为新松机器人的创始人和集团领导，依然活跃在机器人行业的第一线，为解决国家关键的核心技术而努力奋斗。

杨重山——为绿色家园贡献力量

杨重山，土生土长的哈尔滨人，1991 年考入哈工大 66 专业，在本科四年任 6 系团委副书记。他身材高大细挑，为人谦和儒雅，脸上常挂着微笑，在 91 级同学和其他年级里人缘极广，毕业后几乎与所有校友群都有往来。

杨重山 1998 年从哈工大硕士毕业后，在日本工作了 10 年，其间在日本东芝汽车系统设计部任研发主管 7 年，2009 年回国后创立了北京华盛源通科技有限公司。公司运行不久，为了能有一个测试整合基地，杨重山求助于母校，在电机专业宋立伟老师和崔淑梅老师的支持和帮助下，带着团队核心成员回到母校进行台架测试和产品开发。后来公司得到了江苏常隆客车的战略投资，杨重山兼任常隆客车的高管，一年里频繁在国内各地和国外来回奔波，成了名副其实的"空中飞人"。

随着核心三电系统产品的成熟稳定，华盛源通提供的产品和关键设备已在新能源大巴车应用多年，在此基础上将该技术逐步延伸到纯电动轨道车、电动游艇等项目上，以全面实现"移动体电动化"。2017 年，中车集团一级公司永济电机在国内率先推出了第一台纯电动轨道机车产品，其中的核心动力总成三电系统就是由华盛源通独家提供。公司已成为国内为数不多的能提供大功率重载核心三电（整车控制、动力电池系统、电机驱动系统）产品的企业。

展望未来，杨重山的愿景是专注于"移动体电动化"事业的深耕，首先立足国内，然后面向世界，为地球为人类的绿色家园、蓝天白云贡献力量。

兰宝胜——聚光发电市场的开拓者

兰宝胜来自福建的一个乡村，从中学起就怀着改变命运的梦想，于 1991 年考入哈工大 61 电机专业，1997 年从哈工大硕士毕业。毕业后他被中兴通讯录用，转战上海、深圳及广州，负责过多项公司战略项目。当时三个月实习期未满，兰宝胜即被委以重任，率领团队负责中兴通讯重大创新项目"接入网"，从此打破了"七国八制"的市场格局。之后华为、中兴为了突破国外巨头在无线通信市场的垄断，开始了长达七八年、投资数十亿的 3G 研发过程。其间，兰宝胜再次被委以重任，先在某电信集团公司组织的 3G 产品性能测试项目中，力压欧美等全球 13 个厂家取得全球第一的"意外"佳绩，后在公司欧式 3G（WCDMA）第一个大规模商用局的市场中实现了突破。

2014 年，不安分的兰宝胜感到"岁月不饶人"的压力，决定自己创业，准备"闹点动静"。2015 年，兰宝胜创立了深圳市智康新能科技有限公司，从通信领域一下跨到光热发电。凭着对自己在哈工大勤学苦练 6 年的自信，他选择能够完全弥补光伏不足的聚光发电（光热发电）作为自己的探索方向，在欧美两套技术路线之外，又创造了与众不同的技术方案，领先市场至少一代，成本可以大幅下降 30%～50%，有望让可持续的太阳能发电及热利用技术成本低于传统的火电技术，完全有可能通过技术创新开辟出一个全新的清洁能源巨大市场。

2019 年，智康新能获得了福建龙岩市政府的认可和大力扶持，给足了资金、土地和厂房等后续发展条件；2020 年公司将用差异化的技术与产品，齐心协力的市场团队，全面突破聚光农业、聚光供暖和聚光发电等市场。

朱海峰——投身商海为买鞋

朱海峰，1991 年入读 64 专业，哈工大硕士生毕业，博士毕业于上海交通大学。与他初识，往往会感觉到他身上的一股锐劲，对于 40 多岁的中年人，这种棱角鲜明的特色是不多见的。接触久了，才知道他的锐利来自脑子转得快，很多艰深的理论，在他嘴里往往会变成一些非常浅显的道理。他崇尚阳明心学，说起格物致知和知行合一，总能妙语不断，见解独到。

2000 年，他本已经决定接受上海交通大学邀请，留校任教，但一天他和妻子漫步上海滩街头，看中一双价格不菲的鞋子，一摸兜却没带够钱，被看店的大妈好一通儿讥讽。被激怒的朱海峰旋即辞去职位，南下深圳从事证券行业，后回上海创业，从事企业融资、并购及企业管理咨询等业务，得到深圳知名房企的投资入股，现在上海、深圳及海外来回奔波，为自己的事业不懈努力着。

此外还有多位 91 级校友在多个领域创业，简要罗列如下：

91061 庄大庆、李新岩，1999 年联合在上海创立了上海盘古餐饮集团；

91061 李辉斌在广州创业，从事智能化舞台灯光设备行业；

91063 苏辉东，属于最早的一批创业者，连续创办数家金融科技企业；

91063 王艳民，2011 年从艾默生离职，合伙创业，专注电控解决方案；

91065 郑超在杭州创业，从事家族传承和企业文化事业；

91066 周贤德，2003 年从清华同方辞职后，从事智能楼宇、综合布线业务；

91066 金华雄，2018 年创办安徽美邦树脂科技有限公司，从事玻璃薄膜产业。

除了哈工大人擅长的航天、电力和工业领域，91 级电气人也有很多人跨界到银行、证券金融及保险行业。如 91061 罗杰现在深圳国资委旗下的国信证券任投资部经理，91062 陆裕现任贵州中科产业投资管理有限公司总经理，91063 路明在北京信诚人寿任高级总监，91066 高阳现任深圳鹏华基金副总裁。

优秀的哈工大人才经过社会大潮的洗礼后，迸发出了惊人的能量，他们共同的特点是能从艰苦中获得领悟，在困境中展望未来。曾国藩有句话是这样说的："天下事，未有不由艰苦得来，而可大可久者也。"也许这就是 91 级电气工程系创业者们成功的秘诀。

（七）守望在友情和亲情的河流中

什么是兄弟？曾住在一舍 4032 的张文宇给出了答案。据他回忆，当年几个弟兄在一舍下的铁皮房吃炒菜米饭，不知谁出的主意要吃霸王餐，只留了寝室老五于英哲殿后，没想到这个公认腿最长最能跑的兄弟，竟然还是被服务员抓住了！2012 年，寝室三哥滕旭过生日，滕旭的爱人背着他，居然通知寝室所有的兄弟齐聚重庆，让滕旭一时间目瞪口呆，眼含热泪。

63 专业的苏辉东和李军红，上学期间先后住过院。前者是在哈工大医院做了阑尾炎手术，生病期间得到了同学细心的照顾和关怀，至今每看到身上那道伤疤，都会回忆起那段难忘的经历；后者是一次琐事纠纷中被打伤入院，做了手术，同班同学一边照顾他，一边联名写了封长达几千字的信为他"申冤"。这一桩桩的往事，已成为他们生命中挥之不去的记忆。

如果说四年共同学习，留给我们的是深厚友情，那在友情之外，也有爱情的故事。据目前统计，91 级电气工程系同学中成功结合的多达 9 对，例如谭映戈和蒋海燕是一对航天伴侣，李浩昱和王宇红是坚守哈工大阵地的高校伴侣。在他们的词典里，伴侣早已替代了同学，亲情早已取代了友情，二者相融，难解难分。

2004 年的春天，河南省洛阳市中油一建的厂区内，一辆三轮车正摇摇晃晃地向外驶去，蹬车的是一个身穿旧厂服的年轻人，知道内情的街坊在他身后把大拇指高高挑起："了不起！"这个蹬车的人，正是 91652 的史敬灼同学。2001 年，史敬灼从母校电机与电器专业博士毕业，又入博士后站培养两年。2003 年，他受邀到香港德昌电机任职，年薪已达几十万元，但仅仅在一年之后，父母双双得了重病，史敬灼二话不说就辞去了工作，返回洛阳照看父母。他一边在河南科技大学任教，一边陪伴着父母："没有什么比父母的健康更重要。我还年轻，以后的路还很长，可父母的时间不多了，能多陪他们一分钟，我会觉得很幸福。"中华民族自古崇尚孝道，不论从哪种意义上，史博士都堪称人中楷模！他感动了同学，感动了哈工大，也感动了整个河南！

岁月如歌，入学时还懵懂无知的少男少女，转眼间白发已经爬上了额角。随着时间的沉淀，91 级同学间的友情不但未曾减弱，反而如酿制了多年的老酒，愈加浓烈。不论我们身处何方，总有一种无形的情感牵挂着我们，这里有同学情，有战友情，有亲情和爱情，还有对那些早一步离开人世的兄弟姐妹的追念之情。这些情感汇集在一起，变成一条长长的河流，我们守望其中，不离不弃，日久天长。

（八）尾声

2020年2月初，当新冠肺炎疫情正在集中爆发时，一支队伍正向武汉方舱医院和武汉肺科医院开拔，总指挥正是65专业的韩军杰，他时任武汉重工装备有限公司副总经理。几乎在同一时间接到两个紧急任务——洪山体育馆"方舱医院"的800多名患者使用的集装式淋浴房要安装电控系统，另外武汉市肺科医院的新冠肺炎重症患者氧气供应缺口巨大，需要对院区现有的4层42个车位的立体车库进行整体拆除，以便建设新的中心供氧站。

韩军杰出发前，在91级的微信群里简单透露了一下任务情况，然后很多天没有了动静，以致很多同学发问："军杰你还好吗？"过了一会儿，微信群出现韩军杰的一句回应："我好着呢！"原来，在重压之下，韩军杰决定兵分两路，同时进行两个项目的运行，在突击队的精心筹划和昼夜施工下，原本要七天完成的工作，最后分别在四天和三天顺利完成，打赢了与病毒的一场战斗。

一代人有一代人的宿命。当2003年"非典"肆虐时，91级电气人很多还在普通的工作岗位上，有的甚至还在读书；而17年后的今天，他们中已经有人站在了为国而战的第一线。这正是91级电气人的另一个侧面，即使在死神面前，也从来不会退缩，他们负重前行，尽忠尽责。

（九）编后感

在采访91级电气工程系校友、编辑他们的回忆和经历时，最常听到的话就是："我没啥故事可讲，我这点事情没啥可说的。"比如在钢化玻璃领域和玻璃薄膜领域有深厚造诣和行业人气的金华雄，他的成长故事本来非常精彩，却一直不肯提供素材。这实在是哈工大人的一个共同特点，那就是朴实无华，即使事业有成或身居高位，与人相处时，也总是低调谦虚，从不自鸣得意。

我还想起一个著名实验，在一个斜面上摆两条轨道，一条是直线，一条是曲线，起点以及终点都相同，两个大小一样的小球同时从起点向下滑落，结果走曲线的小球反而率先到达终点。

从这个实验，不禁想起我们 91 级电气人，甚至是整个哈工大群体的另一个特点，那就是讲规矩，重实践，不取巧，甚至有些"呆气"。与社会上不同种类的人打交道久了，有时会感慨人际关系的复杂，很多人不扎实做事，只想着有什么捷径能快速达到目的。而在哈工大人身上，我们却很少看到这种现象，他们往往在普通的岗位和项目上一干十年、二十年也不觉枯燥，这不得不说是母校培养出的特有精神气质，也是求学期间，整个学校氛围所浸润和熏陶出来的哈工大底蕴。

走进哈工大人的内心后，我们还会发现他们并非只懂得搞研发，做产品，他们也懂得爱情，懂得诗词歌赋，懂得高深哲学。张文宇在《"百年工大"教给我的"七种武器"》中总结了母校给予他的七个秘笈：自豪、自信、勤奋、自尊、执着、责任和爱。郑超在《人生三部曲》中总结出扎实拼搏、突破自我和开创未来三个阶段。路明在自己的回忆文章《保险与我 25 年》中，探寻了家庭革命教育与哈工大献身精神的相同内核，找到了点亮人生之路的使命感。以上种种，体现了 91 级电气群体对人生道路的不懈追求和思索。

电气工程系是哈工大的大系，一直以来是母校重要的支柱之一，也是引领哈工大风气的重要力量。91 级电气学子的历程与故事，可以作为一个缩影，证明我们没有辜负校训教导我们做人做事的原则，母校过去是、将来也是我们心中的精神殿堂。关于哈工大精神，其丰富的内涵其实远非这短短一篇文章可以囊括，文中所涉及的人物，也只是很少的一个部分，还有太多的 91 级电气哈工大人在各个领域扎根一线，默默奉献，以做好本职工作为己任，这种老黄牛精神、沉默奉献的精神，才是整个哈工大群英谱的底色。

母校给予我们的种种精神内核，支撑我们这一代人度过了整整 25 年。从松花江畔分手后，91 级电气人星火般散落在祖国各地，甚至世界各地，足踏五洲四海，行遍国脉民魂，北起白山黑水，南到长江珠江，我们用各自的岁月书写着不同的故事。不论是坚守航天事业、保卫电力命脉的同学，还是在科技企业兢兢业业工作、为理想奋斗创业的同学；不论是抢救国家电力设施遇难的英雄，还是奔赴武汉火线抗击疫情的勇士；他们岗位不同，但信念一致，共同践行的正是"规格严格，功夫到家"的哈工大校训。

百年风雨起松江，桃李春色笑沧桑。九万里风鹏正举。志未竟，鲲鹏扶摇上云霄。在母校华诞来临之际，我们想一起为哈工大欢呼一声：母校您好！如果还想多加一句的话，那应该就是：祝愿母校在第二个百年发展中更加辉煌！

混沌世界，新旧交替，奋斗岁月里只争朝夕；有始有终，砥砺前行，工大学子们不忘韶华。

哈工大 91 级电气人，我们一直在路上！

主要供稿人：陈万春、蔡宇、何洋、韩军杰、金华雄、矫人全、李军红、李浩昱、陆哲明、路明、兰宝胜、苏辉东、孙凯、宋明帅、史敬灼、谭映戈、尹大勇、杨重山、于泳、朱海峰、张海彤、张文宇、郑超

（编辑：李志强、罗杰、赵明）

87级6系毕业20周年同学会后记

哈尔滨工业大学 87 级 6 系毕业 20 周年同学会，经过近三个月的筹备，于 2011 年 7 月 23 日在哈工大隆重举行。回校参加庆祝活动的班级为 11 个，同学为 213 人，家属 29 人，出席活动的领导和老师约 50 人。各班同学共捐款 272 798.49 元，用于向母校敬献雕塑、建立助学基金以及本次同学会集体活动的经费。

活动组织得很成功，组织者付出了很多辛苦，学校感谢你们！我也十分高兴和同学们团聚。

老校长 杨士勤老师

活动组织的太完美了，从文档可以看出工作量的浩大和组织工作的细致和深入。全体师生都应谁感谢你们！石磊，作为活动的组织者和秀写者，此生有此一成功经历，值得永远回味和骄傲。向你们未来衷心的祝贺！

原六系辅导员 朱春波老师

同学会总结报告

此次同学会具有以下特点：

1. 筹备人员尽心竭力。各班都非常支持同学会的筹备工作，积极选派工作人员，主动承担筹备任务。直接参与同学会筹备工作的各班同学有 20 多人，他们牺牲了许多休息时间，尽心竭力地开展各项筹备工作。为了便于开展工作，筹备组下设了若干个工作小组：联络组由各班代表组成，负责传达和落实同学会的各项通知和任务；场务组负责电机楼前、活动中心和学子餐厅等 3 个会场的布置和组织工作；宣传组负责制作同学会会标等宣传材料、印发会务手册、定做班旗和胸卡等会务用品；接待组负责参会同学的接站、送站和邀请嘉宾、接送老师等工作。

2. 师生情深共襄盛会。87 级 6 系是一个团结的集体，同学会从筹备工作启动之时起，就得到了学校领导、老师们以及全年级各班的积极支持和热烈响应。全年级 11 个班都参加了本次聚会，全年级共 323 人，返校参会同学有 213 人。各班不仅积极参会，而且踊跃为同学会捐款、为会务工作出力，同学会期间每个班都派出了主持人或发言人直接参与同学会的各项集体活动。筹备组和各专业还认真做好邀请领导和老师出席活动的工作，同学会期间约有 50 位领导和老师出席了各项庆祝活动，使本次同学会成为名副其实的师生欢聚的盛会。

3. 会务组织专业水准。本次同学会组织严谨、文档齐备，正式发布的文件和通知有 20 多个，各项工作开展得井井有条。本次同学会还专门设计了会徽，各专业会旗，统一定做了亚麻纪念衫和水晶纪念笔筒，并为每位参会同学配发了刻有班级和姓名的胸卡。同学会作为自发的校友活动，会务组织达到了这样的专业水准实属不易。

4. 主题鲜明意义深远。本次同学会的主题是：感恩、奉献和欢聚，它反映了毕业 20 年后全体同学的共同心声。同学会向母校敬献了雕塑"摇篮"，向教育发展基金会捐助了 10 万元助学金，在感恩和奉献的氛围中举行了各

路华代表 8761 同学发言　　　　王悦代表 8762 同学发言　　　　李明锁代表 8763 同学发言

黄秀余代表 8764 同学发言　　　王全红代表 8765 同学发言　　　曾担任 87 级 6 系学生辅
　　　　　　　　　　　　　　　　　　　　　　　　　　　　　　导员的朱春波老师讲话

曾担任 87 级 6 系党总支　　　曾担任 87651 班主任、现任　　　老校长杨士勤老师讲话
书记的臧春香老师讲话　　　副校长的徐殿国老师讲话

项庆祝活动，为以后的同学返校聚会树立了回报母校的光辉榜样。同学会的奉献行动受到了学校的表彰，王树国校长、杨士勤老校长都亲自出席并发表讲话。

　　本次同学会是电气工程系历史上规模最大的一次毕业生返校聚会，同学会的成功举办离不开各方面的支持和帮助。首先要感谢学校各级领导和老师们对同学会的关心和支持。为了欢迎孩子们回家团聚，杨士勤老校长不辞劳苦地专程从杭州赶回母校出席活动。电气学院党委书记孙雪在申请捐立雕塑和安排各项活动方面均为同学会提供了很大的帮助。臧春香老师、王铁成老师、徐殿国老师、姜波老师、朱春波老师、秦兵老师等许多当年

雕塑揭幕仪式上王树国校长讲话

李艳、朱彤共同主持敬献雕塑仪式

杨士勤老校长、王树国校长、电气学院孙雪书记、同学会代表朱彤共同为雕塑揭幕

冯晓红、刘民共同主持庆祝大会

教育基金会副会长崔国兰教授与同学会代表刘民签订助学金捐赠协议

副校长孙和义教授向同学会代表姚绪梁颁发助学金捐赠纪念奖牌和证书

教过87级的老师把同学会当作了自己的活动，积极筹划、全力帮助。还有很多老教师虽已八旬高龄，仍全程出席了各项庆祝活动，令同学们感动不已。

其次要感谢为同学会踊跃捐款的同学们。随着同学会筹备工作的进展，集体活动的预算从原来的15万元上升到22万元，最后达到26万元。为了回报母校，为了成就聚会，各班同学无怨无悔地一次次捐款，很多海外同学和不能参会的同学也积极加入了捐款的行列。同学会结束之后，还陆续有捐款汇到同学会的账户中。还要感谢从四面八方、世界各地重返母校、参加聚会的同学们，他们中很多人为了参加聚会改变了原来的日程安排，为了参加聚会不远万里从国外赶回，还有很多同学携带家属一同参会以壮声势。87级6系的同学们正是以这种对母校、对老师、对同学的深厚情谊，以及20年前所形成的集体主义精神，出钱出力、积极参与，成就了这次盛会。

最后要感谢在同学会筹备过程中辛勤工作的同学们，从正式发布的二十多个文件和通知、从精心设计的雕塑和纪念品、从为每个人量身定做的纪念衫和带有姓名的胸卡、从详尽的接站信息表、从精致的会徽和鲜明的班旗上，不难看到他们所付出的辛劳。还要感谢电气学院团委书记杨宗义老师，65专业的杨华和张相军老师，以及为大会服务的学生志愿者们，在校友接站和会场布置等工作中他们都洒下了辛勤的汗水。

此次同学会是一次团结的盛会、感恩的盛会，是一次重温师生情、同学情的理想主义盛会。本次同学会的结束，将开启下一次聚会的序幕，再过5年或10年，让我们再次欢聚在"87级6系同学会"这面光辉的旗帜下！

（87级6系同学会供稿）

《电气之光》采编节点

2018 年 11 月 13 日	哈工大北京校友会电气分会召开会议，成立《电气之光》编委会
2018 年 11 月 29 日	正式发布征稿通知
2020 年 2 月 11 日	编辑工作正式启动
2020 年 2 月 12 日	初稿成型
2020 年 2 月 16 日	"哈工大北京校友会私有云盘"上线
2020 年 3 月 10 日	徐殿国校长为本书作序
2020 年 3 月 20 日	征稿截止
2020 年 3 月 30 日	《电气之光》编辑稿完成
2020 年 6 月 16 日	白秋晨校友为封面题词
2020 年 12 月 28 日	《电气之光》正式出版

电气校友会活动花絮

北京校友会电气校友分会成立大会

87 级 6 系毕业 20 周年同学会合影

91 级 6 系，毕业 20 周年返校

历年蟒山活动电气人

2011、2014 花园路年会

2016 奥森活动

2017 承办北京校友会年会

哈工大北京校友会电气分会 2018 年年会合影

哈工大北京校友会电气学院分会迎元旦曙光贺母校百年活动

后 记

  《电气之光》是在哈尔滨工业大学出版社、校友总会和教育发展基金会的积极配合和大力支持下策划出版的。成书期间，杨士勤、强金龙、周长源、徐殿国、姜波、王淑娟、姜华等各位老师和校友为本书的筹备及编审工作提供了大量的关心和帮助。在此，对上述各位对于本书的支持表示衷心的感谢！

  本书是在电气学院各位校友的通力合作下完成的。于明、唐降龙、白秋晨、孙丽、宋彦哲、李永清、李海鹰、王昕竑、王辉军、赵华鸿、刘壮志、李勇、张玉涛等校友在本书稿件的起草搜集方面开展了大量工作，在此对各位校友的帮助一并表示感谢！

  本书的编纂工作是在朱彤的整体统筹下，在姜华、李智彦、路明、王珏、满思达、杨姝、谭鑫、霍东、刘聪等校友的配合帮助下，才得以完成的，在此对各位校友的无私付出表示诚挚感谢！此外，为便于本书编纂工作，编辑部还建立了"哈工大北京校友会私有云盘"，希望云盘能够在未来的校友活动中继续发挥支持作用。

  最后，谨以此书，祝贺母校百年华诞，也祝福各位"电气之光"在未来继续熠熠生辉。

《电气之光》编委会

2020 年 3 月 30 日